KOSMOS

Unser Sonnensystem

W0376150

KOSMOS *astrobibliothek*

HERMANN-MICHAEL HAHN

Unser Sonnensystem

SONNE UND PLANETEN IM FOKUS DER FORSCHUNG

INHALT

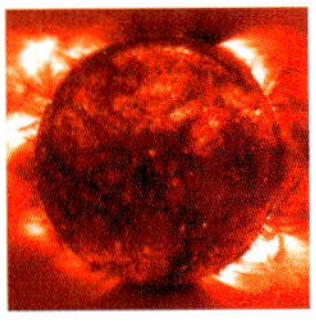

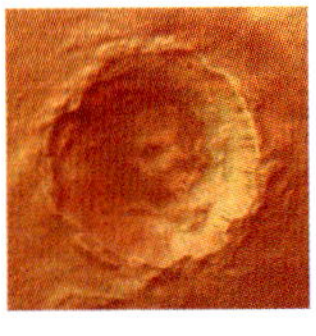

PROLOG

Unser Sonnensystem ist unsere unmittelbare nähere kosmische Umgebung. Obwohl es neben der Sonne noch von neun Planeten, mehr als hundert Monden, unzähligen Asteroiden und vermutlich noch mehr Kometen bevölkert ist, zeichnet es sich vor allem durch seine schier endlose Leere aus.

Ein Gedankenspiel kann diese unglaubliche Leere vielleicht verdeutlichen: Im richtigen Maßstab gezeichnet, passen alle neun Planeten von ihrer Größe her auf eine Seite dieses Buches (s. Abb. rechts), und als entsprechend große räumliche Modelle hätten sie locker auf einer Obstschale Platz. Zugegeben, sie wirken auf diesem Blatt etwas unnatürlich gedrängt, aber eben Platz sparend untergebracht. Im gleichen Maßstab wäre die Sonne gut 90 cm groß, sie würde also auf einer normalen Tischplatte vermutlich etwas überstehen. Ein solches Modell-Sonnensystem erschiene ja recht übersichtlich, wären da nicht noch die Entfernungen zwischen den Planeten, die auch im richtigen Maßstab wiedergegeben werden müssten. Erde und Mond bekäme man dann gerade noch gemeinsam auf eine Seite des Buches: die Erde in der Ecke links oben, den Mond unten rechts, knapp 26 cm voneinander getrennt (vgl. Abb.). Bis zur Sonne wären es dagegen knapp 100 m, und um sie in diesem Buch unterzubringen, benötigte es einen Faltkalender (Leporello) mit 600 Blättern. Anders ausgedrückt: Wenn man den unteren Rand der 224 Buchseiten nacheinander abmisst, hätte man nur gut ein Drittel der Modellstrecke zwischen Sonne und Erde zurückgelegt, wäre also von der Sonne aus gezählt noch innerhalb der Bahn des sonnennächsten Planeten Merkur!

Und die Erde ist bei weitem nicht der sonnenfernste Planet. Diese Rolle kommt vielmehr dem kleinsten und unscheinbarsten Mitglied der Sonnenfamilie zu, dem Pluto, der im sonnenfernsten Punkt seiner ziemlich elliptischen Bahn bis auf knapp 50fache Entfernung Sonne – Erde vom Zentralgestirn des Sonnensystems abrücken kann. Dies sind 7,25 Milliarden km oder maßstabsgetreu 5 km; wollte man die am unteren Rand der Buchseiten abmessen, so wären dazu 30 000 Seiten erforderlich, und damit wäre dieses Buch über 1,7 m dick!

Allmählich wird vermutlich deutlich, wie „leer" das Sonnensystem ist: Gäbe es in einer kreisförmigen Stadt von zehn Kilometern Durchmesser nur eine 90 cm große Kugel und – weit verstreut – ein paar Apfelsinen, Pflaumen und Mini-Weintrauben, so käme vermutlich niemand auf die Idee, diese Stadt wegen Raumnot vergrößern zu wollen. Unsere Vorstellungen von den Ausmaßen des Sonnensystems sind dagegen in der letzten Zeit noch einmal beträchtlich erweitert worden – vor mehr als 50 Jahren zunächst theoretisch, seit 1992 dann auch durch direkte Beobachtungen. Damals wurde deut-

Die Sonne und ihre Planeten im Maßstab 1 zu 1,5 Milliarden; zusätzlich ist unten rechts der Mond im richtigen Größen- und Entfernungsverhältnis zur Erde dargestellt.

Mars
Erde
Venus
Merkur
Sonne
Jupiter
Saturn
Uranus
Neptun
Pluto
Mond

lich, dass Pluto zwar möglicherweise der letzte Planet ist, noch weiter außen aber unzählige „schlummernde" Kometenkerne die Sonne umrunden. Der erste dieser als TNOs (**T**rans-**N**eptune-**O**bjects, Objekte jenseits der Neptunbahn) bezeichneten Brocken mit der nüchternen Bezeichnung 1992 QB1 tanzte noch nicht sonderlich aus der Reihe, doch kennt man inzwischen einen – vermutlich etwa 60 km kleinen – Klumpen aus Eis und Staub (2000 OO67), der innerhalb von knapp 11 650 Jahren regelmäßig zwischen der Uranusbahn (rund 20fache Entfernung Sonne – Erde) und gut 1000facher Entfernung Sonne – Erde hin und her pendelt. Zwar wäre dieser kosmische Winzling in unserem Modell-Sonnensystem nur noch 1/25 mm groß und somit nicht mehr darstellbar, dafür aber würde er seine Bahn zwischen 2 und 100 km (!) Abstand zur rund 90 cm großen Sonne ziehen. Spätestens hier wird der Versuch, diese Strecke mit Buchseiten auszulegen, zum Scheitern verurteilt, bräuchte man doch etwa 600 000 Buchseiten und damit einen beachtlichen Teil der ersten Auflage dieses Buches.

Trotzdem ist das Sonnensystem – oder besser: die Vorherrschaft der Sonnengravitation – auch dort draußen noch nicht zu Ende. Diese Zone reicht vielmehr knapp 1,5 Lichtjahre weit in den umgebenden Weltraum hinaus. Und weil das Licht sich mit einer Geschwindigkeit von rund 300 000 km/s ausbreitet und damit in einem Jahr rund 9,46 Billionen km zurücklegt, entspricht dies einer Distanz von rund 14 Billionen km – eine schier unvorstellbar große Zahl. Ausgedrückt in Astronomischen Einheiten, der schon mehrfach erwähnten Entfernung Sonne – Erde, sind dies rund 93 000 AE und damit in unserem Maßstab etwa 8500 km. So weit können sich Kometenkerne von der Sonne entfernen, ohne Gefahr zu laufen, von einem der Nachbarsterne eingefangen zu werden.

Bislang haben wir bei unserer Maßstabsbetrachtung die dritte Dimension außer Acht gelassen. Bei den Planeten spielte sie keine Rolle, denn die Planeten bewegen sich – mit Ausnahme von Pluto – fast alle in einer Ebene um die Sonne. Die Abweichung von dieser gemeinsamen Ebene macht nur etwa drei Prozent ihres Durchmessers aus. Dagegen ziehen die TNOs und mehr noch die Kometen auf zum Teil sehr stark gegen diese Ekliptikebene geneigten Bahnen und erfüllen entsprechend einen eher kugelförmigen Raumbereich. Mit anderen Worten: Die gesamte Erde reicht nicht aus, um den von der Sonne beeinflussten Raumbereich in unserem Maßstab wiederzugeben, und Alpha Centauri, das nächste benachbarte Sternsystem, das etwas mehr als zwei Sonnenmassen umfasst, müsste rund 27 000 km entfernt platziert werden.

Fassen wir zusammen: Selbst im Maßstab eins zu 1,5 Milliarden passt die Modell-Sonne als knapp ein Meter große Kugel mit ihren ein paar Millimeter bis Dezimeter großen Modell-Planeten im Umkreis von fünf Kilometern sowie zahllosen, mikroskopisch kleinen Asteroiden, TNOs und Kometen, die zusammen allenfalls eine

Kugel von der Größe des Modell-Saturns füllen, nicht einmal in eine Kugel von der wirklichen Größe unserer Erde. Da aber diese „Leere“ unsere unmittelbare kosmische Umgebung ist, unsere kosmische Heimat, machen wir natürlich viel Aufhebens darum. Wir wollen sie erforschen und erkunden.

Unser Wissen von diesem „Beinahe-Nichts“ konnte in den letzten Jahrzehnten an vielen Stellen entscheidend erweitert werden. Unsere Vorfahren kannten die Planeten lediglich als langsam über den Himmel wandernde Lichtpunkte, die nach einem bis heute nicht auszurottenden Aberglauben angeblich auf geheimnisvolle Weise Einfluss auf das Schicksal der Menschen nehmen sollten. Heute erweisen sie sich als ganz „gewöhnliche“, wenngleich in ihrer Verschiedenartigkeit teils sehr individuelle Welten, deren Erforschung uns viel über die gemeinsame Vergangenheit erschlossen hat. Aber auch die Besonderheit und Einmaligkeit der Erde, unserer unmittelbaren kosmischen Heimat, wird bei dieser Betrachtung sehr deutlich. Gerade darin liegt ein wichtiger Verdienst der vergleichenden Planetenforschung, denn ein dringend erforderliches Bewusstsein für den notwendigerweise behutsamen und pfleglichen Umgang mit dem kosmischen Raumschiff Erde kann nur dann heranreifen, wenn wir verstehen, wie die Erde zu dem Planeten geworden ist, der sie heute ist, und wo sie enden könnte, wenn wir unbedacht oder unvorsichtig in ihre komplexen Systeme eingreifen.

Köln, im Sommer 2004
Hermann-Michael Hahn

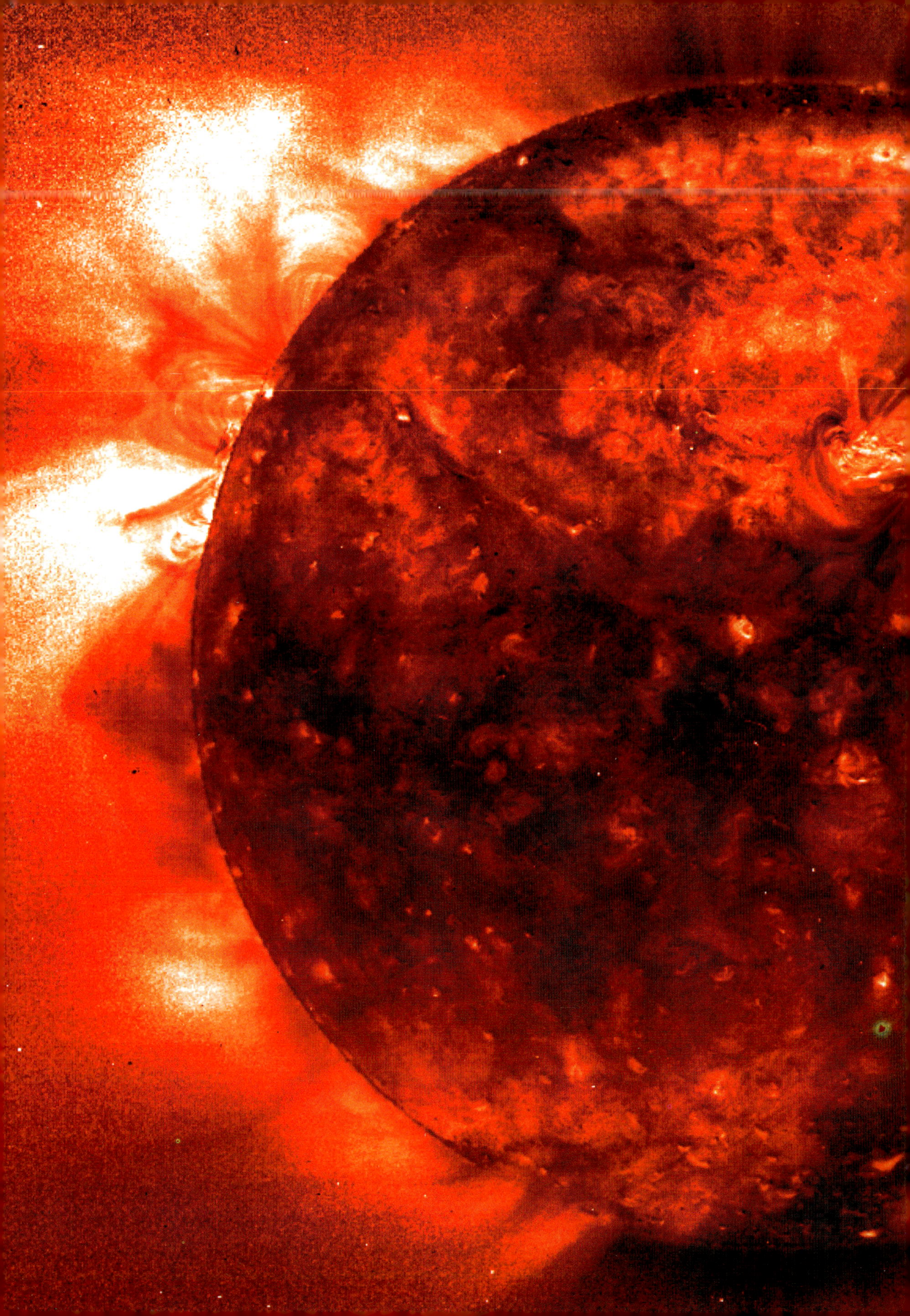

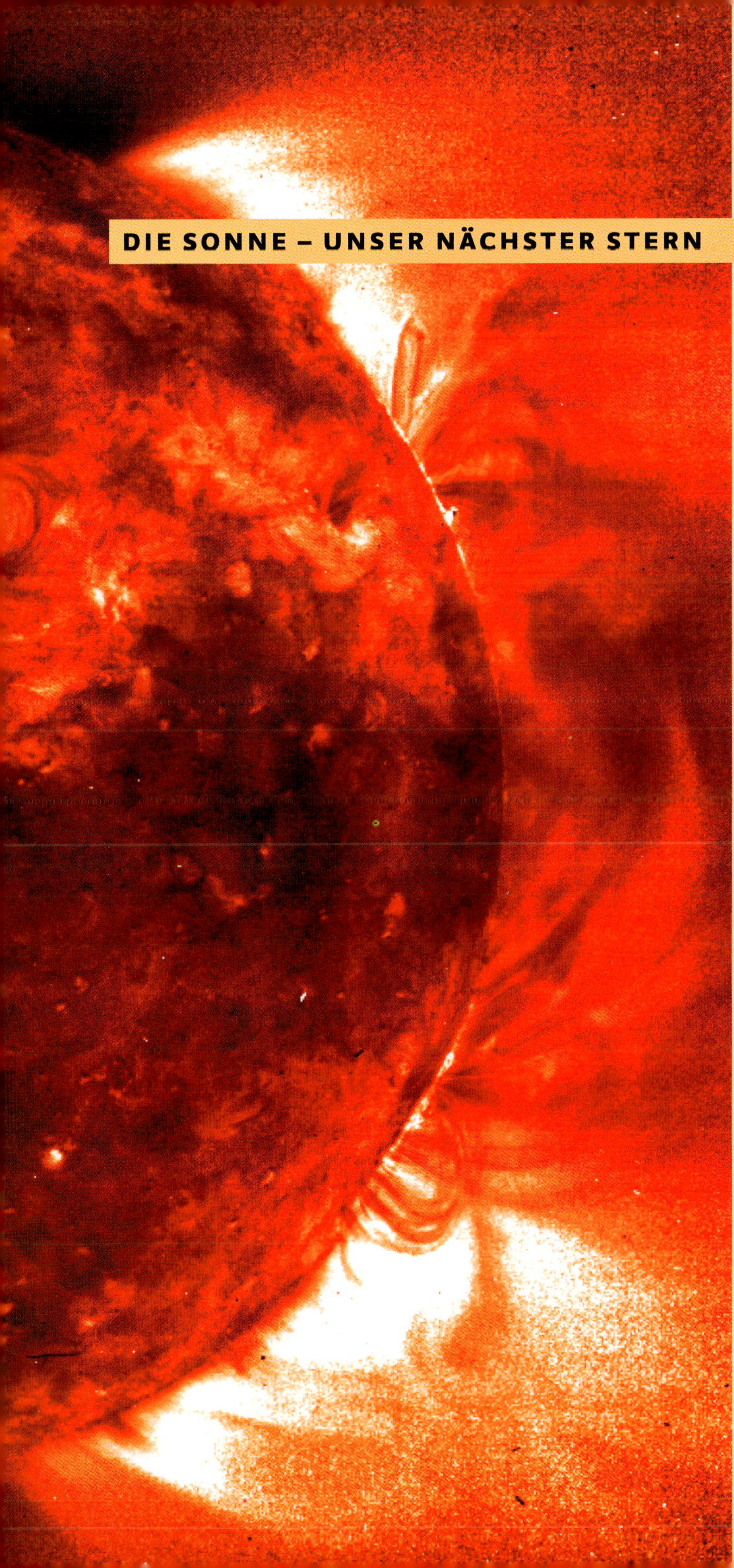

DIE SONNE – UNSER NÄCHSTER STERN

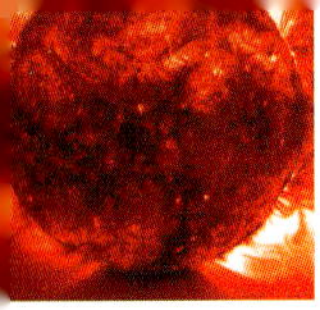

STELLUNG IM SONNENSYSTEM

Die Sonne ist das unbestrittene Zentrum des Planetensystems: Sie vereint mehr als 99,9 Prozent der Gesamtmasse in sich und erfüllt seine Weiten mit ihrem Licht und einem von ihr ausgehenden Teilchenstrom, dem Sonnenwind. Als „Stern vor unserer Haustür" gewährt sie den Astronomen wichtige Detaileinblicke, die das Verständnis der übrigen, weit entfernten Sonnen erleichtern, und ihre Energiequelle dient den Forschern als Vorbild für die Entwicklung von Fusionsreaktoren, mit denen das „Sternenfeuer" gebändigt und für irdische Anwendungen nutzbar gemacht werden soll.

STECKBRIEF SONNE

Durchmesser	1 392 000 km (etwa 109 Erddurchmesser)
Masse	$1{,}99 \cdot 10^{30}$ kg (etwa 330 000 Erdmassen)
Mittlere Dichte	1,41 g/cm^3
Rotationsdauer	ca. 25 Tage am Äquator, in höheren Breiten langsamer
Temperatur	5580 K (ca. 5510 °C) an der „Oberfläche"

Ungeachtet ihrer zweifellos herausragenden Bedeutung für das Leben auf der Erde wurde die Sonne lange Zeit hindurch lediglich als ein „Wandelstern" am irdischen Himmel angesehen, der – gemeinsam mit den übrigen Planeten – vor der Bühne der Fixsterne herzieht und dabei im Laufe des Jahres einmal die Straße der Ekliptiksternbilder durchwandert. Gerade diese Wanderung aber verlieh der Sonne – und mit ihr den anderen Planeten – in dem naiven Weltbild unserer frühen Vorfahren eine „göttliche" oder zumindest von den Göttern beseelte Stellung und machte sie damit zum zentralen Objekt eines Kultes, der das Schicksal des irdischen Lebens vom Wohlwollen der Götter abhängig erscheinen ließ. So verwundert es nicht, dass die Menschen schon früh begannen, die Bewegung der Sonne aufmerksam zu beobachten, um besondere Punkte der alljährlichen Sonnenbewegung zu erkennen und als kultische Festtage zu begehen. Dabei ist es vermutlich eher Zufall, dass das bislang älteste bekannte Sonnenobservatorium ausgerechnet in Deutschland entdeckt wurde, in der Nähe der kleinen sachsen-anhaltinischen Ortschaft Goseck, unweit von Naumburg. Dort errichteten unsere Vorfahren bereits vor rund 7000 Jahren eine so genannte Ringanlage von etwa 75 m Durchmesser mit einem eindeutigen Bezug zu unserem Tagesgestirn: Zwei ihrer drei mutmaßlichen Tore öffneten sich zur Auf- und Untergangsrichtung der Sonne während der Wintersonnenwende, also etwa nach Südosten und nach Südwesten, wobei entsprechende Spalten in einem inneren Doppelring aus Holzpalisaden offenbar als Visierhilfen dienten.

Rekonstruktionsskizze der steinzeitlichen Ringanlage Goseck.

Derzeit gilt diese Ringanlage von Goseck als das älteste bekannte Objekt mit einer nachgewiesen astronomischen Orientierung. Sie dürfte nach Ansicht von Professor Wolfhardt Schlosser, einem Archäo-Astronomen an der Universität Bochum, jedoch kaum als Kalenderbauwerk gedient haben, mit dem sich der exakte Termin der Wintersonnenwende hätte bestimmen lassen können. Aber vielleicht nahmen es unsere Vorfahren auch nicht so genau wie wir heute, sondern versammelten sich jeweils für mehrere Tage an dieser dann eher kultischen Stätte, um durch ihre Opfer die Sonne „zur Umkehr" zu bewegen.

Dass all dieses Denken und Tun einem falschen Weltbild entsprang, wurde erst vor nicht einmal 500 Jahren deutlich. Damals formulierte der aus dem heutigen Polen stammende Nikolaus Kopernikus (1473–1543) die Hypothese, dass nicht die Erde im Mittelpunkt der Welt ruhe, sondern die Sonne, während die Erde gemeinsam mit den übrigen Planeten diese zentrale Sonne umrunde. Seither ist dieses heliozentrische Weltbild längst durch mathematische Überlegungen untermauert und durch viele Beobachtungen immer wieder aufs Neue bestätigt worden. Umso tragischer erscheint, dass heute noch immer erschreckend viele Menschen dem alten Weltbild anhängen und meinen, ihr Schicksal aus der Stellung der Gestirne herauslesen zu können.

Nikolaus Kopernikus (1473–1543)

Doch auch das Kopernikanische Weltbild erwies sich letztlich als „zu eng", denn inzwischen verstehen wir die Sonne nicht mehr nur als Mittelpunkt des Planetensystems, sondern auch als unseren nächsten Fixstern, dessen Erforschung den Wissenschaftlern sehr viel über die unzähligen anderen, weit entfernten Lichtpunkte des Himmels verrät. Alles das stellt natürlich nicht in Abrede, dass die Sonne mit ihrem Licht und ihrer Wärme eine entscheidende Voraussetzung für das Leben auf der Erde ist, und so tun auch wir heute gut daran,

DAS MODERNE WELTBILD ENTSTEHT

Nikolaus Kopernikus (1473–1543) gab mit seiner neuen Beschreibung der Planetenbewegung den Anstoß zu einer umfassenden Revolution des Weltbildes. Während man bis dahin – in der Tradition von Plato und Aristoteles – die Kreisbewegung der Himmelskörper als die „natürliche", weil vollkommenste und damit einzig angemessene Form der Bewegung angenommen hatte, konnte Johannes Kepler (1571–1630), gestützt auf die Beobachtungen von Tycho Brahe (1546–1601), zu Beginn des 17. Jahrhunderts die Ellipsennatur der Himmelsbewegung erkennen und seine Gesetze der Planetenbewegung verkünden. Sie lauten sinngemäß:

1. **Die Planeten bewegen sich auf Ellipsenbahnen, in deren einem Brennpunkt die Sonne steht.**
2. **Der Fahrstrahl (die Verbindung zwischen Sonne und Planet) überstreicht in gleichen Zeiten gleiche Flächen [dadurch bewegt sich ein Planet in Sonnennähe schneller als in Sonnenferne].**
3. **Die Kuben (dritten Potenzen) der mittleren Entfernungen zur Sonne stehen in einem konstanten Verhältnis zu den Quadraten der Umlaufzeiten.**

Rund 80 Jahre später lieferte dann Isaac Newton (1643–1727) mit seinem universellen Gravitationsgesetz eine mathematisch/physikalische Grundlage für die Keplerschen Gesetze und verhalf damit dem heliozentrischen Weltbild des Nikolaus Kopernikus endgültig zum Durchbruch.

die Sonne weiterhin aufmerksam zu beobachten – auch zur Sicherung unserer hochtechnisierten Zivilisation, die sich in immer stärkerem Maße durch Kommunikations- und Navigationssatelliten, elektronische Steuerungssysteme und vieles mehr den vielfältigen Einflüssen der Sonne ausgeliefert hat.

DAS ÄUSSERE ERSCHEINUNGSBILD

Die Sonne ist das bei weitem hellste Objekte am irdischen Himmel: Sie erscheint rund 400 000-mal heller als der Vollmond und sogar 12 Milliarden Mal heller als Sirius, der für uns hellste Fixstern. Ihr gleißendes Licht ist so intensiv, dass wir selbst mit bloßem Auge nicht ungeblendet in die Sonne schauen können, so lange sie hoch am Himmel steht. Deshalb ist eine sichere Beobachtung der Sonne nur mit entsprechenden Schutzvorkehrungen möglich: Entweder bedient man sich einer Sonnensichtbrille, wie sie zum Beispiel aus Anlass der totalen Sonnenfinsternis 1999 vertrieben wurde (entsprechende Sonnenfilter-Folie ist auch jetzt noch im Fachhandel zu beziehen), oder man betrachtet das mit einem Fernglas oder Teleskop projizierte Sonnenbild auf einer abgeschatteten, weißen Fläche.

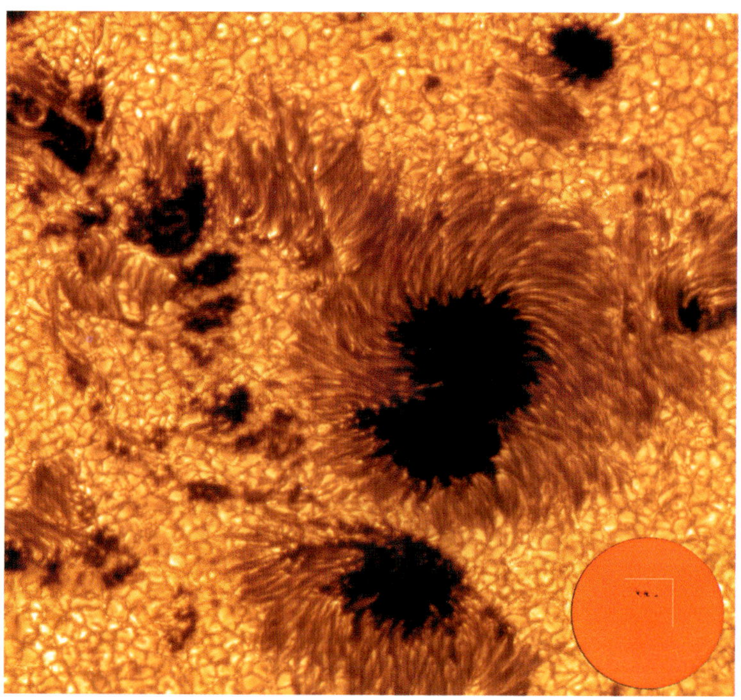

Diese Detailaufnahme der Sonnenoberfläche zeigt Sonnenflecken mit Umbra (dunklem Zentralgebiet) und Penumbra (hellerer Randzone), umgeben von zahlreichen Granulen der äußeren Konvektionszone. Die eingeblendete Übersichtsaufnahme der Sonne ist maßstabsgerecht auf die Größe der Erde verkleinert.

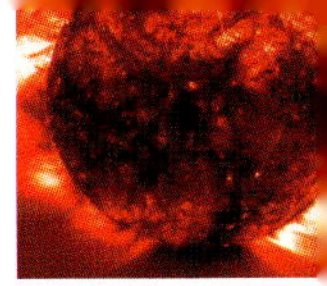

In beiden Fällen erscheint die Sonne scharf begrenzt, obwohl sie ein glühend heißer Gasball ist. Dies hängt mit der begrenzten Durchsichtigkeit des heißen Sonnengases zusammen: Das sichtbare Licht stammt zu mehr als 99 Prozent aus einer nur wenige hundert Kilometer dicken Schicht, der Photosphäre (griechisch: Lichtschale), die eine Temperatur von etwa 5500 Grad Celsius besitzt. Darunter ist das Gas zu heiß und zu dicht, um sichtbares Licht passieren zu lassen, darüber ist es zu dünn und zu „kühl", um noch nennenswerte

ZEITTAFEL DER SONNENBEOBACHTUNGEN

5. Jahrhundert v. Chr.	Der griechische Naturphilosoph Anaxagoras (um 500–428 v. Chr.) deutet die Sonne als einen glühenden Felsbrocken von der Größe des südlichen Griechenlands.
3. Jahrhundert v. Chr.	Aristarchos von Samos (um 310–230 v. Chr.) findet aus Winkelmessungen bei Halbmond (Mond im Ersten Viertel), dass die Sonne rund 20-mal weiter entfernt sein müsse als der Mond und damit auch etwa 20-mal so groß wie jener. Da er zuvor den Monddurchmesser zu einem Drittel des Erddurchmessers bestimmt hatte, musste die Sonne mindestens siebenmal so groß wie die Erde sein.
2. Jahrhundert v. Chr.	Hipparchos von Nikaia (um 190–125 v. Chr.) bestimmt die Entfernung des Mondes zu rund 30 Erddurchmessern. Da zu diesem Zeitpunkt der Erddurchmesser schon bekannt war – laut Eratosthenes von Kyrene (um 276 bis etwa 195 v. Chr.) etwa 12 700 km –, hätte man daraus eine (für damalige Verhältnisse bereits sehr genaue) Mondentfernung von rund 380 000 km und über das von Aristarchos bestimmte Verhältnis von Mond- zu Sonnenentfernung eine Sonnendistanz von mehr als 7,5 Millionen km ermitteln können. Solche Größen sind aber nicht überliefert, vielleicht, weil sie damals wie heute unvorstellbar große Strecken ergaben.
1610/1611	Erste Teleskop-Beobachtungen führen zur Entdeckung von Sonnenflecken.
1815	Joseph von Fraunhofer (1787–1826) bemerkt dunkle Linien im Spektrum der Sonne.
1847	Samuel Heinrich Schwabe (1789–1875) erkennt einen etwa elfjährigen Fleckenzyklus.
1849	Rudolf Wolf (1816–1893) definiert die Sonnenfleckenrelativzahl als Maß für die Sonnenaktivität.
1943/44	Radarantennen der britischen Flugabwehr registrieren eine „störende Radiostrahlung" der Sonne.
1946	Mit einem Raketenexperiment wird die Röntgenstrahlung der Sonne entdeckt.
1959	Raumsonden zum Mond bestätigen die Hypothese einer von der Sonne ausgehenden Teilchenströmung (dem Sonnenwind).
1970	Das bislang größte Sonnenteleskop der Erde (*McMath*) mit einem Durchmesser von 1,5 m und einer Brennweite von 92 m nimmt auf dem Kitt Peak, USA, seinen Betrieb auf.
1974/76	Zwei deutsche Sonnensonden (*HELIOS-A* und *-B*) erkunden den Sonnenwind und die Einflüsse der Sonne auf die Erde.
1990	Die europäisch-amerikanische Sonde *Ulysses* zur Erforschung des Sonnenwindes abseits der Ekliptikebene wird gestartet; sie hat seither die Sonnenpole zweimal in einem Abstand von jeweils rund 195 Millionen km überflogen.
1995	Die europäisch-amerikanische Sonnensonde *SOHO* beginnt mit umfassenden Beobachtungen der Vorgänge auf und unter der Sonnenoberfläche sowie in der Sonnenatmosphäre.

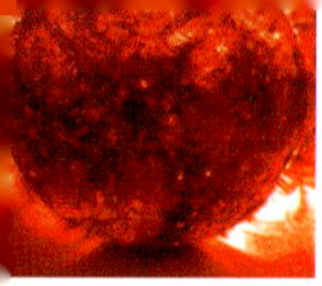

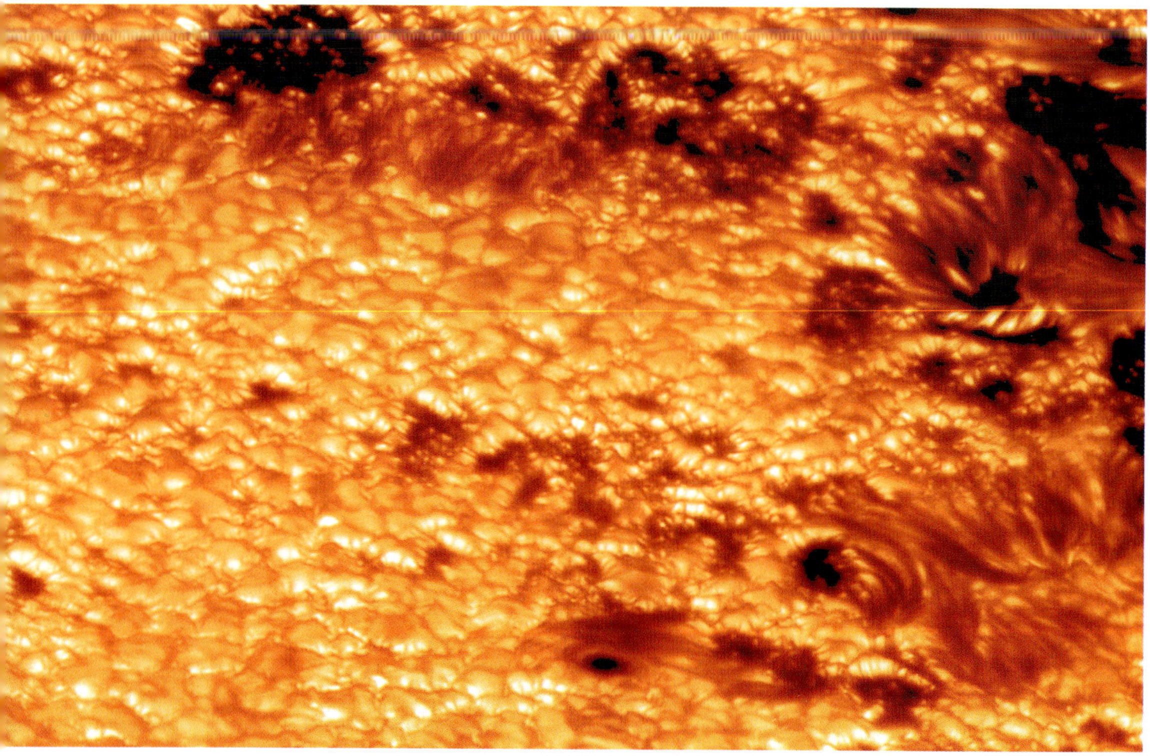

Quasi-3D-Ansicht der Sonnenoberfläche mit Granulen und kleineren Sonnenflecken.

Mengen an Licht im Vergleich zur Photosphäre aussenden zu können. Weil aber diese dünne Übergangszone aus einer Entfernung von rund 150 Millionen km unter einem Winkel von nur etwa 0,5 Bogensekunden erscheint, wirkt die Sonne scharf umrandet.

Ein ausreichend vergrößertes Sonnenbild lässt erkennen, dass die Sonnenoberfläche nicht gleichmäßig hell ist – zum Rand hin wirkt sie etwas dunkler. Diese Randverdunklung liegt auch in der Übergangsschicht der Photosphäre begründet: Da das Licht keinen beliebig langen Weg durch heißes Gas nehmen kann, blicken wir am Rand der Sonne weniger tief in die Photosphäre hinein, wo das Gas bereits kühler und dünner ist. Somit gelangt von dort weniger Sonnenlicht zu uns als von der Mitte der Sonne.

Bei ruhiger Luft kann man darüber hinaus eine feine Körnung der Sonnenoberfläche erkennen, die Granulation, die durch aufsteigende und sich abkühlende Gasblasen in der so genannten Konvektionszone der Sonne hervorgerufen wird.

Schon vor der Erfindung des Fernrohrs durch niederländische Brillenmacher zu Beginn des 17. Jahrhunderts haben aufmerksame Beobachter hin und wieder dunkle Flecken auf der Sonne bemerkt; ihnen kamen entweder ausreichend dichte Hochnebel beziehungsweise hochfliegende Staub- oder Rußwolken zu Hilfe, die das grelle

Sonnenlicht genügend abschwächten. In chinesischen Aufzeichnungen sind solche Flecken seit vielen Jahrhunderten immer wieder erwähnt worden – im westlichen Kulturkreis dagegen waren sie spätestens seit den frühen griechischen Naturphilosophen eigentlich ein „Ding der Unmöglichkeit“, denn bei unseren Vorfahren galten die Himmelskörper als übernatürlich und aus einem anderen Stoff als alles Irdische: Während man sich die irdische Welt aus den Elementen Erde, Wasser, Feuer und Luft zusammengesetzt und einem ständigen Wandel unterlegen vorstellte, schien die himmlische Welt aus einer fünften Substanz, der Quintessenz, zu bestehen, die völlig makellos und ewig unveränderlich war. Allerdings gab es auch im antiken Griechenland bereits Denker, die über diese „vordergründige“ Betrachtungsweise hinausgingen und versuchten, die Geheimnisse der Welt wirklich zu ergründen (siehe Kasten „Zeittafel der Sonnenbeobachtungen“, S. 15).

Entsprechend groß war der Kulturschock, als schon bald nach der Erfindung des Fernrohres zahlreiche Beobachter die Existenz von dunklen Flecken auf der Sonne vermeldeten, von Flecken, die neu erschienen, ein Stück weit über die Sonnenscheibe hinwegzogen und wieder verschwanden. Heute wissen wir, dass diese Sonnenflecken sichtbarer Ausdruck einer viel umfassenderen Sonnenaktivität sind, deren – zumeist unangenehme – Auswirkungen wir auf der Erde in vielen Bereichen zu spüren bekommen.

DER INNERE AUFBAU

Niemand wird ernsthaft in Frage stellen, dass die Sonne der Stern ist, der unser Leben ermöglicht. Ohne ihr Licht und ihre Wärme gäbe es kein Leben auf der Erde, wäre die Erde ein dunkler, eiskalter und lebloser Ort. Vor diesem Hintergrund verwundert es nicht, dass die Wissenschaftler im 19. Jahrhundert sich fragten, woher die Sonne ihre Energie nimmt und ob sie wohl irgendwann „ausgehen“ würde.

Die Suche nach der Sonnenenergie

Gerade hatte die Wissenschaft von dem Heilbronner Arzt Julius Robert von Mayer (1814–1878) gelernt, dass Energie nicht aus dem Nichts geschaffen werden kann und also auch die Sonnenenergie begrenzt sein müsse, da machten Fortschritte im Verständnis geologischer Prozesse deutlich, dass die Erde – und mit ihr die Sonne – sehr viel älter sein musste als das „biblische“ Alter, das der irische Bischof James Ussher (1581–1666) „errechnet“ hatte.

DIE BESTIMMUNG DER SONNENMASSE

Die Masse eines Himmelskörpers lässt sich auch ohne Waage bestimmen – jedenfalls dann, wenn er von einem anderen Objekt auf einer bekannten Bahn umrundet wird. Die Gesetze der Himmelsmechanik, die sich alle aus dem allgemeinen Gravitationsgesetz von Isaac Newton ableiten lassen, stellen einen Zusammenhang zwischen Umlaufzeit T und Abstand R sowie der Masse M des Zentralkörpers her:

$$M = 4\pi^2 \cdot R^3 / G \cdot T^2.$$

Mit der universellen Gravitationskonstanten $G = 6{,}67 \cdot 10^{-11}\ m^3 kg/s^2$, $R = 149{,}6 \cdot 10^9$ m und $T = 31\,556\,925$ s (Radius der Erdbahn und Umlaufzeit der Erde) wird M zu $1{,}99 \cdot 10^{30}$ kg (Masse der Sonne). Auf die gleiche Weise kann man aus der Umlaufzeit des Mondes ($T = 2\,360\,591$ s) und seiner mittleren Erdentfernung ($R = 384{,}4 \cdot 10^5$ m) die Erdmasse zu etwa $6 \cdot 10^{24}$ kg errechnen und findet so, dass die Masse der Sonne annähernd 330 000 Erdmassen entspricht.

Ussher war zu dem Ergebnis gekommen, dass die Welt im Jahre 4004 v. Chr. erschaffen wurde und damit zu seinen Lebzeiten also gut 5600 Jahre alt sein sollte. Selbst eine nur knapp 6000 Jahre alte Sonne war Mitte des 19. Jahrhunderts eigentlich schon nicht mehr erklärbar, denn ein entsprechend großer Klumpen aus „bester deutscher Steinkohle“ würde kaum 5000 Jahre mit der typischen Sonnenleuchtkraft strahlen können. So stellte sich die drängende Frage, woher die Sonne ihre Energie bezog und ob sie am Ende unmittelbar vor dem Verlöschen stand.

In diese Diskussion platzten außerdem die „Langzeit-Theorien“ der Geologen und die von Charles Darwin formulierte Hypothese „Über den Ursprung der Arten“, die viele Millionen oder gar Milliarden Jahre dauernde Entwicklungsprozesse voraussetzten. Was also hielt das scheinbar endlose Sonnenfeuer in Gang, was ging im Innern der Sonne vor?

Zum Glück lernten die Forscher wenig später die Geheimsprache des Lichtes zu entziffern: 1860 erkannten der Chemiker Robert Wilhelm Bunsen (1811–1899) und der Physiker Gustav Robert Kirchhoff (1824–1887) die Bedeutung der Spektralanalyse als Methode zur Identifizierung chemischer Elemente. Jeder, der schon einmal Kochsalz in eine Gas- oder Kerzenflamme gestreut hat, kennt den zugrunde liegenden Effekt: Die Flamme leuchtet kurzzeitig kräftig gelb auf. Kochsalz ist eine chemische Verbindung aus Natrium- und Chloratomen, und die Natriumatome verlieren durch die hohe Flammentemperatur eines ihrer Elektronen; andere rücken nach und senden dabei eine Strahlung aus, die vom speziellen Aufbau der Natriumatome abhängt und als gelbes Licht wahrgenommen wird. Andere Atome leuchten in anderen Farben, Quecksilber zum Beispiel bläulich weiß, Wasserstoff in einem kräftigen Rot. Dass die entsprechenden Linien im Sonnenspektrum dunkel erscheinen, erklärt sich zwanglos aus der plausiblen Temperaturschichtung der Sonnengase: Das Licht der heißeren, tieferen Schichten muss auf dem Weg zu uns die darüber liegenden, kühleren Regionen der Sonnenatmosphäre durchqueren und wird dort teilweise wieder verschluckt, so dass die entsprechenden Stellen im Spektrum dunkler erscheinen.

Schon bald nach der Entwicklung der Spektralanalyse begannen die Astronomen, das Licht der Sonne nach „verschlüsselten“ Botschaften über deren chemische Zusammensetzung zu durchforsten. Neben vielen bekannten Elementen wie Wasserstoff, Sauerstoff, Kohlenstoff und sogar Gold stießen sie auch auf ein damals noch unbekanntes Element, dessen auffällig gelbe Spektrallinie sie keinem irdischen Stoff zuordnen konnten. Der Engländer Joseph Norman Lockyer (1836–1920), ein Pionier auf dem Gebiet der Sonnenspektroskopie und Mitentdecker des neuen, unbekannten Elementes, das offenbar nur auf der Sonne vorkam, schlug den Namen Helium vor. Nach dem Wasserstoff, der immerhin rund 73 Prozent der Sonnenmaterie stellt, steht Helium mit fast 25 Prozent an zweiter Stelle, ehe

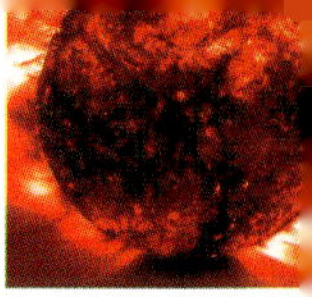

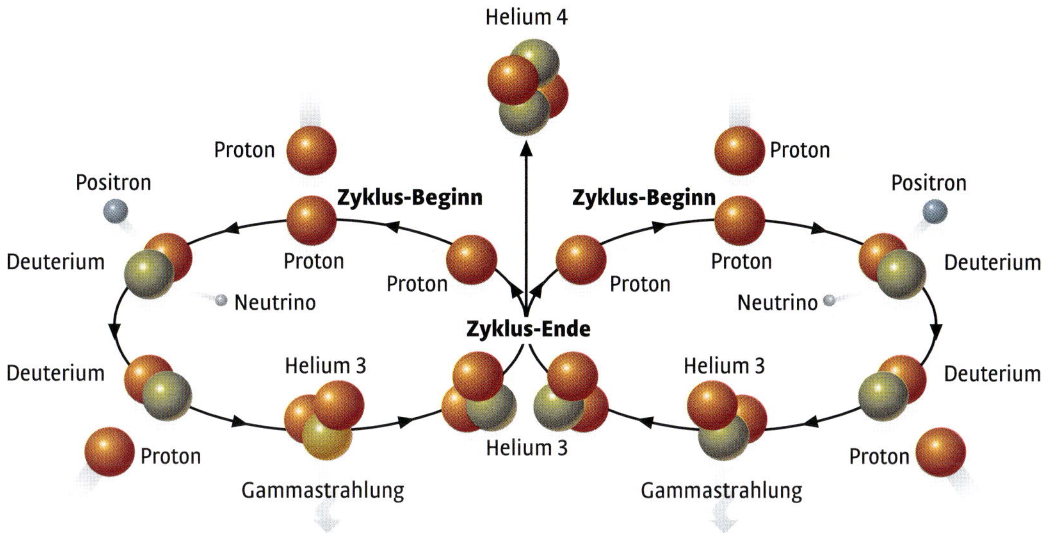

Die Energiequelle der Sonne stützt sich im Wesentlichen auf den so genannten Proton-Proton-Zyklus, in dessen Verlauf insgesamt vier Wasserstoffatomkerne (Protonen) zu einem Heliumatomkern verschmelzen; dabei werden zwei Protonen in Neutronen umgewandelt sowie Positronen, Neutrinos und energiereiche Gammastrahlung freigesetzt.

– weit abgeschlagen – Sauerstoff und Kohlenstoff mit zusammen gut einem Prozent und weitere Elemente in geringsten Mengen folgen. Auf der Erde wurde Helium erst 1895 nachgewiesen.

Das Rätsel der Sonnenenergie konnte erst in den 30er Jahren des 20. Jahrhunderts gelöst werden. Zum einen konnten die Astrophysiker endlich den inneren Aufbau eines Sterns zumindest in groben Zügen modellieren und daraus quantitative Angaben über Temperatur und Dichte im Innern der Sonne ableiten, zum anderen hatten die Physiker das gewaltige Potenzial der Kernenergie entdeckt. Aus der Kombination von beidem wuchs die Vorstellung von Kernverschmelzungsprozessen heran, die nur tief im Innern der Sterne ablaufen konnten. Stark vereinfacht werden im Innern der Sonne ständig gewaltige Mengen von Wasserstoffatomkernen (fast 600 Millionen Tonnen pro Sekunde) zu Heliumatomkernen verschmolzen – die Sonne ist also ein riesiger, natürlicher Fusionsreaktor.

Und weil Heliumatomkerne, die aus je zwei elektrisch positiv geladenen Protonen und zwei elektrisch neutralen Neutronen bestehen, etwas weniger Masse besitzen als vier einzelne Protonen (oder Wasserstoffatomkerne), werden bei diesem Prozess in jeder Sekunde rund 4 Millionen Tonnen Materie in Energie umgewandelt – die Sonne verliert also ganz allmählich an Masse! Seit ihrer Entstehung vor rund 4,6 Milliarden Jahren hat sie bei konstanter Energieabgabe auf diese Weise zwar erst gerade einmal um rund 100 Erdmassen „abgenommen", dabei aber immerhin schon fast sechs Prozent ihres ursprünglichen Wasserstoff-Vorrats verbraucht. Auch als Fusionsreaktor kann die Sonne ihre gegenwärtige Leuchtkraft also nicht unbegrenzt lange aufrechterhalten. Wie viel Zeit ihr noch bleibt, ergibt sich allerdings nur aus dem Vergleich mit anderen Sternen (s. S. 33).

Das Spektrum der Sonne - hier streifenweise untereinander montiert – lässt neben dem Verlauf der Spektralfarben (Regenbogenfarben) etliche dunkle Linien erkennen.

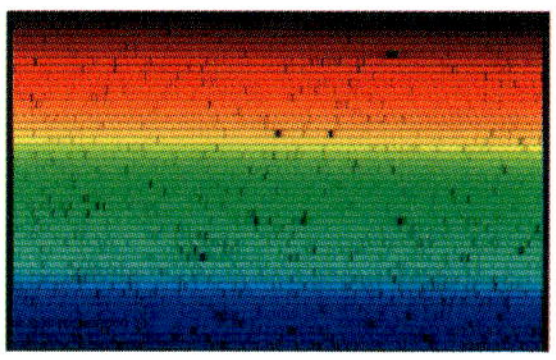

EIN STERN UNTER STERNEN

Astronomisch betrachtet ist die Sonne ein ganz gewöhnlicher Durchschnittsstern, nicht besonders groß, massereich, oder auffällig. Die Mindestmasse für einen Stern liegt bei etwa 8 bis 10 Prozent der Sonnenmasse, die Obergrenze bei 120 bis 140 Sonnenmassen. Ist die Masse kleiner, reichen Druck und Temperatur im Innern nicht aus, um die Kernfusion zu zünden, wird die Masse dagegen zu groß, dürfte die dann mit extrem hoher Rate ablaufende Kernfusion den Stern auseinander sprengen. Sterne, die in ihrem Innern Wasserstoff in Helium umwandeln, haben Durchmesser zwischen 0,1 und etwa 15 Sonnendurchmessern; Rote Riesen können sich auf mehr als 1000fachen Sonnendurchmesser aufblähen, Weiße Zwerge dagegen auf etwa 0,01 Sonnendurchmesser schrumpfen. Die Energieproduktion während der normalen Wasserstoff-Fusion reicht von einem Tausendstel der Sonnenleuchtkraft bei massearmen roten Zwergsternen bis zum Millionenfachen bei massereichen blauen Riesensternen.

Die rätselhaften Sonnenneutrinos

Mit der grundsätzlichen Erklärung der solaren Energiequelle waren die Prozesse auf und in der Sonne aber noch längst nicht vollständig verstanden. Ein Problem, das die Astronomen bis in die 1990er Jahre beschäftigte, kann mit dem Begriff „Neutrinorätsel“ beschrieben werden. Neutrinos gehören zu den Elementarteilchen der besonderen Art: Sie sind elektrisch neutral und besitzen nur eine extrem kleine Masse. Neutronen und Protonen, die zusammen die Atomkerne bilden, sind dagegen wesentlich massereicher, wobei ein Neutron etwas „schwerer“ als ein Proton ist. Die Eigenart der Neutrinos besteht aber vor allem in der äußerst geringen Neigung, mit anderen Elementarteilchen zu reagieren: Neutrinos sind gleichsam blind und taub für die „Verlockungen“ der übrigen atomaren Teilchen und können daher wie Geisterteilchen auch sehr große Materieansammlungen nahezu ungehindert durchdringen. Die Physiker sprechen in diesem Zusammenhang von einer fehlenden starken Wechselwirkung (eine elektromagnetische Wechselwirkung ist aufgrund der elektrischen Neutralität ohnehin nicht gegeben) oder – positiv formuliert – von „nur schwach wechselwirkender“ Materie.

Solche Neutrinos, deren Existenz 1930 zunächst nur aufgrund einer Lücke in der Masse-Energiebilanz atomarer Umwandlungen vermutet worden war, lassen sich aufgrund dieser nur schwachen Wechselwirkungsfähigkeit entsprechend schwierig nachweisen. Erst 1956 gelang es dem Amerikaner Raymond Davis Jr. (*1914), in der Umgebung von Kernreaktoren bestimmte Elementarteilchenprozesse zu beobachten, an denen Neutrinos beteiligt gewesen sein müssen (2002 erhielt er dafür den Physiknobelpreis). Neutrinos entstehen vor allem bei atomaren Umwandlungsprozessen, zum Beispiel, wenn ein Neutron in ein Proton und ein Elektron zerfällt (streng genommen entsteht dabei ein Anti-Elektron-Neutrino). Umgekehrt kann sich unter den extremen Bedingungen im Innern der Sonne auch ein Proton in ein Neutron umwandeln und dabei ein Positron (also ein Anti-Elektron) sowie ein Elektron-Neutrino aussenden. Im Rahmen der Kernfusion läuft dieser Prozess mit einer extrem hohen Rate ab, die in jeder Sekunde einige 100 Sextillionen Neutrinos freisetzt. Die meisten dieser Teilchen können die Sonne ungehindert verlassen und sich in den umgebenden Weltraum ergießen – ihr Strom ist so gewaltig, dass auf der rund 150 Millionen km von der Sonne entfernten Erde jeder Quadratzentimeter immer noch von fast 100 Milliarden Neutrinos pro Sekunde durchdrungen wird. Angesichts eines solch dichten Teilchenhagels können wir eigentlich froh sein, dass diese Neutrinos so gut wie gar nicht mit der übrigen Materie reagieren, sonst müssten wir uns am Ende noch massiv dagegen schützen – es gäbe uns vermutlich gar nicht! So aber konnte selbst mit knapp 400 000 Liter der Reinigungsflüssigkeit Chloräthylen, deren Chlor-Atome sich als besonders effiziente Neutrino-Fänger betätigen, aus diesem unaufhaltsamen Strom gerade einmal ein Neutrino pro Tag herausgefischt werden. Bei dieser Neutrino-Absorption wandelt sich das Chlor-Atom in ein Argon-Atom um, das dann – wie die berühmte Nadel im Heuhaufen – mühsam in der Flüssigkeit gesucht werden muss.

Trotz dieser technischen Probleme konnten die Wissenschaftler glaubhaft versichern, dass sie nur etwa ein Drittel des Neutrinostromes registrierten, den man eigentlich aus dem Innern der Sonne erwartet hätte. Aus diesem Dilemma gab es nur zwei mögliche Auswege: Entweder waren die Vorstellungen über den inneren Aufbau der Sonne – und hier vor allem der Temperatur im Kernbereich – falsch (und das wäre nicht ohne Konsequenzen auf das Verständnis auch der übrigen Sterne geblieben), oder es kamen nicht alle erzeugten Sonnen-Neutrinos wirklich auf der Erde an. Damit waren Astronomen und Elementarteilchenphysiker gleichermaßen aufgerufen, ihre bisherigen Modelle und Ideen auf mögliche Fehler oder Verständnislücken abzuklopfen.

Mit *SOHO* ins Innere der Sonne blicken

Die Antwort der Sonnenforscher auf diese Herausforderung hieß *SOHO* (für **So**lar and **H**eliospheric **O**bservatory) und wurde am 2. Dezember 1995 von Cape Canaveral aus in den Weltraum befördert. Auf einer komplizierten Übergangsbahn erreichte die etwa 600 kg schwere Sonde rund 3 Monate später den so genannten Lagrangepunkt L1, der rund 1,5 Millionen km von der Erde entfernt ist und sich dadurch auszeichnet, dass ein Satellit in dieser Region von Sonne und Erde etwa gleich stark angezogen wird und daher gemeinsam mit der Erde wie ein „solar-stationärer" Satellit die Sonne umrundet. Für die Sonnenbeobachtung bietet dieser Ort gleich mehrere Vorteile. Zum einen kann man von dort die Sonne „rund um die Uhr", also 24 Stunden am Tag (und damit ununterbrochen) beobachten, zum anderen ist man weit genug vom Magnetfeld der Erde entfernt, um den dort noch ungestörten Sonnenwind – eine ständig von der Sonne ausgehende Teilchenströmung – vermessen und analysieren zu können. Da diese Strömung mit einer Geschwindigkeit zwischen etwa 400

Die amerikanisch-europäische Sonnensonde *SOHO*.

und 1000 km/s unterwegs ist, bietet der vorgelagerte Beobachtungsort bei extremen Ereignissen schließlich auch noch eine gewisse Vorwarnzeit von mindestens 25 Minuten.

Wie aber kann man das Innere der Sonne erkunden, wenn das Licht aus einer nur etwa 200 km dicken Schicht stammt, der Photosphäre als sichtbarer „Außenhaut" der Sonne, und das Sonnengas darunter aufgrund der zunehmenden Dichte und Temperatur undurchsichtig wird? Im Prinzip auf die gleiche Weise, mit der Geologen das Innere der Erde erkunden, das ja auch undurchsichtig ist und sich jeder unmittelbaren Beobachtung entzieht: aus der Analyse der Ausbreitung von Wellen. Die gleiche Methode wendet jeder vorsichtige Heimwerker an, der eine von Kabeln und Rohren durchzogene Wand anbohren muss: Er klopft die Wand ab und horcht auf Unterschiede im Klang, denn dort, wo ein Hohlraum die Dichte der Wand verändert, breiten sich die Schallwellen anders aus, und entsprechend anders klingt dort das Klopfen.

Auf der Erde bedienen sich die Forscher jener Wellen, die bei Erdbeben freigesetzt werden. Sie lassen sich in zwei Typen unterscheiden. Die einen – so genannte Longitudinal- oder Dichtewellen – sind im Prinzip nichts anderes als Schallwellen, die etwas über die Verhältnisse im Erdinnern verraten: Ihre Ausbreitungsgeschwindigkeit hängt von der Dichte des durchlaufenen Materials ab. Neben dieser Variante (die wegen ihrer schnelleren Ausbreitungsgeschwindigkeit auch p-Wellen [für primäre Wellen] genannt werden) gibt es noch so genannte Transversalwellen, bei denen das Material wie bei Meereswellen senkrecht zur Ausbreitungsrichtung verschoben wird. Sie durchdringen aber nur feste Gebiete – in flüssigen oder gasförmigen Bereichen, also im flüssigen Erdkern oder in der Erdatmosphäre, treten sie nicht auf. Da Transversalwellen grundsätzlich langsamer sind als Longitudinalwellen, lässt sich bei irdischen Beben aus dem Laufzeitunterschied die Entfernung der jeweiligen Messstation zum eigentlichen Bebenherd ableiten und so aus dem Vergleich der Daten mehrerer Stationen auch der Ort des Bebens bestimmen.

Nachdem bereits 1960 bei der Sonne erste Hinweise auf vergleichbare „innere" Schwingungen gefunden wurden, gelang schließlich 1975 ein zweifelsfreier Nachweis, und weitere zehn Jahre später waren die Messmethoden so verfeinert, dass man die neu entwickelte Methode der Helioseismologie zu Studien über den inneren Aufbau der Sonne nutzen konnte. Zum einen entstand damals ein globales Netz an Beobachtungsstationen auf der Erde mit dem passenden Namen *GONG* (für Global Oscillation Network Group), zum anderen wurden entsprechende Instrumente in die bereits erwähnte, von der amerikanischen und europäischen Raumfahrtagentur NASA und ESA gemeinsam vorbereitete Sonnensonde *SOHO* eingebaut.

Mit *SOHO* haben die Sonnenforscher inzwischen den inneren Aufbau der Sonne ergründet. Danach herrscht im Zentrum der Sonne eine Temperatur von etwa 15 Millionen Grad und ein Druck von

EIN PULSMESSER FÜR DIE SONNE

Grundlage für die Messung der Sonnenschwingungen ist die Bestimmung der Geschwindigkeit, mit der sich ein bestimmter Punkt auf der Sonnenoberfläche relativ zum Beobachter bewegt. Dabei nutzen die Forscher den berühmten Doppler-Effekt aus, der auch aus der Akustik bekannt ist: Bewegt sich z. B. ein Krankenwagen mit großer Geschwindigkeit auf den Beobachter zu, so klingt seine Sirene deutlich höher als dann, wenn er sich wieder entfernt. Auf das Licht übertragen heißt dies, dass Spektrallinien geringfügig zu kürzeren Wellenlängen verschoben werden, wenn sich die Lichtquelle auf uns zu bewegt, und mit größerer Wellenlänge erscheinen, wenn sich die Quelle von uns entfernt. Mit Hilfe des Michelson-Doppler-Interferometers *MDI* an Bord von *SOHO* wird an einer Million Messpunkten ständig die Geschwindigkeit der Sonnenoberfläche relativ zum Satelliten gemessen und daraus das komplizierte Schwingungsmuster der Sonne rekonstruiert.

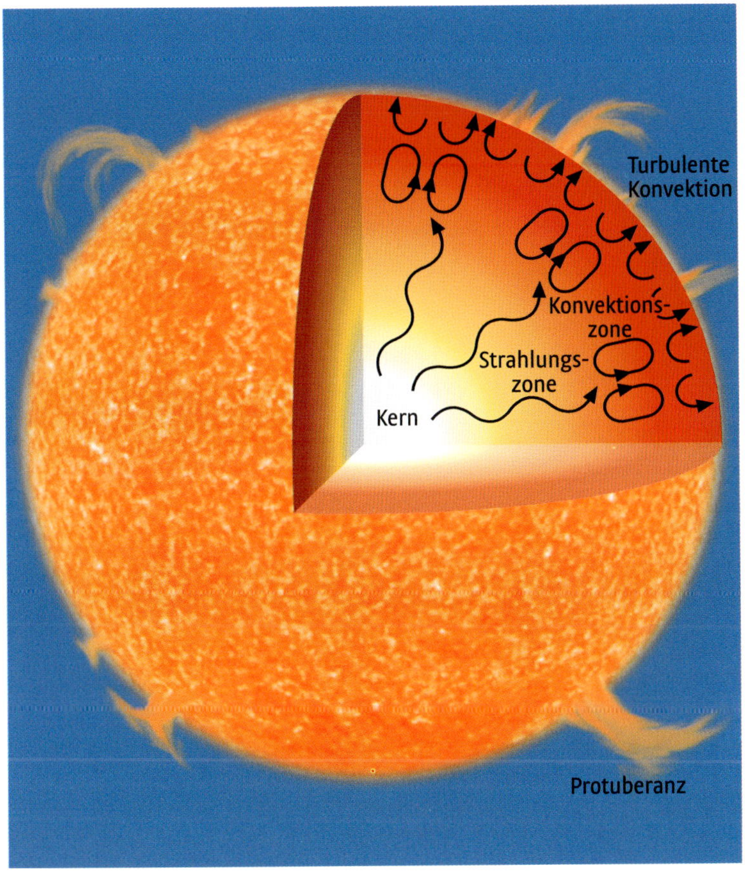

Querschnitt der Sonne. Die im Kernbereich ablaufende Wasserstofffusion produziert Energie, die zunächst in Form von Strahlung langsam nach außen dringt; auf den letzten rund 200 000 km erfolgt der Energietransport dagegen über Konvektionsströme, die heißeres Gas nach oben führen, wo es sich abkühlt und wieder nach unten sinkt.

rund 2 Milliarden Atmosphären – wie seit langem von den „Modellrechnern" vorhergesagt. Dass trotzdem weniger Neutrinos von der Sonne empfangen werden als aufgrund dieser Temperatur im Sonneninnern zu erwarten wäre, hängt mit der inzwischen auf anderem Wege nachgewiesenen Veränderlichkeit der Neutrinos zusammen: Ein Teil der Neutrinos wandelt sich auf dem Weg bis zur Erde in andere, mit den bisherigen Experimenten nicht nachweisbare Neutrino-Varianten um.

Der fusionsaktive Kern der Sonne hat einen Durchmesser von etwa 250 000 km und wird von einer so genannten Strahlungszone (radiativen Zone) umgeben. Hier dringt die im Innern produzierte Sonnenenergie in Form sehr kurzwelliger Photonen („Lichtteilchen") ganz langsam nach außen: Die auch als Gammaquanten bezeichneten Energiepakete stoßen ständig mit der Sonnenmaterie zusammen, werden absorbiert und gleich wieder ausgesandt. Weil aber dieses Wiederaussenden in alle möglichen Richtungen erfolgen kann, ähnelt der Weg eines einzelnen Photons (das unterwegs allerdings

Fotomontage aus simultanen Aufnahmen der Sonnensonde *SOHO*; im Innern sind die aus *MDI*-Messungen rekonstruierten Strömungsverhältnisse durch eine spezielle Farbgebung angedeutet, über der im extremen UV-Bereich bei 304 Ångström sehr körnig erscheinenden Photosphäre sind helle Flares sowie seitlich aufragende Protuberanzen zu erkennen, und im Außenbereich hat das Instrument *LASCO C-2* Strömungen des Sonnenwindes sowie Reste eines koronalen Materieauswurfs als „aufgeplatze Bogenstrukturen" (rechts) erfasst.

ständig seine „Identität" wechselt) dem verzweifelten Versuch, aus einem schier endlosen Labyrinth zu entkommen; entsprechend vergehen einige 100 000 bis eine Million Jahre, ehe ein Photon aus dem Kernbereich diese rund 370 000 km dicke Strahlungszone durchquert hat.

An deren Obergrenze ist die Temperatur des Sonnengases auf etwa 2 Millionen Grad zurückgegangen, so dass zumindest die schwereren Atomkerne der Sonnenmaterie einen Teil der ihnen zustehenden Elektronen aus dem Sonnengas herausfischen und gleichsam überstreifen können. Dadurch verringert sich die Durchlässigkeit der Materie für Strahlungsteilchen, es kommt in einer Übergangsschicht zu einem Hitzestau, und die bis hierher gleichmäßige Temperaturschichtung des Sonnengases gerät durcheinander. Als Folge davon kommt die darüber liegende Zone in Wallung, heißere Gasmassen steigen auf, kühlere sinken ab: Es entsteht innerhalb der äußeren, etwa 200 000 km dicken Schicht eine ständige, als Konvektion bezeichnete Umwälzung, die in mehreren Stockwerken in immer kleinere Zellen zerbricht und schließlich nahe der Oberfläche als Granulation in Erscheinung tritt: aufsteigende, unregelmäßig geformte Gasblasen von mehreren hundert Kilometern Größe, die sich innerhalb weniger Minuten so weit abkühlen, dass das Material in den dunkel erscheinenden Randgebieten der einzelnen Granulen wieder nach unten sinkt.

Die Wurzeln der Sonnenaktivität

In der Übergangsschicht zwischen Strahlungs- und Konvektionszone vermuten die Sonnenforscher auch die eigentliche Quelle der regelmäßig auftretenden Störungen im Sonnenmagnetfeld, die zu dem bekannten, etwa elfjährigen Aktivitätszyklus führen. An dieser Tachokline genannten Grenze verändert sich nämlich auch das Rotationsverhalten der Sonne: Während sich die tiefer liegende Strahlungszone eher wie ein fester Körper dreht, entwickelt sich in der darüber liegenden Konvektionszone eine differenzielle Rotation, die dazu führt, dass sich die Sonne am Äquator deutlich schneller dreht als in den Polbereichen. Doch damit nicht genug: Im Frühjahr 2000 meldeten amerikanische Forscher, dass sie mit Hilfe von *SOHO*- und *GONG*-Daten regelmäßige Schwankungen der Strömungsgeschwindigkeiten an dieser Grenze festgestellt hatten: Mal rotiert das Gas innerhalb der Tachokline etwas schneller und außerhalb langsamer, dann kehren sich die Verhältnisse um. Dieser Wechsel wiederholt sich unter dem Sonnenäquator alle 15 bis 16 Monate, bei mittleren Sonnenbreiten dagegen nach nur 12 Monaten. Die Geschwindigkeitsunterschiede sind zwar nicht sehr groß (sie erreichen nach mehreren Monaten einige 100 m/s, ehe sie wieder verschwinden und danach in umgekehrter Richtung auftreten), könnten aber ausreichen, den Sonnendynamo als Quelle des Magnetfeldes anzutreiben.

DIE OBERFLÄCHE

Durch die differenzielle Rotation in unterschiedlichen Breitenzonen werden die im heißen Sonnengas „eingefrorenen" Magnetfeldlinien im Laufe der Zeit wie Gummibänder auseinander gezogen und allmählich aufgewickelt. Es entsteht ein torusförmiges Feld, wobei die Magnetfeldlinien zusammengepresst werden und sich magnetische Schläuche bilden. Durch den magnetischen Druck und den Gasdruck entsteht ein Auftrieb, durch den die Schläuche an die Oberfläche der Sonne aufsteigen. Dort angekommen, wölben sie sich wulstartig nach außen und erscheinen als magnetische Doppelflecke (s. Abb. S. 26).

Am 12. Januar 1998 konnten Astronomen mit *SOHO* die Entstehung eines Sonnenflecks in allen Einzelheiten verfolgen. Binnen weniger Stunden „sahen" sie eine Region erhöhter Magnetfeldstärke aus einer Tiefe von etwa 18 000 km aufsteigen und konnten dann verfolgen, wie sie sich etwa 4000 km unter der Photosphäre allmählich verzweigte und schließlich als Fleckengruppe hervorbrach. Als „Augen" dienten den Wissenschaftlern dabei die Schallwellen, die während der Aufstiegsphase in dieser Region immer schneller und schneller wurden.

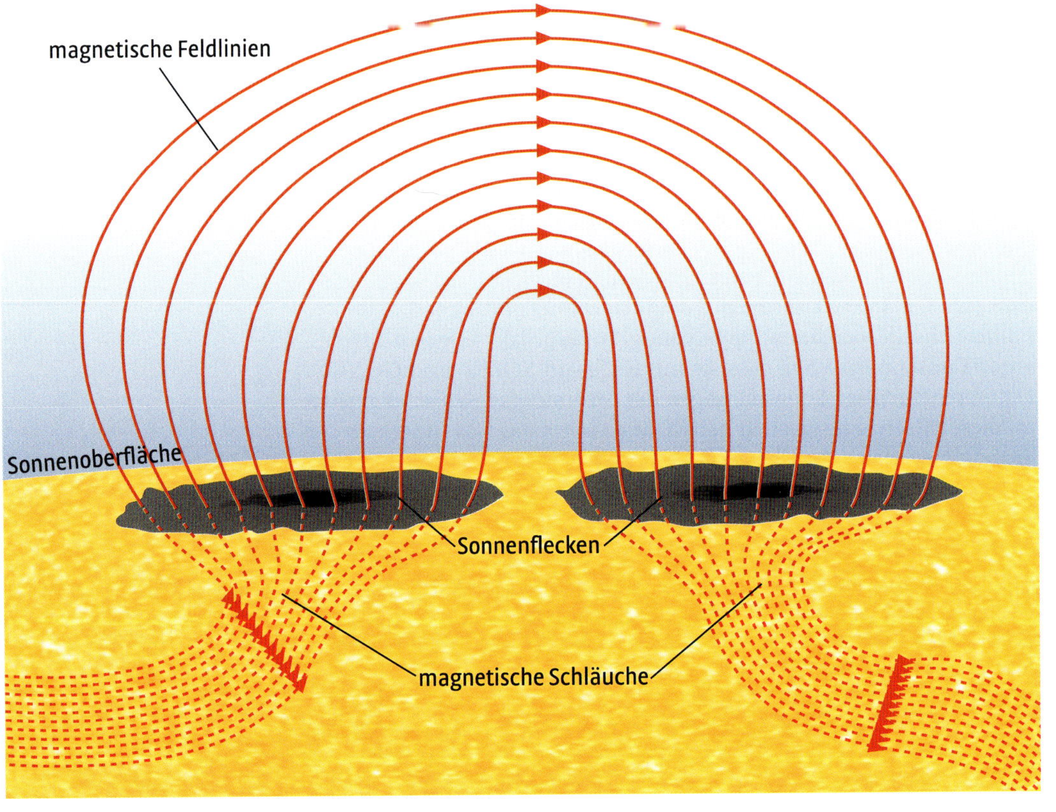

Sonnenflecken werden als „Auswüchse" des solaren Magnetfeldes verstanden: Magnetische „Schläuche" im Sonneninnern erfahren einen Auftrieb, quellen aus der Sonnenoberfläche hervor und lassen dadurch benachbarte Flecken vielfach mit einer gegensätzlichen magnetischen Polarität erscheinen.

Da die Energiezufuhr von innen durch das magnetische Wurzelgeflecht erschwert beziehungsweise unterbrochen wird, kühlt das Gas innerhalb der Fleckenregion ab, und der Fleck wird als dunkles Gebiet sichtbar. Die Temperatur im Bereich des als Umbra (lateinisch: Schatten) bezeichneten Zentralgebietes liegt um etwa 1500 bis 2000 Grad unter dem Umgebungswert. Dabei ist die Schwärze des Flecks nur relativ und im Wesentlichen auf die Unfähigkeit von Auge und Detektoren zurückzuführen, große Helligkeitsunterschiede gleichmäßig zu erfassen: Könnte man einen Sonnenfleck aus der Sonnenoberfläche herauslösen und an den Nachthimmel versetzen, so wäre er immer noch heller als der Vollmond!

Flecken treten meist in Gruppen auf, deren Mitglieder zunächst klein sind. Aber oft bilden sie schon nach kurzer Zeit zwei deutliche Zentren aus, die dann innerhalb weniger Tage zu zwei Hauptflecken anwachsen können, zwischen denen oft zahlreiche kleinere Flecken erscheinen. Spätestens jetzt bilden sich um die eigentlichen Flecken mehr oder minder breite Randzonen (Penumbren), die auch die kleineren Flecken einschließen können. Während die einzelnen Umbren zwischen mehreren tausend bis zu (selten) einigen zehntausend Kilometern Durchmesser erreichen, können Fleckengruppen 100 000 km und länger werden und dann einige Promille der sichtbaren Sonnenoberfläche bedecken – den Rekord hält eine Gruppe aus dem Jahr 1947, die es am 3. April auf immerhin 6,13 Promille der Sonnenoberfläche brachte. Solche Riesenflecken lassen sich sogar mit bloßem Auge (Vorsicht: nur mit Sonnenfinsternisbrille!!) schon erkennen.

MAGNETISCHE „WINDPOCKEN“

Schon zu Beginn des 20. Jahrhunderts hatten die Forscher bemerkt, dass Sonnenflecken stets mit besonders starken Magnetfeldern einhergehen: Mit Hilfe des Zeeman-Effektes, der die Aufspaltung von Spektrallinien unter dem Einfluss eines starken Magnetfeldes beschreibt, fanden sie in der Umgebung der Sonnenflecken Magnetfelder, die bis zu mehrtausendfach stärker als das Erdmagnetfeld sind, und konnten sogar die jeweilige Polarität ermitteln. Im Laufe der Jahre bemerkten sie, dass die größeren, meist paarweise auftretenden Flecken während des gesamten, etwa elfjährigen Sonnenfleckenzyklus ein konstantes Polaritätsmuster zeigten: Konnten zum Beispiel alle vorausziehenden Flecken auf der Nordhalbkugel der Sonne als magnetische Südpole identifiziert werden und alle nachfolgenden Flecken als magnetische Nordpole, dann waren die Verhältnisse auf der Südhalbkugel genau umgekehrt, und beim nächsten Fleckenzyklus waren die Verhältnisse auf Nord- und Südhalbkugel dann vertauscht. Ein magnetischer Aktivitätszyklus dauert also zwei Fleckenzyklen oder etwa 22 Jahre.

Die Lebensdauer von Sonnenflecken ist unterschiedlich: Kleinere Exemplare lösen sich nach einigen Tagen wieder auf, größere Gruppen können auch mehrere Wochen, in Ausnahmefällen sogar ein oder zwei Monate überdauern und dabei ihr Aussehen stark verändern. Wie Beobachtungen mit *SOHO* gezeigt haben, strömt während dieser Zeit beständig Material aus der Umgebung in den Sonnenfleck hinein, wo es abkühlt und wie in einem gewaltigen Strudel nach unten sinkt.

Im Umfeld der Sonnenflecken erscheint die Sonnenoberfläche mitunter etwas heller; dies fällt vor allem bei randnahen Flecken auf, da sich diese als Fackeln bezeichneten Gebiete dort gegen die allgemeine Randverdunklung deutlicher abheben. Man versteht die Fackeln als Ausweichzonen für die überschüssige Wärme aus dem Sonneninnern, die unter den Sonnenflecken zunächst zurückgehalten und dann „umgelenkt“ wird.

Mittlerweile können die Sonnenforscher mit *SOHO* größere Sonnenflecken sogar auf der erdabgewandten Seite der Sonne verfolgen. Im Laufe der Jahre fanden sie heraus, dass die Schallwellen, die von dort durch das Zentrum der Sonne bis zur Vorderseite laufen, etwas früher ankommen, wenn auf der Rückseite gerade ein größerer Sonnenfleck vorbeizieht. Ein zweites Instrument an Bord von *SOHO* ermöglicht zusätzlich eine Einschätzung der Aktivität solcher Fleckenregionen. Senden sie verstärkt Ultraviolettstrahlung aus, dann hellt diese Strahlung wie ein Disco-Beamer interplanetare Gaswolken auf, und dies lässt sich mit *SWAN*, einem Instrument zum Nachweis entsprechender Strahlung erkennen.

Ungeachtet vieler Vorteile, die eine weltraumgestützte Sonnenbeobachtung bietet, sind irdische Sonnenteleskope keineswegs über-

Mit *SOHO* lassen sich sogar Flecken auf der abgewandten Seite der Sonne verfolgen: Die äußerst aktive Doppelgruppe 10484/486 von Ende Oktober 2003 (oben rechts) wanderte Mitte November über die Rückseite der Sonne (Mitte rechts) und zog nach vier Wochen wieder über die erdzugewandte Hälfte der Sonnenoberfläche (unten rechts).

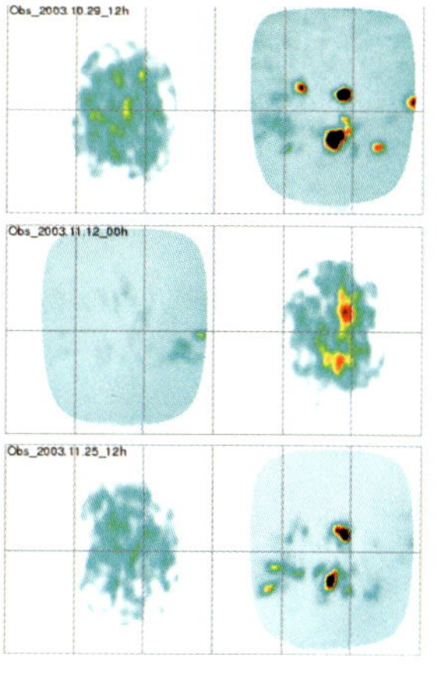

SONNENFLECKEN BEOBACHTEN

Die Verfolgung von Sonnenflecken gehört auch heute noch zu den interessantesten Beobachtungsmöglichkeiten für Amateurastronomen und Sternfreunde. Auf einen Liebhaber-Astronomen geht auch die Entdeckung des etwa elfjährigen Fleckenzyklus zurück: Samuel Heinrich Schwabe (1789–1875), Apotheker in Dessau, hatte in den 1830er Jahren eigentlich nach einem Planeten noch innerhalb der Merkurbahn gesucht und gehofft, diesen bei einem Vorübergang vor der Sonne zu entdecken. Also musste er so oft wie eben möglich die Sonne beobachten und dabei alle dunklen Flecken fein säuberlich festhalten. Am Ende – nach rund 17 Jahren vergeblicher Suche – gab er auf, konnte aber anhand seiner Aufzeichnungen zeigen, dass die Fleckenzahl offenbar in etwa elfjährigem Rhythmus an- und wieder abschwoll.
Heute braucht man nicht einmal mehr ein eigenes Fernrohr, um Sonnenflecken zu beobachten und zu zählen: Im Internet findet man unter www.spaceweather.com täglich ein aktuelles Sonnenfoto der europäisch-amerikanischen Sonnensonde *SOHO* und kann sich dort auch Bilder ab 2001 herunterladen.

flüssig geworden: Da sie in aller Regel mit einem größeren Durchmesser gebaut werden können, liefern sie – in Kombination mit modernen Bildbearbeitungsmethoden – im Bedarfsfall detailreichere Bilder und sind darüber hinaus flexibler einsetzbar als ein Satellitenteleskop, das weder gewartet noch modernisiert oder mit neuartigen Detektoren ausgestattet werden kann. Entsprechend ist die für 2005 geplante Inbetriebnahme eines hochmodernen Sonnenteleskops, das vom Freiburger Kiepenheuer Institut für Sonnenforschung, der Universitätssternwarte Göttingen und dem Astrophysikalischen Observatorium Potsdam gemeinsam auf der Kanareninsel Teneriffa errichtet wurde, gleichsam eine konsequente Fortsetzung der jahrtausendealten Tradition der Sonnenbeobachtung in unserem Lande. Herzstück ist dort ein 1,5 m großer Spiegel aus Kohlefaser verstärktem Siliziumkarbid, einem vergleichsweise leichten Material, das sich auch unter extremen Temperaturbelastungen kaum verformt und daher selbst im „prallen Sonnenlicht“ eine optimale Spiegelform beibehalten kann. Selbst das unvermeidliche Flimmern des Bildes als Folge der durch die Sonneneinstrahlung bedingten Luftunruhe wird man mit einer so genannten adaptiven Optik reduzieren und damit fast so scharfe Bilder gewinnen können, wie sie bis vor wenigen Jahren nur von einem Standort oberhalb der Erdatmosphäre möglich gewesen wären.

Was moderne Sonnenteleskope dieser Art zu leisten im Stande sind, zeigt bereits seit ein paar Jahren ein kleinerer Bruder auf der Nachbarinsel La Palma, der vom Schwedischen Institut für Sonnenphysik betrieben wird: Mit seinem 1-m-Spiegel konnten Einzelheiten auf der Sonnenoberfläche fotografiert und untersucht werden, die nicht größer als 90 km sind – und das über eine Entfernung von 150 Millionen km; mit dem gleichen Auflösungsvermögen würde man die beiden Scheinwerfer eines Pkw über eine Distanz von 2000 km noch als Lampen*paar* erkennen.

DIE ATMOSPHÄRE

Dass die Sonne eine „Krone“ (lateinisch: Corona) besitzt, ist seit Menschengedenken bekannt: Immer dann, wenn sich der Neumond als dunkle Scheibe vor die Sonne schiebt und sie schließlich vollständig abdeckt (also während einer totalen Sonnenfinsternis), wird diese Korona sichtbar. Vermutlich hat sie sogar das Verlangen irdischer Könige, die ihrem himmlischen Vorbild in nichts nachstehen wollten, nach eben solchen Kronen geweckt, und Künstlern dürfte sie als Vorlage für vielfältig eingesetzte Heiligenscheine gedient haben.

Zwischen der Korona, die wir mittlerweile als äußere Sonnenatmosphäre verstehen, und der Sonnenoberfläche gibt es noch die so

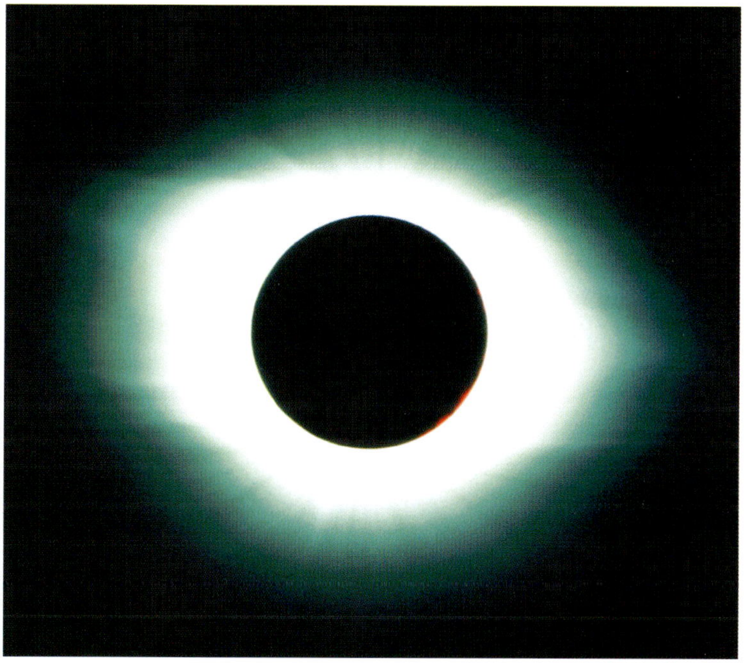

Während einer totalen Sonnenfinsternis wird die äußere Sonnenatmosphäre als Korona auch für Beobachter mit bloßem Auge sichtbar.

genannte Chromosphäre, eine wenige tausend Kilometer dicke „Übergangszone“, die während einer totalen Sonnenfinsternis kurzzeitig als rötlicher Farbsaum (daher der Name) um den schwarzen Mond aufblitzt. Aus ihr ragen als Protuberanzen bezeichnete flammenähnliche Gebilde in die Sonnenkorona auf: Gaswolken, die mitunter viele Tage und Wochen scheinbar unveränderlich fortbestehen (und dann mit speziellen Filtern auch als dunkle Filamente vor der Sonne beobachtet werden können), während andere wie Fontänen aufsteigen und wieder in sich zusammenfallen.

Auch im Bereich der Korona waren die Forscher im 19. Jahrhundert auf Spektrallinien gestoßen, die sie keinem irdischen Element zuordnen konnten. Doch anders als Helium blieb das so genannte Koronium auf der Erde unauffindbar. Erst 1941 konnte das Rätsel gelöst werden. Damals erkannte der schwedische Astrophysiker Bengt Edlen (1906–1993), dass das grünliche Leuchten der Korona von Eisenatomen stammte, die die Hälfte ihrer normalerweise 26 Elektronen verloren hatten. Dies aber bedeutete im Umkehrschluss, dass die Materie in der Korona mindestens 1 Million Grad heiß sein musste.

Damit war ein neues Sonnenrätsel geboren, denn wie sollte man verstehen, dass die äußere Atmosphäre der Sonne wesentlich heißer sein konnte als die darunter liegende, „nur“ etwa 5500 Grad heiße Photosphäre? Viele mögliche Mechanismen sind zur Erklärung dieser paradoxen Temperaturverteilung diskutiert und wieder verwor-

Aufnahme der Sonne im extremen Ultraviolett bei einer Wellenlänge von 304 Ångström.

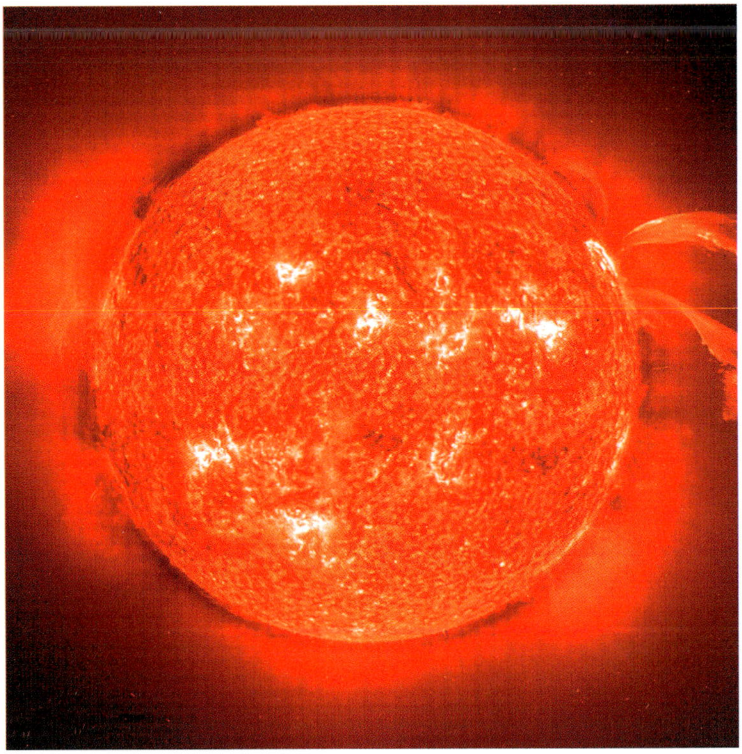

fen worden. Heute gehen die Forscher davon aus, dass offenbar vor allem so genannte Mikroflares dafür verantwortlich sind, kleine Explosionen an der Sonnenoberfläche, die durch ständig neue lokale „Kurzschlüsse" im Magnetfeld der Sonne als Folge der turbulenten Strömungen in der Photosphäre ausgelöst werden. Solche Heizquellen sind zwar nur von kurzer Dauer und entwickeln jeweils nur eine lokal begrenzte Wirkung, doch haben hochauflösende Bilder der Sonnenkorona im Bereich kurzwelliger Ultraviolettstrahlung und der angrenzenden Röntgenstrahlung gezeigt, dass die heißen Regionen dort ebenfalls starken zeitlichen und räumlichen Veränderungen unterliegen. Darüber hinaus lösen diese Mikroflares heftige Stoßwellen aus, von denen die ionisierten Atome in der Korona gleichsam wie Wellenreiter auf Geschwindigkeiten von mehreren 100 km/s beschleunigt und als „Sonnenwind" nach außen getrieben werden.

Vor allem im Umfeld größerer Sonnenfleckengruppen, die mit stark verwirbelten Magnetfeldern einhergehen, kann es immer wieder zu besonders heftigen Eruptionen kommen, die dann als Flare (Auflodern, Ausbruch) bezeichnet werden. Solche Ausbrüche beginnen meist als unauffälliger, heller Lichtbogen, der dann jedoch plötzlich „explodiert", dabei mehrere Milliarden Tonnen heißer Gase in den umgebenden Weltraum schleudert und zugleich intensive Strahlung vom Radiofrequenzbereich bis zur Röntgenstrahlung sowie energiereiche Partikel freisetzt.

Wenn diese stark erhöhte Ultraviolett- und Röntgenstrahlung rund acht Minuten später (zeitgleich mit dem sichtbaren Licht der Explosion) die Erde erreicht, kommt es hier zu dramatischen Veränderungen in der Ionosphäre, die zu starken, mitunter viele Stunden andauernden Beeinträchtigungen (bis hin zum Totalausfall) des globalen Kurzwellenfunkverkehrs führen können. Kaum eine halbe Stunde später droht neue Gefahr, denn dann rauscht eine Protonenwolke heran, deren Strahlungsdosis für Astronauten außerhalb des erdmagnetischen Schutzschildes tödlich sein kann. Nach anderthalb bis zwei Tagen folgt schließlich der letzte Akt: eine heftige Bö im Sonnenwind, die das Magnetfeld der Erde in Schwingungen versetzen und eine Reihe von unliebsamen Folgeerscheinungen auslösen kann (vgl. auch S. 66). Als Ende Oktober 2003 im Zusammenhang mit den beiden großen Sonnenfleckengruppen 10 484 und 10 486 einige besonders heftige Sonnenflares das Weltraumwetter durcheinander brachten, kam es mancherorts zu Verspätungen, weil die Sicherheitsabstände zwischen den einzelnen Flugzeugen vorsichtshalber vergrößert wurden. Zum Glück kam die letzte Eruption erst, als die Gruppe 10 486 bereits am westlichen Sonnenrand verschwand, denn wie sich später anhand von Satellitendaten rekonstruieren ließ, war sie mit dem bei weitem heftigsten Röntgenstrahlungsausbruch verbunden, der je gemessen wurde.

WO DER SONNENEINFLUSS ENDET

Auf ihren Wegen durch die Weiten des Sonnensystems waren die Raumsonden bisher noch immer und überall vom Sonnenwind umgeben – er erfüllt den Raum offenbar bis weit über die Plutobahn hinaus und wird lediglich im Einflussbereich der planetaren Magnetfelder (der so genannten Magnetosphären) weitgehend abgeblockt. Irgendwo aber stößt auch der Sonnenwind an eine Grenze, nämlich dort, wo seine Teilchendichte und Magnetfeldstärke unter das Niveau sinkt, das die „gesammelten" Sternwinde der anderen Sterne unserer Milchstraße sowie andere Quellen kosmischer Strahlung im interstellaren Raum bereithalten. Wo genau diese Grenze des als Heliosphäre bezeichneten solaren „Hoheitsgebietes" liegt, ist noch unklar – die Schätzwerte reichten ursprünglich von etwa 50 bis rund 200 Astronomischen Einheiten.

Mittlerweile hat *Voyager 1* die Marke von 90 Astronomischen Einheiten überschritten, ohne den „offenen Weltraum" erreicht zu haben. Allerdings glauben einige Forscher, zumindest eine Art Echo von der Heliopause (der Grenze der Heliosphäre) aufgefangen zu

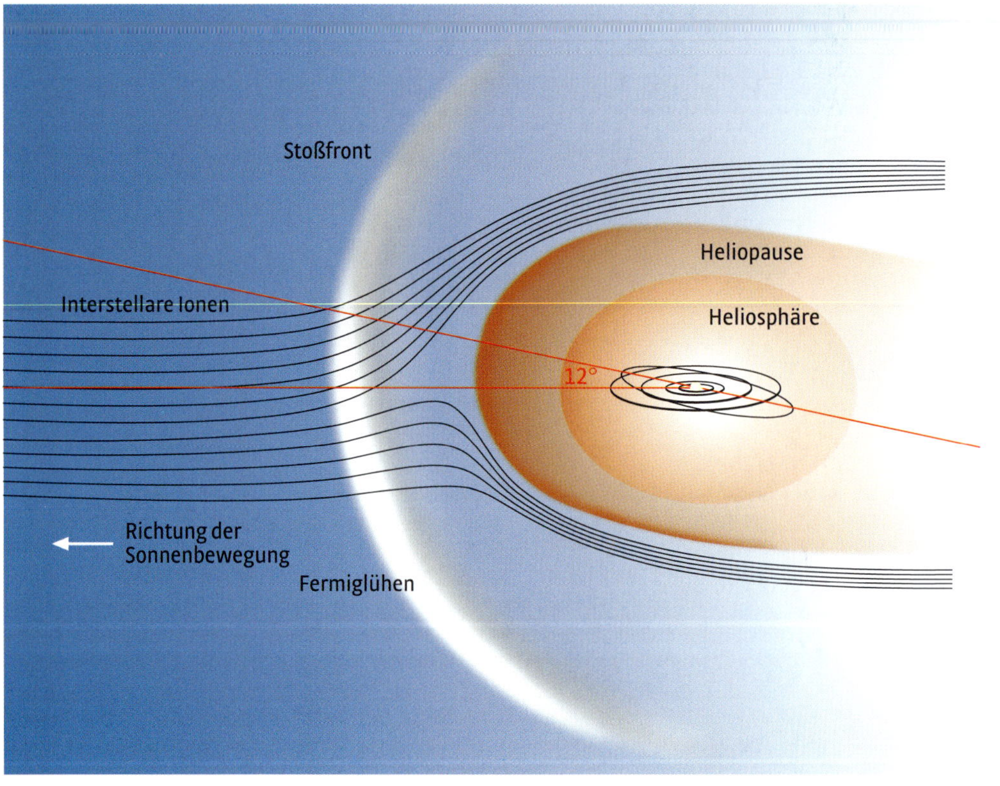

Der Einflussbereich des Sonnenwindes, die Heliosphäre, grenzt das Sonnensystem von den interstellaren Ionen des galaktischen Windes ab. Zurzeit treibt die Sonne durch eine Region erhöhter Dichte, und so kommt es im Bereich der Stoßfront (Bugwelle) zu einem schwachen Leuchten (Fermiglühen). Die eingebundenen Magnetfelder drehen die Heliosphäre um 12° gegen die Bewegungsrichtung der Sonne.

haben: Seit November 2002 registrierten entsprechende Detektoren an Bord der Sonde über längere Zeit eine verstärkte Radiostrahlung, die nach Ansicht der Wissenschaftler durch die Kollision einer im April 2001 ausgestoßenen solaren Plasmawolke mit dem interstellaren Gas am Rande der Heliosphäre ausgelöst wurde. Da man die Ausbreitungsgeschwindigkeit dieser Plasmawolke kennt, kann man ausrechnen, wie weit sie in gut 19 Monaten gekommen sein muss, und daraus die Entfernung zu dieser „Echowand" abschätzen; das Ergebnis liegt bei etwa 155 Astronomischen Einheiten – und entspricht damit einem Wert, den man nach einem vergleichbaren Ereignis in den frühen 1990er Jahren abgeleitet hatte.

DIE ZUKUNFT DER SONNE

Obwohl die Menschheit als eine immer stärker technisierte Zivilisation in den letzten Jahrzehnten in wichtigen Teilbereichen zunehmend anfälliger für Störeinflüsse von der Sonne geworden ist, geht

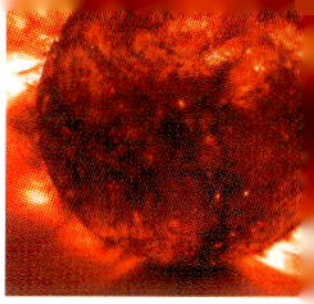

von der Sonne auch langfristig keine wirkliche Gefahr für uns aus, gilt sie doch bei den Astronomen als ein stabiler, durchschnittlicher Stern, der noch nicht einmal die Hälfte seines Lebens hinter sich hat. Trotzdem interessiert uns natürlich das weitere Schicksal „unseres" Sterns, auch wenn weder wir noch unsere Nachfahren direkt davon betroffen sein werden.

Aus dem Vergleich mit vielen anderen Sternen haben die Astronomen genügend Hinweise auf die Zukunft der Sonne sammeln können, die – verknüpft mit entsprechenden theoretischen Modellen – das folgende Szenario ergeben:

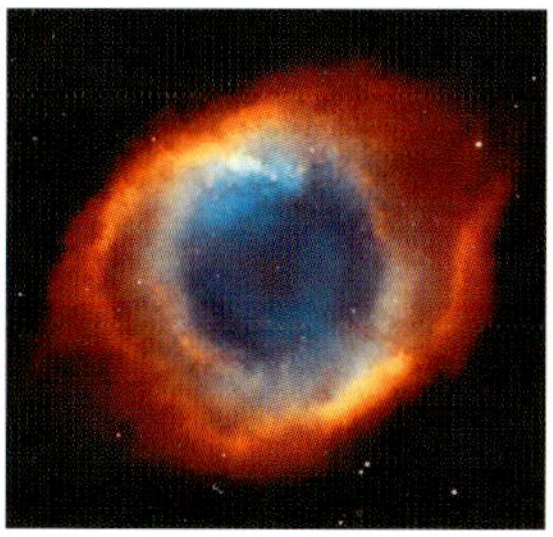

Der Helix-Nebel, ein Planetarischer Nebel im Sternbild Wassermann. Ein ähnlicher Nebel wird sich auch um die Sonne gegen Ende ihres Daseins bilden.

Zunächst wird die Sonne weiterhin Wasserstoff in ihrem Kern zu Helium verschmelzen, das dadurch immer mehr Raum einnimmt und das Wasserstoffbrennen immer stärker an den Rand der Kernregion drängt. Gleichzeitig steigt im Innern die Dichte und damit die Temperatur, was die Fusionsrate beschleunigt. Dadurch nimmt auch der Druck nach außen zu, und die Sonne bläht sich langsam immer weiter auf. Schon heute hat sich die Dichte im Kern gegenüber dem Anfangszustand vor rund 4,5 Milliarden Jahren um 70 Prozent erhöht, die Temperatur um 15 Prozent und die Leuchtkraft – ein Maß für die Energieabgabe – um 40 Prozent, während der Durchmesser um 5 Prozent gestiegen ist. In den nächsten fünf Milliarden Jahren wird diese Entwicklung jedoch immer schneller ablaufen, so dass sich zum Beispiel die Leuchtkraft der Sonne bis dahin noch einmal verdoppelt.

Spätestens dann wird der Heliumgehalt im Kern so groß sein, dass die weitere Fusion von Wasserstoff dort nicht mehr stattfinden kann und die Brennzone schalenförmig weiter nach außen wandert. Dadurch ändern sich die Druckverhältnisse im Innern, und die Sonne wird sich während dieser Phase immer weiter ausdehnen und dabei zumindest Merkur und Venus „schlucken". Da sie sich dabei an der Oberfläche abkühlt, entwickelt sie sich zu einem so genannten Roten Riesen. Gleichzeitig mit der Vergrößerung des Durchmessers wächst die Leuchtkraft der Sonne bis auf das etwa Tausendfache des heutigen Wertes, was einen enormen Anstieg der Fusionsrate erzwingt und die weitere Entwicklung stark beschleunigt. Zwar wird dann durch eine tief reichende Konvektionszone immer wieder neuer Wasserstoff aus den äußeren Schichten nach innen getragen, aber diese starke Konvektion führt auch dazu, dass die Sonne die Kontrolle über ihre äußeren Schichten „verlieren" und einen starken Sternwind entwickeln wird, der eine Art kosmischen Striptease bewirkt. Ein Großteil der Hülle wird in die Umgebung abgeblasen und von der starken Ultraviolettstrahlung des dann freiliegenden Sonnenkerns zum Leuchten angeregt, so dass für einige Jahrzehntausende ein Planetarischer Nebel aufleuchtet. Die Sonne selbst schrumpft während dieser (vorletzten) Phase zu einem Weißen Zwergstern, der in der Folgezeit über viele Milliarden Jahre langsam auskühlt und schließlich als dunkler „Schlackehaufen" durch die Milchstraße treibt ...

DIE ERDÄHNLICHEN PLANETEN

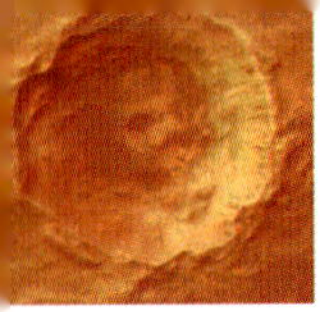

Die vier sonnennahen Planeten Merkur, Venus, Erde und Mars werden wegen ihres vergleichbaren inneren Aufbaus zur Gruppe der terrestrischen oder erdähnlichen Planeten zusammengefasst. Sie bestehen alle hauptsächlich aus Gestein und Metall und besitzen eine feste Gesteinsoberfläche, die entweder direkt dem freien Weltraum ausgesetzt oder von einer vergleichsweise dünnen atmosphärischen Hülle umgeben ist. Sie rotieren relativ langsam und werden von nur wenigen oder gar keinen Monden umkreist.

MERKUR

STECKBRIEF MERKUR

Äquatordurchmesser	4878 km (etwa 38 % des Erddurchmessers)
Masse	$3{,}3 \cdot 10^{23}$ kg (etwa 5,5 % der Erdmasse)
Siderische Rotationsdauer (Sterntag)	58,645 Tage
Äquatorneigung zur Bahnebene	2°
Dauer eines Sonnentages	175,936 Tage
Umlaufzeit um die Sonne	87,968 Tage
Mittlerer Abstand zur Sonne	57,9 Millionen km (0,39 AE)
Bahnneigung zur Ekliptik	7,0°
Oberflächentemperatur	100 K bis 700 K (–170 °C bis +430 °C)

Stellung im Sonnensystem

Merkur ist der sonnennächste Planet. Er umrundet die Sonne alle 88 Tage auf einer deutlich elliptischen Bahn in einem Abstand zwischen rund 46 Millionen km und fast 70 Millionen km (0,31–0,47 AE). Seine Bahn ist um 7 Grad gegen die Ekliptikebene geneigt. Als innerster Planet kann sich Merkur nur in einem sehr begrenzten Winkelbereich relativ zur Sonne bewegen; seine größte Elongation liegt bei etwa 28 Grad. Dadurch ist er immer nur für kurze Zeit vor Sonnenaufgang am Osthimmel oder nach Sonnenuntergang am Westhimmel zu sehen und am aufgehellten Dämmerungshimmel kein leichtes Beobachtungsobjekt. In den Zeiten dazwischen steht er mit der Sonne am Taghimmel: Während der oberen Konjunktion wandert er hinter der Sonne vorbei, zum Zeitpunkt der unteren Konjunktion überholt er die Erde auf der Innenbahn und kann dabei gelegentlich auch genau zwischen Sonne und Erde hindurchwandern, so dass er als dunkler Fleck vor der Sonnenscheibe herzieht. Der nächste bei uns sichtbare Merkurdurchgang ereignet sich am 9. Mai 2016, der letzte fand am 7. Mai 2003 statt.

Merkur vor der Sonne – die Aufnahme entstand am 7. Mai 2003 und zeigt den sonnennächsten Planeten Merkur als winzigen schwarzen Punkt (oben links) vor der teilweise von Wolken verdeckten Sonne. Mitten auf der Sonne ist zusätzlich eine kleine Sonnenfleckengruppe erkennbar.

Das äußere Erscheinungsbild

Als die amerikanische Raumsonde *Mariner 10* sich im März 1974 dem innersten Planeten des Sonnensystems näherte, starrten die Wissenschaftler im Jet Propulsion Laboratory in Pasadena gespannt auf ihre Monitore: Erstmals sollten sie Nahaufnahmen von dem Planeten erhalten, der trotz seiner vergleichsweise geringen Entfernung zur Erde kaum detailliert beobachtet werden kann. Der sonnennächste Planet gehört zwar zu den „klassischen" Wandelsternen, die wegen ihrer Bewegung vor den Sternen im Hintergrund schon im Altertum als himmlische Sonderlinge bekannt waren, doch ist er unter den mit bloßem Auge sichtbaren Planeten am schwierigsten zu erspähen. Entsprechend klein ist die Zahl derer, die ihn schon einmal bewusst am Himmel wahrgenommen haben. Selbst von Nikolaus Kopernikus heißt es, er habe sich kurz vor seinem Tod 1543 enttäuscht darüber geäußert, diesen innersten Sonnenbegleiter nie zu Gesicht bekommen zu haben.

Schuld an diesen Schwierigkeiten ist seine geringe Entfernung zur Sonne: Sie führt dazu, dass der Planet am Himmel nie sehr weit von unserem gleißend hellen Tagesgestirn abrücken kann. Dadurch steht er immer nur tief am Horizont, solange der Himmel dunkel genug für eine erfolgreiche Beobachtung ist, und dort machen sich die Störwirkungen der irdischen Lufthülle besonders stark bemerkbar: Zum einen geht auf dem langen Weg durch die Atmosphäre wesentlich mehr Licht verloren als dann, wenn das Objekt hoch am Himmel steht, zum anderen summieren sich die Einflüsse der Luft-

Merkur-Hemisphäre – ein Mosaik aus zahlreichen Detailbildern, die Mitte der 1970er Jahre während des Vorbeifluges von *Mariner 10* am sonnennächsten Planeten aufgenommen wurden.

ZEITTAFEL DER MERKURBEOBACHTUNGEN

1631	Pierre Gassendi (1593–1655) beobachtet erstmals einen Merkurdurchgang vor der Sonne.
19. Jh.	Eine im Vergleich zu den Berechnungen nach dem Newtonschen Gravitationsgesetz zu große Drehung der Merkurbahn im Raum (Progression des Merkurperihels) schürt die Suche nach einem intramerkuriellen Planeten, der aber nicht gefunden wird.
1916	Die zu rasche Drehung des Merkurperihels wird durch die Allgemeine Relativitätstheorie vollständig als Folge der Raumkrümmung beschrieben.
1965	Radarbeobachtungen enthüllen die wahre Rotationsperiode des Planeten zu etwa 59 Tagen oder zwei Drittel der Umlaufzeit.
1974/75	Die amerikanische Raumsonde *Mariner 10* fliegt dreimal an Merkur vorbei und übermittelt zahlreiche Fotos und Daten.
1992	Radarbeobachtungen führen zu der Annahme, dass in polnahen Dauerschattenregionen Wassereis unter dem Merkurboden existiert.
2004	Die amerikanische Raumsonde *Messenger* startet zu einer weitergehenden Erkundung des sonnennächsten Planeten.

unruhe über eine viel größere Weglänge, so dass es im Prinzip keine Chancen für ein ruhiges Bild gibt. Aber auch tagsüber, wenn der Planet höher am Himmel steht, wird die Beobachtung nicht einfacher, weil die Luftunruhe wegen der Sonneneinstrahlung dann insgesamt größer ist und außerdem geringe Kontraste durch den hellen Himmelshintergrund noch zusätzlich geschwächt werden. Hinzu kommt, dass Merkur zu Zeiten der größten Elongationen maximal etwa neun Bogensekunden groß erscheint; wenn dann die Luftunruhe in der Größenordnung von ein bis zwei Bogensekunden liegt, wird man allenfalls „Einzelheiten“ von einem Viertel bis zu einem Achtel des Planetendurchmessers ausmachen können, also kaum wirkliche Details unterhalb von einigen hundert Kilometern Ausdehnung. Entsprechend zeigte die offizielle Merkurkarte Anfang der 1970er Jahre kaum mehr als ein paar blasse Schattierungen, die mit fantasievollen Namen belegt waren.

Die Oberfläche

Zwei Tage vor dem Vorbeiflug von *Mariner 10* zeichneten sich erste größere Krater ähnlich denen auf dem Mond ab, und im weiteren Verlauf dieser Passage wurde deutlich, dass Mond und Merkur zumindest auf den ersten Blick kaum zu unterscheiden sind. Dies war allerdings nicht wirklich überraschend, denn man wusste schon lange, dass Merkur – wie der Mond – keine Atmosphäre hatte und seine Oberfläche im Laufe der Zeit deswegen weder durch Wind- noch durch Wassereinwirkungen verändert worden sein konnte. Wenn also nicht tektonische Umwälzungen oder vulkanische Aktivitäten das Innere nach außen gekehrt hatten, sollte die Merkuroberfläche alle Epochen der Vergangenheit offen zur Schau tragen. Anfang der 1970er Jahre hatte sich allmählich die Auffassung durchgesetzt, dass die Anfangszeit des Sonnensystems von einer Phase starken kosmischen Bombardements geprägt gewesen sein musste: Die Planeten selbst waren aus der Zusammenlagerung größerer und

Aufgrund der größeren Schwerkraft ragen die Ränder der Merkurkrater weniger hoch auf als die von Mondkratern.

kleinerer Brocken entstanden, und es gab überall noch einmal etliche „Nachzügler“, die auf die bereits erstarrende Außenhaut prallten und ihre Spuren in Form von Einschlagkratern zurückließen.

Da Wissenschaftler sich aber nicht mit dem ersten Blick begnügen, fanden sie schon bald manche Unterschiede zwischen Mond- und Merkurlandschaften. Sie sind zum einen großräumiger Natur: Während man vom Mond kraterübersäte, hellere Gebirgsregionen – als Terrae (Einzahl: Terra, lateinisch für Landfläche) bezeichnete Hochländer – und ziemlich glatt erscheinende, dunklere Ebenen – so genannte Mond„meere“ (Maria, Einzahl: Mare, lateinisch für Meeresgebiet) – kennt, gibt es auf Merkur vor allem von Kratern übersäte Gebiete und so genannte Zwischenkrater-Ebenen, die zwar deutlich weniger Einschläge aufweisen, aber bei Licht betrachtet kaum dunkler wirken.

Der zweite Unterschied ist von eher lokaler Bedeutung und betrifft die Verteilung der so genannten Sekundärkrater. Dies sind Krater, die gleichsam „im zweiten Durchgang“ entstanden sind, wenn ein Teil des Materials, das beim Aufprall größerer Brocken herausgeschleudert wurde, wieder auf den Planeten herunterregnete. Diese Sekundärkrater scharen sich auf Merkur viel enger um den jeweiligen Hauptkrater als auf dem Mond.

Vermutlich sind die Zwischenkrater-Ebenen gegen Ende des heftigen kosmischen Bombardements entstanden, das während der ersten 600 bis 700 Millionen Jahre andauerte: Als der mächtige Eisenkern immer stärker auskühlte, schrumpfte der Planetendurchmesser um etliche Kilometer, was an manchen Stellen zu „Runzelfalten“ in Form von teilweisen Überschiebungen der Kruste führte, während anderswo Lavamassen durch Spalten an die Oberfläche gepresst wurden und sich über die von Kratern zernarbte Landschaft ergossen. Vor rund 3,8 Milliarden Jahren muss Merkur dann ein letztes Mal „bis ins Mark“ erschüttert worden sein, als ein rund 150 km großer Brocken mit einer Geschwindigkeit von mehr als 50 km/s aufprallte und ein gewaltiges Loch in die immer noch dünne Kruste riss. Dort, wo sich auf der gegenüberliegenden Seite des Planeten die verheerenden Bebenwellen wieder trafen, wurde eine Fläche von rund 600 km Durchmesser zu einer bizarr-chaotischen Landschaft zerwühlt.

Für *Mariner 10* lag der Schauplatz leider zum größten Teil im Dunkeln – er konnte nur die Ausläufer eines rund 1300 km großen Einschlagbeckens erkennen, das von mehreren konzentrischen Gebirgsringen umgeben ist. Zwar flog die Raumsonde insgesamt dreimal an Merkur vorbei, aber aus himmelsmechanischen Gründen stets an der gleichen Stelle der Merkurbahn, und das im Abstand von zwei Merkurjahren, denn nur so war sicher gestellt, dass Sonde und Planet jeweils zur gleichen Zeit am Treffpunkt vorbeikamen. Allerdings erkaufte man sich damit auch die Einschränkung, dass Merkur wegen seiner eigenartigen Rotation der Sonne jedes Mal die gleiche

EIN SONDERBARER KALENDER

Einem hypothetischen Beobachter auf Merkur böte sich ein ganz eigenartiges Schauspiel. Weil ein Sterntag (eine Umdrehung um 360°) nur knapp 59 Tage dauert, ein Umlauf um die Sonne dagegen fast 88 Tage, ergibt sich eine seltsame Kombination beider Bewegungen: Würde sich Merkur gar nicht um seine Achse drehen, so verschöbe sich die Sonnenposition am Merkurhimmel allein durch die Bewegung des Planeten um die Sonne innerhalb von 88 Tagen jeden Tag um 360°/88 oder 4,09° nach Osten. Würde Merkur sich dagegen nicht um die Sonne bewegen, sondern nur innerhalb von 59 Tagen einmal um seine Achse drehen, so würde die Sonne jeden Tag um 360°/59 oder 6,14° nach Westen wandern. Durch die Überlagerung beider Bewegungen verschiebt sich die Position der Sonne also jeden Tag um 2,05° nach Westen oder in knapp 176 Tagen einmal ganz herum – ein Sonnentag auf Merkur dauert demzufolge genau zwei Merkurjahre.

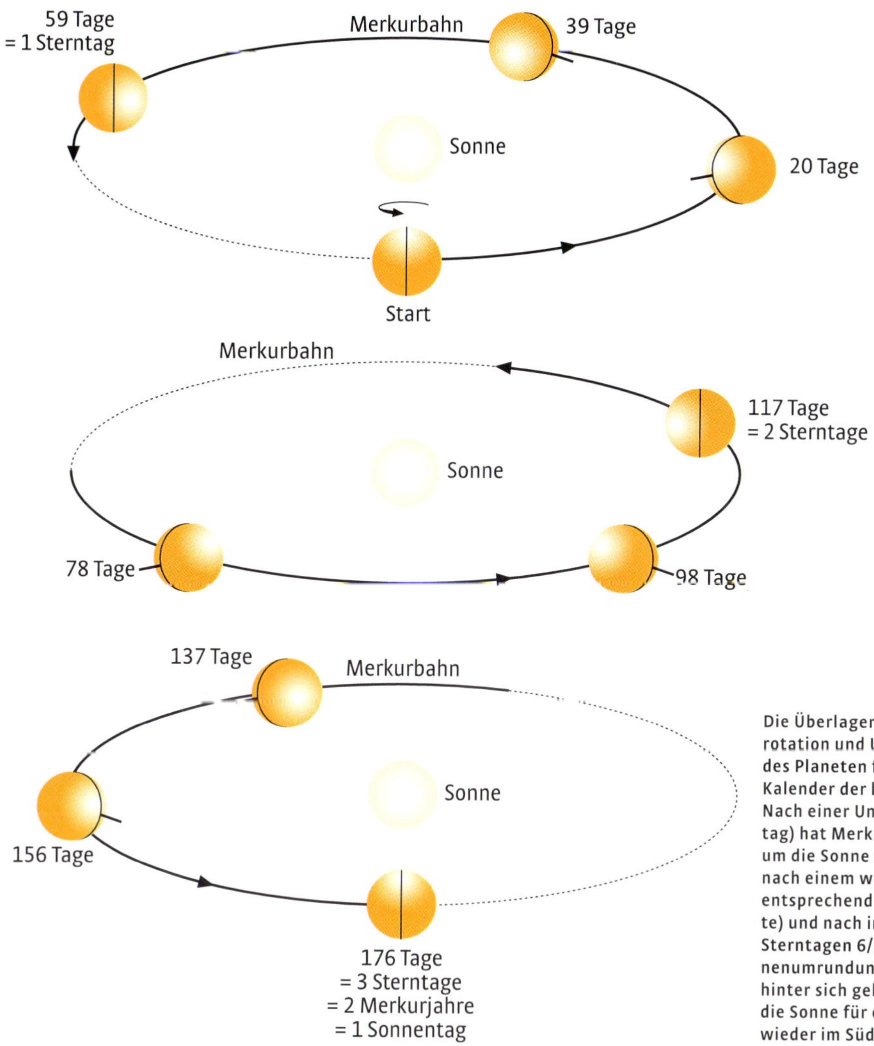

Die Überlagerung von Merkurrotation und Umlaufbewegung des Planeten führt zu einem Kalender der besonderen Art: Nach einer Umdrehung (Sterntag) hat Merkur 2/3 seiner Bahn um die Sonne vollendet (oben), nach einem weiteren Sterntag entsprechend 4/3 Umläufe (Mitte) und nach insgesamt drei Sterntagen 6/3 oder zwei Sonnenumrundungen (Merkurjahre) hinter sich gebracht (unten), ehe die Sonne für einen Beobachter wieder im Süden steht.

Seite zuwandte. Diese auffällige 2:3-Resonanz der Merkur-Rotation (ein Sterntag auf Merkur dauert 2/3 Merkurjahre) hatte schon vorher die Planetenbeobachter genarrt und sie zu der Annahme geführt, Merkur zeige eine „gebundene“ Rotation, würde der Sonne also immer die gleiche Seite zuwenden: Da die Gegebenheiten der Merkurbahn in unseren Breiten nur Abendsichtbarkeiten im Frühjahr bzw. Morgensichtbarkeiten im Herbst begünstigen, dazwischen aber jeweils vier Merkurumläufe zu je 88 Tagen liegen (4 · 88 Tage = 352 Tage), zeigt Merkur uns tatsächlich mehrere Jahre hintereinander im Frühjahr am Abendhimmel die gleiche Seite, von der man um die Zeit der größten Elongation allerdings immer nur eine Hälfte sehen kann.

Der innere Aufbau

Die im Vergleich zum Mond andersartige Verteilung der sekundären Einschlagkrater auf Merkur lässt sich auf eine deutlich stärkere Anziehungskraft Merkurs zurückführen: Während die Astronauten auf dem Mond nur etwa ein Sechstel der irdischen Schwerkraft spürten, müssten sie auf Merkur rund zwei Fünftel der Erdschwere ertragen, also fast das Zweieinhalbfache des lunaren Wertes. Diese stärkere Anziehungskraft kann nicht nur vom reinen Größenunterschied herrühren, denn Merkur ist mit einem Durchmesser von 4878 km nur etwa 40 Prozent größer als der Erdtrabant. Vielmehr muss Merkur im Innern auch ganz anders aufgebaut sein, da seine mittlere Dichte rund 70 Prozent über der des Mondes liegt: Offenbar ist der Anteil an schwereren Elementen bei Merkur deutlich größer als beim Mond. Tatsächlich zeigen Modellrechnungen zum inneren Aufbau des Planeten, dass er einen überdimensional großen Eisenkern besitzen muss, der sich über drei Viertel des Planetendurchmessers erstreckt (und damit gut zwei Fünftel des Volumens und etwa zwei Drittel der Gesamtmasse stellt) – anders kann man die vergleichsweise große mittlere Dichte nicht erklären. Bei der Erde füllt der Eisenkern rund 55 Prozent des Erddurchmessers aus, besetzt entsprechend etwa ein Sechstel des Volumens und steuert lediglich rund ein Drittel zur Gesamtmasse bei.

Nach Ansicht mancher Planetenforscher kann dies nicht mit rechten Dingen zugegangen sein, denn die Verteilung der Rohstoffe in der ursprünglichen Gas- und Staubwolke, aus der sich die Planeten vor rund 4,6 Milliarden Jahren bildeten, kann so unterschiedlich eigentlich nicht gewesen sein. Zwar ist metallisches Eisen noch hitzebeständiger als etwa normales Gestein, aber die Temperaturen in der protoplanetaren Scheibe dürften selbst auf der Höhe der Merkurbahn nicht so hoch geschnellt sein, dass Gesteinskörner verdampft und teilweise nach außen getrieben worden wären, Eisen dagegen in fester (oder leicht aufgeweichter) Form gleichsam die Stellung gehalten hätte und daher vom heranwachsenden Merkur in größeren Mengen aufgesammelt werden konnte. Außerdem werden die Bausteine der heutigen Planeten, so genannte Planetesimale von einigen hundert oder sogar tausend Kilometern Durchmesser, kaum alle „brav" auf Kreisbahnen um die Sonne gezogen sein, denn dann hätten sie gar nicht zu den Planeten zusammenwachsen können. Vielmehr muss es damals zahllose Rempeleien und damit auch eine starke Durchmischung des angehäuften Materials gegeben haben, weil immer wieder Brocken durch gegenseitige Störungen auf mehr oder minder stark elliptische Bahnen gerieten und dann quer durch das halbe Sonnensystem trieben.

Zur Erklärung des im Vergleich zu den anderen Planeten stark überdimensionierten Eisenkerns wird daher vermutet, dass Merkur ursprünglich etwa doppelt so viel Masse wie heute in sich vereinte

Der innere Aufbau von Merkur und Erde im Größenvergleich. Der Merkuraufbau von innen nach außen: Kern, Mantel, Kruste. Der Erdaufbau von innen nach außen: Kern (fest), Kern (flüssig), Mantel, Kruste.

und dabei rund 6800 km groß war, also etwa Marsgröße besaß. Bei einem derartigen Objekt hätte der heutige Merkurkern nämlich einen ähnlich „kleinen" Beitrag zur Gesamtmasse geliefert wie der Erdkern, so dass man nun nur noch sehen muss, wie man die „überschüssige" Hülle des Proto-Merkurs nachträglich los wird. Dies, so die Vermutung weiter, könnte im Zuge einer gewaltigen Kollision zweier ähnlich großer Brocken geschehen sein. Bei Simulationsrechnungen fand man nämlich, dass oberhalb einer bestimmten Mindestmasse der beteiligten Objekte eine solche Kollision kein weiteres Anwachsen des Planeten bewirkt, sondern eine – zumindest teilweise – gegenseitige Zerstörung. Dass diese Mindestmasse gerade zwischen der heutigen und der angenommenen früheren Merkurmasse liegt, ist in den Augen der Anhänger dieser Katastrophentheorie sicher kein Zufall.

Nachdem *Mariner 10* zur Überraschung der Wissenschaftler auch ein – allerdings sehr schwaches – Magnetfeld bei Merkur nachweisen konnte, muss man davon ausgehen, dass der Eisenkern zumindest in den Außenbezirken noch flüssig ist, denn nur dann können sich in ihm Strömungen ausbilden, die für den Aufbau eines solches Magnetfeldes gebraucht werden. Dies wiederum setzt nach Ansicht der Forscher einen gewissen Schwefelgehalt im Eisenkern voraus. Da aber dieser erforderliche Schwefelanteil höher ist, als man eigentlich für einen Planeten erwarten kann, der nur aus Material in der heutigen Merkurentfernung zusammengewachsen ist, wäre dies ein weiterer Hinweis darauf, dass der frühe Merkur mit einem von außen herannahenden Brocken kollidiert ist und einen Teil von dessen Materie mit aufgenommen hat.

Eine Atmosphäre auf Merkur?

Aufgrund der geringen Sonnenentfernung reicht das schwache Gravitationsfeld von Merkur nicht aus, um eine dauerhafte Atmosphäre festhalten zu können: Die Gasatome würden durch die starke Sonneneinstrahlung so stark aufgeheizt (und damit beschleunigt), dass sie am Ende Fluchtgeschwindigkeit erreichen und die Umgebung des Planeten verlassen könnten.

Umso erstaunter waren die Forscher, als die Instrumente von *Mariner 10* eine – wenngleich sehr dünne – Atmosphäre nachweisen konnten. Sie fanden vor allem Heliumatome, die offenbar beim Zerfall radioaktiver Elemente in der Merkurkruste freigesetzt wurden, sowie Wasserstoff- und Sauerstoffatome. Bei Beobachtungen von der Erde aus konnten später auch noch Natrium und Kalium sowie Stickstoff, Argon und Kohlendioxid nachgewiesen werden. Diese Elemente werden zum Teil aus dem umströmenden Sonnenwind eingefangen oder beim Aufprall von Mikrometeoriten durch Verdampfen freigesetzt. Allerdings handelt es sich nicht um eine dauerhafte Gashülle, da auch diese Atome binnen weniger Stunden auf mehr als Fluchtgeschwindigkeit (bei Merkur etwa 4,25 km/s) beschleunigt werden und dann davontreiben. Entsprechend verwundert es nicht, dass die Konzentration der Gase nicht konstant ist, sondern – je nach Ergiebigkeit der einzelnen veränderlichen Produktionsraten – deutlichen Schwankungen unterliegt.

Neue Merkursonden

Bis heute haben wir nur von einer Merkurhemisphäre brauchbare Bilder, und es ist daher an der Zeit, dass der sonnennächste Planet Besuch von einem Satelliten auf einer polaren Umlaufbahn bekommt. Nur ein solcher Merkur-Satellit, der über die Polgebiete des Planeten hinwegfliegt, kann die gesamte Oberfläche kartieren und vor allem klären, was es mit der Entdeckung auf sich hat, die Anfang der 1990er Jahre für Furore unter den Forschern sorgte: Die mögliche Existenz von Wassereis im Bereich der Polregionen auf Merkur.

Seit dem Sommer 2004 ist die amerikanische Sonde *Messenger* unterwegs zum Merkur. Der Name ist treffend gewählt, erinnert er doch zum einen an die Funktion seines antiken Namensgebers, des griechischen Götter*boten* Hermes (bzw. seines römischen Gegenstücks Merkur); daneben steht *Messenger* aber auch als Abkürzung für **Me**rcury **S**urface, **S**pace **En**vironment, **Ge**ochemistry and **R**anging (Sonde zur Erforschung der Merkuroberfläche, seiner Umgebung und seiner Geochemie). Ziel ist es, die Sonde in eine polare Umlaufbahn zu bringen, doch der Weg dorthin ist weit und macht manchen „Umweg“ erforderlich, denn es kostet schon eine Menge Energie, eine Sonde zunächst zum Merkur zu bringen und dann auch noch die Bahnebene nahezu senkrecht aufzurichten. Als Erstes muss die Sonde ziemlich stark abgebremst werden, um im Schwerefeld der

Die amerikanische Raumsonde *Messenger* soll den Merkur aus einer polaren Umlaufbahn erforschen.

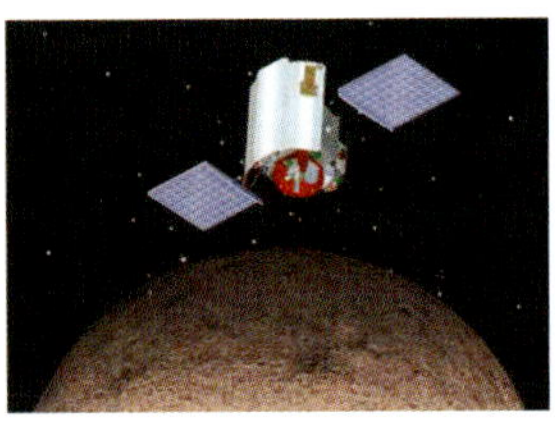

Sonne nach innen bis auf die Höhe der Merkurbahn abzusinken. Dort ist eine erneute Bremsung notwendig, damit die Sonde in eine Umlaufbahn um den Planeten einschwenkt (sonst würde sie mit dem überschüssigen Schwung wieder bis auf die Höhe der Erdbahn nach außen getrieben). Ein solcher „Übergang“ zur Merkurbahn kostet mehr Energie (und damit Treibstoff) als der Übergang zu irgendeinem anderen Planeten im Sonnensystem, Pluto eingeschlossen! Mehr Treibstoff bedeutet aber weniger Platz für die Nutzlast, und so ersinnen die Raumfahrtspezialisten immer sehr verschlungen wirkende Übergangsbahnen, die möglichst oft an anderen Planeten vorbeiführen. Bei einem solchen Vorbeiflug, im Fachjargon treffend „Gravity Assist“ genannt, wird die Bahn der Sonde durch das Schwerefeld des Planeten am Wegesrand nahezu kostenfrei in eine neue, „günstigere“ Form überführt.

Für *Messenger* haben die Reiseleiter gleich zwei Vorbeiflüge an der Venus (einmal in 3000 km und ein zweites Mal in 300 km Höhe) sowie vorweg noch einen an der Erde (in etwa 2300 km Höhe) eingeplant, der die Sonde etwa ein Jahr nach ihrem Start auf die Übergangsbahn zur Venus bringen soll: Im Oktober 2006 und im Juni 2007 wird *Messenger* am inneren Nachbarplaneten der Erde vorbeiziehen. Dabei wird neben der Bahnform auch die Bahnneigung von *Messenger* so abgewandelt, dass die Sonde im Januar 2008 erstmals an Merkur vorbei fliegen und erste Beobachtungen anstellen kann. Es folgen ein Kurskorrekturmanöver im März, ein zweiter Vorbeiflug im Juni 2008, eine neuerliche Kursänderung, ein dritter Vorbeiflug im September 2009 und ein letztes Korrekturmanöver, ehe die Sonde schließlich im März 2011 in eine stark elliptische Umlaufbahn um den Planeten einschwenken wird. Auf ihr soll sie den Planeten alle zwölf Stunden in einer Entfernung zwischen etwa 200 und 15 000 Kilometer umrunden und während des ersten Merkurtages (also knapp sechs irdische Monate lang) die Merkuroberfläche kartieren und erkunden, um dann am „zweiten Tag“ besondere Ziele näher in Augenschein zu nehmen.

Spätestens dann wird sich zeigen, was es mit dem schwachen Magnetfeld auf sich hat, das *Mariner 10* bei seinen Vorbeiflügen aufspüren konnte: Wenn es – wie das Erdmagnetfeld – im Eisenkern des Planeten erzeugt wird, dann müsste dieser Eisenkern zumindest teilweise noch geschmolzen sein, denn sonst wären keine internen Strömungen als Voraussetzung für seine Erzeugung möglich. Ein teilweise flüssiger Kern sollte sich anhand der Einflüsse des Schwerefeldes auf die Sondenbahn nachweisen lassen. Denkbar wäre aber auch, dass es sich um ein fossiles Magnetfeld handelt, den blassen Abglanz eines früher stärkeren Feldes, das seine Spuren in der Merkurkruste hinterlassen hat.

Nicht minder spannend ist die Frage, ob an den Polen tatsächlich Eis auf oder unter der Oberfläche des Merkur existiert, wie es amerikanische Radarbeobachtungen aus dem Jahr 1992 vermuten

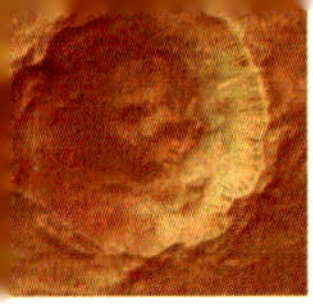

lagern. Damals registrierte man aus diesen Gebieten ungewöhnliche Radarechos, die als Hinweise auf die Existenz von Wassereis gedeutet wurden. Theoretisch denkbar wäre es durchaus, dass zum Beispiel Kometen, die in dieser Gegend aufprallten, einen Teil ihres Materials dort ablagern konnten, das dann – im ewigen Schatten hoher Kraterränder ständig vor einer direkten Sonnenbestrahlung geschützt – bis heute überdauert hat. Klären wird sich dann vielleicht auch, welche Faktoren die Dichte der extrem dünnen Merkur-„Atmosphäre“ beeinflussen, die zunächst von den *Mariner-10*-Detektoren aufgespürt und später durch erdgebundene Beobachtungen ergänzt wurde.

Für das Jahr 2012 plant auch die europäische Weltraumagentur ESA in Zusammenarbeit mit ihrem japanischen Partner ISAS/JAXA die Entsendung einer Doppelsonde zum Merkur: *BepiColombo* soll mit Hilfe eines elektrischen Antriebssystems auf einem kürzeren Weg zu Merkur gelangen und dort weitere Forschungsaufgaben übernehmen.

VENUS

STECKBRIEF VENUS

Äquatordurchmesser	12 104 km (etwa 95 % des Erddurchmessers)
Masse	$4{,}87 \cdot 10^{24}$ kg (etwa 81,5 % der Erdmasse)
Siderische Rotationsdauer (Sterntag)	243,01 Tage (retrograd)
Äquatorneigung zur Bahnebene	177,4°
Dauer eines Sonnentages	116,749 Tage
Umlaufzeit um die Sonne	224,701 Tage
Mittlerer Abstand zur Sonne	108,2 Millionen km (0,72 AE)
Bahnneigung zur Ekliptik	3,39°
Oberflächentemperatur	740 K (ca. 470 °C)
Atmosphärendruck	9,1 MPa (etwa 90facher irdischer Wert)

Stellung im Sonnensystem

Venus ist der innere Nachbarplanet der Erde. Sie umrundet die Sonne einmal in 225 Tagen auf einer annähernd kreisförmigen Bahn in einem Abstand von rund 108 Millionen km (0,72 AE). Ihre Bahn ist um knapp 3,4 Grad gegen die Ekliptikebene geneigt. Als innerer Planet kann sich die Venus nur in einem begrenzten Winkelbereich relativ zur Sonne bewegen; ihre größte Elongation liegt bei etwa 47 Grad. Dadurch ist sie immer nur in den Stunden vor Sonnenaufgang

KONJUNKTIONEN MIT DEN PLEJADEN

Am Beispiel der auffälligen Konjunktionen zwischen Venus und den Plejaden lassen sich die Wiederkehr von Positionen und deren Veränderungen über längere Zeit recht gut verdeutlichen. Die Tabelle gibt jeweils den Zeitpunkt der „Konjunktion in Länge“ an:

4.4.1900	**23:21**	**1,7° südlich**
16.5.1901	5:59	4,3° südlich
29.6.1902	2:59	6° südlich
17.4.1903	5:06	3,1° südlich
31.5.1904	1:14	4,8° südlich
7.7.1905	1.40	7,3° südlich
1.5.1906	2:45	3,7° südlich
15.6.1907	12:19	5,3° südlich
4.4.1908	**18:15**	**1,7° südlich**
4.4.1916	13:24	1,6° südlich
4.4.1924	8:45	1,5° südlich
...		
3.4.2004	17.36	0,5° südlich
3.4.2012	20:58	0,4° südlich
4.4.2020	1:33	0,2° südlich
...		
7.4.2151	21:44	1,7° südlich
10.4.2402	20:56	1,5° südlich
13.4.2653	21:10	1,4° südlich

Es fällt auf, dass die Acht-Jahres-Periode nicht genau acht volle Jahre beträgt und sich darüber hinaus die Winkelabstände zu Alkyone, dem hellsten der Plejadensterne auf lange Sicht deutlich verändern; dagegen bleibt die Differenz am Ende der 251-Jahre-Periode wesentlich geringer, und auch die Winkelabstände wiederholen sich nahezu unverändert.

am Osthimmel oder nach Sonnenuntergang am Westhimmel zu sehen. Dies und eine Umlaufzeit, die in besonderer Weise zur Länge des irdischen Jahres passt, hat ihr schon bei den frühen Hochkulturen zu großer Aufmerksamkeit verholfen.

Die Venus-Sichtbarkeiten wiederholen sich zwar nicht jedes Jahr zur gleichen Zeit, folgen aber einem etwa achtjährigen Zyklus, denn während dieses Zeitraums schafft die Venus etwas mehr als fünf Runden durch die Ekliptik (und die Erde – beziehungsweise von uns aus betrachtet die Sonne – acht), so dass unser Nachbarplanet wieder annähernd an der gleichen Position auf der Ekliptik steht. Aus dieser regelmäßigen Wiederkehr vergleichbarer Venuspositionen konnten die Sternkundigen früher Hochkulturen die Umlaufzeit der Venus bereits recht genau zu 224,773 Tagen bestimmen. Noch genauer ließ sich der Wert ermitteln, als entsprechende Aufzeichnungen über mehrere Jahrhunderte verfolgt und ausgewertet wurden: Nach

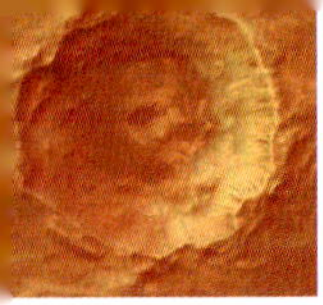

Bild rechte Seite unten:
Nach 121,5 Jahren zog die Venus am 8. Juni 2004 wieder einmal vor der Sonne vorbei. Die detailreiche Aufnahme des schwedischen 1-Meter-Sonnenteleskops zeigt Venus in der Endphase des Ereignisses und lässt ihre Atmosphäre im Gegenlicht als schmalen Saum erkennen.

251 Erdenjahren steht die Venus wieder am (nahezu exakt) gleichen Ort – und das zu annähernd gleicher Tageszeit, so dass man dies von einem festen Beobachtungsort auch wieder messen kann! Innerhalb dieser 251 Jahre hat Venus die Ekliptik 157-mal durchlaufen, woraus sich die (mittlere) Umlaufzeit zu 224,704 Tagen ergibt (der heutige Tabellenwert liegt bei 224,700 Tagen, was einer „Differenz" von nur etwa 5 Minuten oder rund 15 ppm – Teilen pro Million – entspricht!)

Das äußere Erscheinungsbild

Aufgrund ihrer Stellung innerhalb der Erdbahn zeigt die Venus im Fernrohr Lichtphasen, wie sie vom Mond her bekannt sind. Zum Zeitpunkt der oberen Konjunktion, wenn die Venus jenseits der Sonne vorbeizieht, könnten wir auf die voll beleuchtete Seite der Venus blicken (sie steht dann allerdings zu nahe bei der Sonne). Einige Wochen später taucht sie als immer noch ziemlich rundes Objekt am Abendhimmel auf, nimmt mit wachsendem Winkelabstand zur Sonne allmählich ab, während ihr scheinbarer Durchmesser langsam wächst. Um die Zeit der größten Elongation wird die „Halbvenus"-Phase erreicht, danach schrumpft die Venus zur schmalen Sichel und verschwindet schließlich im Glanz der Sonne, aus dem sie wenige Tage bis Wochen später am Morgenhimmel wieder auftaucht – dann aber als zunehmende Sichel, die nun wieder rasch an Durchmesser verliert und zugleich an Fülle gewinnt. Zur größten Elongation erscheint sie wieder als „Halbvenus" und nimmt danach immer weiter zu, bis sie als fast rundes Objekt wieder jenseits der Sonne verschwindet.

Die Venus ist nach Sonne und Mond das hellste Gestirn am irdischen Himmel und dürfte als leuchtend heller „Morgen-" oder „Abendstern" jedem schon einmal am Himmel aufgefallen sein, zumal sich eine Venus-Sichtbarkeitsperiode über viele Wochen und Monate erstreckt: Die Venus geht dann bis zu vier Stunden vor der Sonne auf oder nach ihr unter und verblasst jeweils als letzter Lichtpunkt beziehungsweise setzt sich als erster am noch aufgehellten Dämmerungshimmel durch. Sie erscheint so hell, dass sie unter bestimmten Umständen sogar mit bloßem Auge am Taghimmel zu finden ist.

Ihre besondere Helligkeit verdankt die Venus einer dichten Wolkenhülle, die etwa drei Viertel des auftreffenden Sonnenlichtes wieder in den Weltraum zurückwirft. Leider verwehrt diese Wolkendecke auch den Blick auf die Oberfläche unseres inne-

Bild unten:
Die abnehmende und gleichzeitig größer werdende Venussichel während der Abendsichtbarkeit vor dem Transit 2004.

Bild ganz unten:
Venus und Jupiter (rechts darunter) in der Morgendämmerung.

ZEITTAFEL DER VENUSBEOBACHTUNGEN

1610	Galileo Galilei bemerkt die Phasengestalt der Venus und führt sie als Beweis für das heliozentrische Weltbild des Nikolaus Kopernikus an.
1639	Der englische Astronom Jeremiah Horrocks (1619–1641) beobachtet – vermutlich als erster Mensch – einen Venusdurchgang (den vom 4. Dezember 1639).
1932	Spektroskopische Beobachtungen der Venus führen zur Entdeckung von Kohlendioxid in ihrer Atmosphäre.
1942	Erstmals werden hohe Temperaturen an der Venusoberfläche als Folge des vom Kohlendioxid verursachten Treibhauseffektes vorhergesagt.
1957	Beobachtungen im UV-Bereich deuten auf eine Rotationsdauer der Venusatmosphäre von 4 Tagen hin.
1962	Die amerikanische Raumsonde *Mariner 2* passiert am 14. Dezember die Venus (erste erfolgreiche Planetensonde).
1964	Radarmessungen zeigen eine retrograde 243-Tage-Rotation der Venus.
1970	Die sowjetische Raumsonde *Venera 7* übermittelt erste Daten von der Venusoberfläche.
1990	Die amerikanische Raumsonde *Magellan* liefert aus der Umlaufbahn Daten für detailreiche Radarkarten der Venusoberfläche.

ren Nachbarplaneten, so dass die Astronomen bis Mitte des 20. Jahrhunderts keine konkreten Vorstellungen von den dort herrschenden Zuständen hatten: Man wusste zwar, dass die Venus nur wenig kleiner als die Erde sein konnte, aber wie schnell sie sich um ihre Achse drehte und wie sehr sie sich dabei tagsüber aufheizen und während der Nacht wieder abkühlen würde, musste ebenso offen bleiben wie die Frage, ob es vielleicht flüssiges Wasser oder gar eine irgendwie geartete Vegetation auf der Venus geben könne. Die Venus war wie eine unbekannte, geheimnisvolle Zwillingsschwester der Erde.

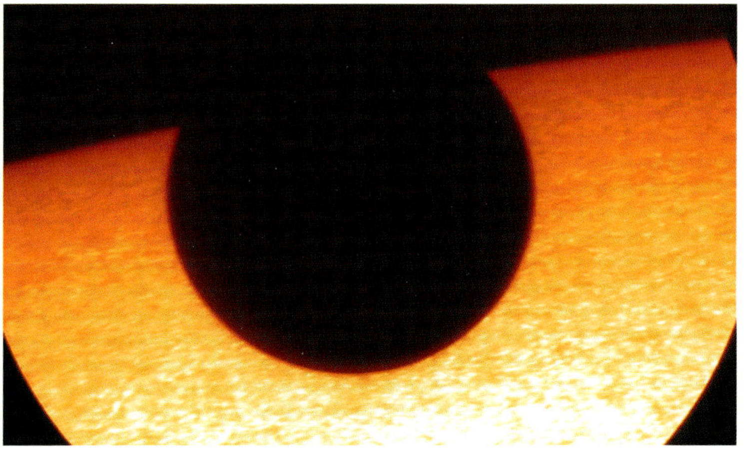

VENUSDURCHGANG UND DIE AE

Auch die Venus zieht als innerer Planet gelegentlich genau zwischen Sonne und Erde hindurch; einen solchen „Venustransit“ kann man – bei entsprechenden Schutzvorkehrungen – sogar mit bloßem Auge verfolgen. Im Jahr 1677 kam der englische Astronom Edmond Halley (1656–1742) anlässlich der Beobachtung eines Merkurtransits auf die Idee, Beobachtungen von Venustransits zur Bestimmung der großen Halbachse der Erdbahn – der Astronomischen Einheit (AE) – zu nutzen: Wenn man das Ereignis von mehreren weit entfernten Orten auf der Erde beobachtet, sieht man wegen des so genannten Parallaxeneffektes die Venus auf leicht unterschiedlichen Bahnen vor der Sonne herziehen und sollte aus der Größe der Verschiebung die Entfernung Erde – Venus recht genau in Kilometern bestimmen können. Leider stören optische Effekte eine genaue Messung, so dass die Ergebnisse der Beobachtungen im 18. und 19. Jahrhundert hinsichtlich der Genauigkeit nicht den Erwartungen entsprachen. Heute wird der über Radarmessungen bestimmte Wert der AE mit 149 597 870 km angegeben.

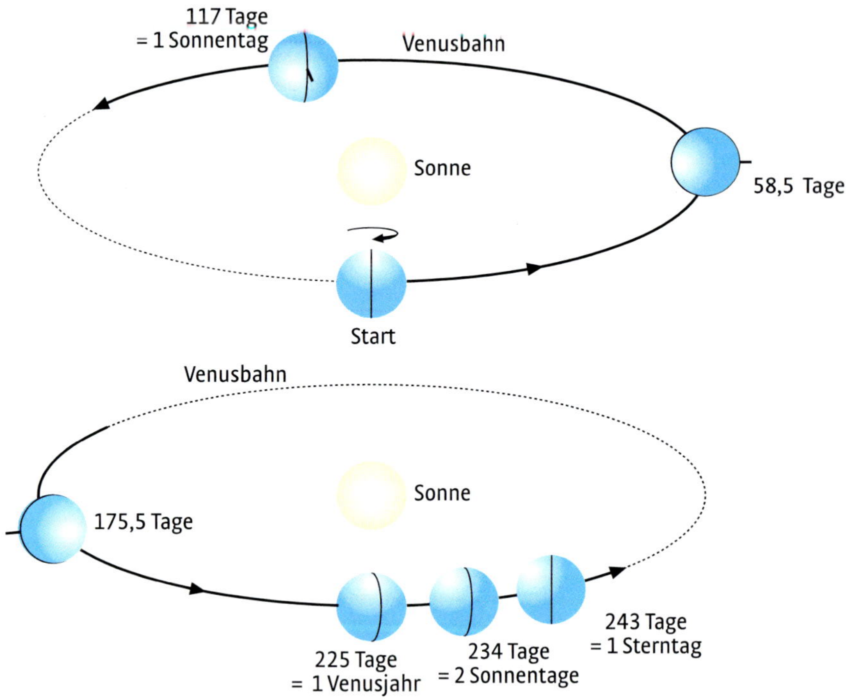

Die Überlagerung von rückwärts gerichteter Venusrotation und normaler Umlaufbewegung des Planeten macht einen Sonnentag (die Zeit zwischen zwei Mittagsstellungen der Sonne) mit 117 Tagen deutlich kürzer (oben) als ein Venusjahr von 225 Tagen oder einen Sterntag, der 243 Tage dauert (unten).

AUF VENUS GIBT'S NUR WOCHENENDEN

Die ungewöhnliche Rotation der Venus führt dazu, dass ein Venusjahr von rund 225 irdischen Tagen nur etwa 2 Venus„tage" umfasst: Würde sich die Venus gar nicht um ihre Achse drehen, dann verschöbe sich die Sonnenposition am Venushimmel allein durch die Bewegung der Venus um die Sonne innerhalb von 225 Tagen jeden Tag um 360°/225 oder 1,6° nach Osten. Würde sich umgekehrt die Venus nicht um die Sonne bewegen, sondern nur innerhalb von 243 Tagen einmal um ihre Achse drehen (und zwar von Ost nach West), so würde die Sonne jeden Tag um 360°/243 oder 1,48° nach Osten wandern. Durch die Überlagerung beider Bewegungen verschiebt sich die Position der Sonne also jeden Tag um 3,08° nach Osten oder in knapp 117 Tagen einmal ganz herum – zwei Venustage dauern demzufolge mit 234 Tagen nur wenig länger als ein Venusjahr.

Das änderte sich erst, nachdem 1962 die erste amerikanische Planetensonde (*Mariner 2*) die Venus passiert hatte und 1964 mit irdischen Radioteleskopen erstmals Radarechos von der Venusoberfläche empfangen wurden. Während die Sonde eine ziemlich hohe Oberflächentemperatur vermuten ließ, enthüllten die Radarbeobachtungen eine sehr langsame Rotationsdauer von knapp acht Monaten. Möglich wurde dies mit der gleichen Technik, mit der die Polizei ihre Geschwindigkeitskontrollen vornimmt: Die Frequenz der reflektierten Radarwellen ist gegenüber den ausgesandten Signalen geringfügig verschoben, weil sich Sender und „Reflektor" relativ zu einander bewegen. Bei einem rotierenden Körper ist es allerdings weniger eine Doppler-Verschiebung zwischen ausgesandten und reflektierten Wellen als vielmehr eine Doppler-Verbreiterung, denn während sich der eine Rand des Planeten von uns entfernt, bewegt sich der gegenüberliegende Rand auf uns zu. Aus dem sehr geringen Geschwindigkeitsunterschied von gerade einmal gut 3 m/s konnten die Astronomen eine Rotationsgeschwindigkeit am Äquator von 1,8 m/s berechnen und daraus die Rotationsdauer zu etwa 243 Tagen ermitteln. Da die Venus nur rund 225 Tage für einen Umlauf um die Sonne benötigt, dreht sie sich also weniger als einmal pro „Jahr". Zur Verblüffung der Wissenschaftler zeigte sich bei dieser Gelegenheit, dass sich die Venus gleichsam „verkehrt" herum dreht, also gegenläufig zum Drehsinn ihrer Bahnbewegung: Schaut man von „oben" auf das Sonnensystem, so bewegen sich alle großen Planeten gegen den Uhrzeigersinn um die Sonne, und die meisten Planeten drehen sich auch in gleicher Weise um ihre eigene Achse (die allerdings mehr oder weniger stark geneigt sein kann) – die Venus dagegen dreht sich *im* Uhrzeigersinn um ihre Achse. Man kann auch sagen, ihre Drehachse stehe auf dem Kopf, denn wenn man sich über dem Pol befindet, von dem aus betrachtet die Venusrotation entgegen dem Uhrzeigersinn läuft, befindet man sich unterhalb der Ebene der Venusbahn.

Dass die Venus unter der dichten Wolkenhülle alles andere als eine „blühende Landschaft" bieten würde, zeichnete sich in den darauf folgenden Jahren immer deutlicher ab. Beim Versuch, eine Sonde auf der Oberfläche der Venus abzusetzen, mussten sowjetische Raumfahrttechniker anfangs mehrere Verluste hinnehmen: 1967 meldete *Venus 4* zuletzt eine Temperatur von 270 °C und einen Luftdruck, der rund 20-mal so hoch wie der Atmosphärendruck am Erdboden war, zwei Jahre später versagten *Venus 5* und *6* bei einer Außentemperatur von 320 °C und einem Druck von etwa 30fachem irdischen Luftdruck, und erst *Venus 7* erreichte am 15. Dezember 1970 die Venusoberfläche, wo sie eine Temperatur von 475 °C sowie einen Druck von etwa 9 Megapascal (dem 90fachen des irdischen Luftdrucks) registrierte. Das waren eher „höllische" Umweltbedingungen, unter denen nicht nur kein Leben, sondern nicht einmal Wasser in flüssiger Form existieren konnte – stattdessen wären an der Venusoberfläche Seen aus flüssigem Zinn, Blei und Zink möglich! Rund drei Jahre später – im Oktober 1975 – übermittelten *Venus 9* und *10* erstmals Bilder von der Venusoberfläche. Hier und auf den Fotos späterer Sonden sind scharfkantige Gesteinsbrocken ebenso zu erkennen wie größere, zusammenhängende Felsformationen, die an erstarrte Basaltlava erinnern. Für diese Deutung sprachen schon damals die Ergebnisse eines Gammaspektrometers, mit dessen Hilfe man die chemische Zusammensetzung des Venusbodens zumindest teilweise ermitteln konnte: Der Gehalt an Uran, Thorium und Kalium ähnelt dem irdischer Basalte, und auch die mittlere Dichte von etwa 2,8 Gramm pro Kubikzentimeter passt recht gut zu irdischem Vulkangestein. Trotzdem sollte es noch mehr als 15 Jahre dauern, ehe die großräumigen Strukturen der Venusoberfläche entschleiert werden konnten.

Die sowjetische Venussonde *Venera 13* übermittelte im März 1982 dieses Panorama-Bild von ihrem Landeplatz.

Die Atmosphäre

Die rund 20 Kilometer dicke Wolkenschicht in der Venusatmosphäre versperrt den Blick auf die Oberfläche des inneren Nachbarplaneten der Erde.

Unterdessen erwies sich auch die Atmosphäre der Venus als wenig lebensfreundlich. 1972 zeigten Messungen von der Erde aus, dass die Wolken der dichten Venushülle wohl aus Schwefelsäure-Tröpfchen bestehen mussten (was später dann auch durch Sonden bestätigt wurde), und im Dezember 1978 ermittelte die amerikanische *Pioneer-Venus*-Sonde die Zusammensetzung der Gashülle: Sie besteht zu etwa 96,5 Prozent aus Kohlendioxid, der Rest ist im Wesentlichen Stickstoff, daneben gibt es geringe Mengen an Wasserdampf, Sauerstoff, Kohlenmonoxid, Argon, Helium und Neon. Mit an Bord befand sich damals auch ein deutsches Experiment, das die Bestandteile der oberen Atmosphäre analysierte.

Die Wolken, die den Blick auf die Venusoberfläche versperren, befinden sich in Höhen zwischen etwa 70 und 48 km. Innerhalb dieses Bereichs sieht man allerdings kaum einzelne Wolken, sondern eher eine trübe Dunstschicht: Selbst in der „dicksten Suppe“ liegt die Sichtweite aber noch immer bei mehr als einem Kilometer; in irdischen Verkehrshinweisen werden die Autofahrer dagegen erst gewarnt, wenn die Sichtweite unter 100 m sinkt.

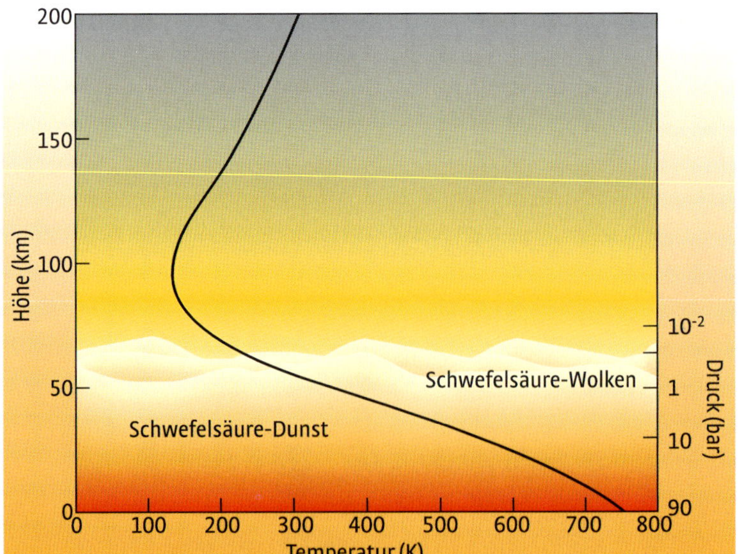

Druck- und Temperaturverlauf in der Venusatmosphäre.

Innerhalb der Wolken fallen die Schwefelsäuretröpfchen als eine Art „saurer Regen“ nach unten, wo sie schließlich verdampfen und als Schwefeldioxid und Wasserdampf wieder emporsteigen, um einen neuen Kreislauf zu beginnen. Während die Wolken im Bereich des sichtbaren Lichtes ziemlich strukturlos erscheinen, treten im Ultraviolett- und Infrarotbereich durchaus Einzelheiten hervor. Sie lassen erkennen, dass zumindest die oberste Wolkenregion mit einer Geschwindigkeit von rund 400 km/h herumgewirbelt wird; in tiefer liegenden Zonen nimmt die Geschwindigkeit dagegen ab. Nahe der Venusoberfläche weht sogar nur noch ein „laues Lüftchen“, dessen Geschwindigkeit kaum mehr als ein paar Kilometer pro Stunde erreicht; doch auch diese schwache Brise reicht bei dem dort herrschenden Druck aus, um den allgegenwärtigen Staub und Sand zu einem wirksamen Sandstrahlgebläse zu bündeln – entsprechend glatt sehen die meisten Gesteine auf den Bildern der sowjetischen Venussonden aus.

STÜRMISCHE VENUS

Die Wolken rasen entgegen der Drehrichtung des Planeten um die Venus, also von West nach Ost – eine Superrotation, die sich im Laufe der Zeit in einer ursprünglich langsam mitdrehenden Venusatmosphäre ausgebildet hat: Über der Nachmittagsseite (Westhälfte) erwärmten sich die Wolken stärker, dehnten sich aus und sorgten so für einen Unterdruck, der aus der kühleren Abend- und Nachtseite aufgefüllt wurde. Daraus entstand schließlich eine Gegenströmung, die um so stärker wurde, je mehr die Venusrotation selbst durch Gezeitenkräfte abgebremst wurde. Diese im Vergleich zur Planetenrotation sehr raschen Luftbewegungen gleichen jedwede Temperaturunterschiede zwischen Tag und Nacht aus; zusätzlich sorgen polwärts gerichtete Strömungen mit Geschwindigkeiten um 40 km/h für einen Temperaturausgleich zwischen Äquator- und Polregionen.

Die Oberfläche

Diese Radaransicht einer Venushemisphäre wurde aus Daten der amerikanischen Raumsonde *Magellan* zusammengestellt. Sie zeigt die östlichen Ausläufer von Aphrodite Terra mit Sapas Mons und Maat Mons etwas rechts der Bildmitte als helle Strukturen.

Die eigentliche Hochzeit der Venuserkundung begann im August 1990, als die amerikanische Raumsonde *Magellan* den inneren Nachbarplaneten der Erde erreichte und in eine Umlaufbahn einschwenkte. Zwar hatten zuvor schon zwei sowjetische Venussatelliten und der amerikanische *Pioneer-Venus*-Satellit mit ihren bildgebenden Radarsystemen erste Details der Venusoberfläche „ertastet", doch erst *Magellan* lieferte detailreiche Radardaten vom gesamten Planeten. Danach erscheint die Venuslandschaft über weite Teile (etwa 85 Prozent) als leicht hügeliges Gelände, aus dem nur drei größere Hochlandregionen aufragen: Ishtar Terra hoch im Norden ist etwa so groß wie Australien, erhebt sich rund 4 km über den mittleren Planetenradius und umfasst am Ostrand der Hochebene die fast 11 km hohen Maxwell-Montes. Aphrodite Terra dagegen liegt weiter östlich im Äquatorbereich und kommt mit seiner Ausdehnung an die Größe Afrikas heran; aus seinem östlichen Ausläufer, der so genannten Atla-Region, ragen einige Vulkane auf, darunter auch Sapas Mons und Maat Mons, der mit einer Höhe von 8 km höchste Vulkan auf der Venus. Lada Terra, das als drittes Gebiet zu den Hochländern gezählt wird, liegt ziemlich weit im Süden und wurde auch von *Magellan* nur bruchstückhaft kartiert.

Daneben gibt es noch einige größere Vulkangebiete wie etwa die schon auf Radarbildern von der Erde aus entdeckte Beta Regio mit Rhea und Theia Mons, zwei etwa 4 bis 5 km hohen Schildvulkanen, oder die etwa 7500 km weiter östlich gelegene Eistla Regio mit Sif Mons und Gula Mons. Insgesamt wurden mehr als 150 Großvulkane mit einem Basisdurchmesser zwischen 100 und 600 km gefunden. Dagegen erwies sich die – ebenfalls bereits mit irdischen Radartele-

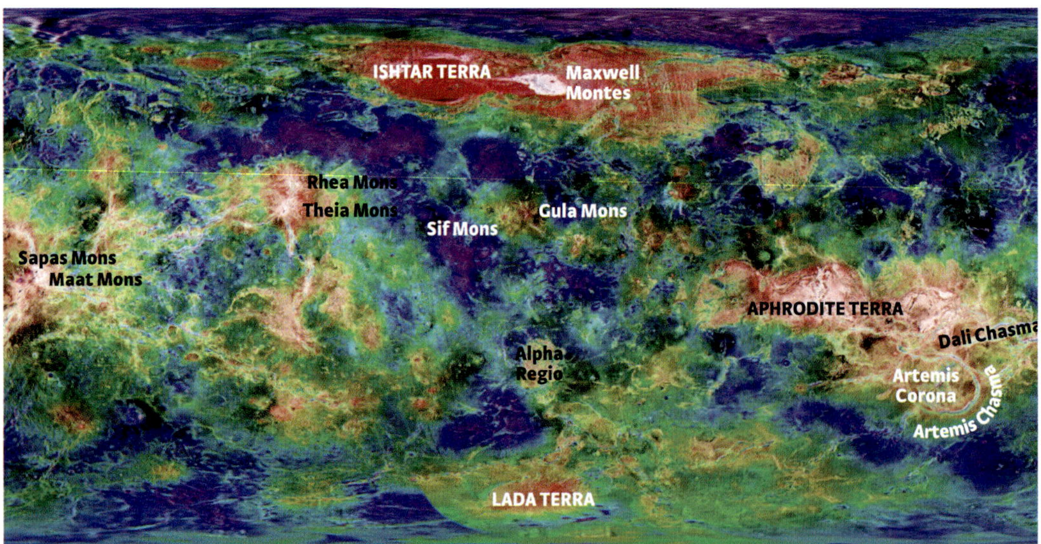

Diese farbig kodierte Radarkarte der Venusoberfläche lässt großräumige Höhenunterschiede deutlich werden (blau = Tiefland, grün = mittlere Höhe, rotbraun = Hochland, weiß = Gipfelregionen) und zeigt die im Text erwähnten größeren Formationen.

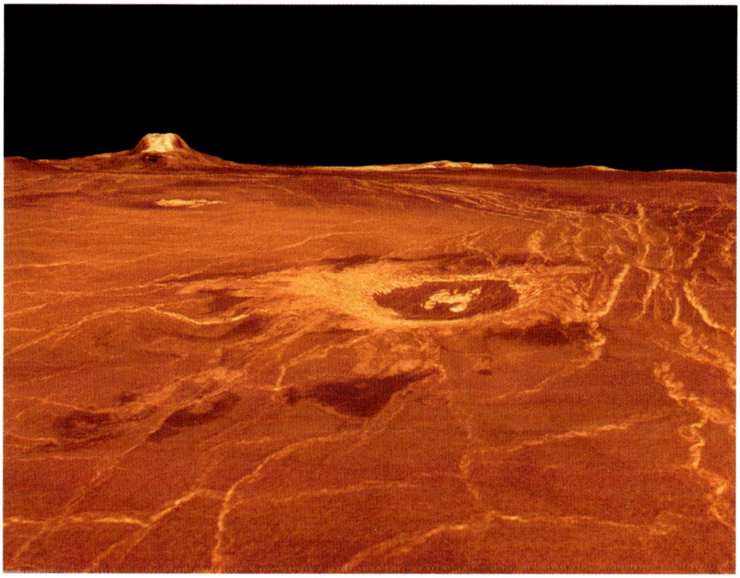

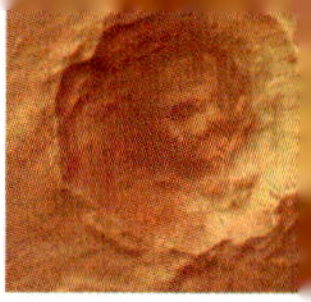

Blick über die Eistla Regio mit dem rund 3 Kilometer hohen Gula Mons im Hintergrund; diese perspektivische Ansicht wurde aus Daten der *Magellan*-Sonde erstellt.

skopen als heller Fleck erspähte – Alpha Regio lediglich als auffallend raue Landschaft, ein von zahlreichen Faltungen durchzogenes Hochland, das vermutlich durch eine aus tieferen Schichten aufsteigende Magmablase angehoben wurde. Ob einzelne Vulkane auf der Venus heute noch aktiv sind, lässt sich bislang nicht mit Sicherheit sagen. Zwar lassen Messdaten eine starke Schwankung in der Schwefeldioxid-Konzentration der Wolken erkennen, was für eine derartige Hypothese spräche; andererseits hat *Magellan* mit seiner hochauflösenden Radarantenne keine Oberflächenstrukturen erkannt, die als frische Lavaströme gedeutet werden müssten.

Östlich und westlich der Alpha Regio (und nicht nur dort) stieß *Magellan* auf weitere Spuren vulkanischer Aktivität, und zwar in Form zahlreicher annähernd kreisrunder Plateaus; ähnliche Felder mit „Pfannkuchen-Lava" sind noch an anderen Stellen gefunden worden. Offenbar ist dort jeweils sehr zähflüssige Lava an die Oberfläche gepresst worden und gleich erstarrt – sie erscheint jetzt in Form von etlichen hundert Meter hohen, im Schnitt rund 25 km großen Säulenstümpfen mit ziemlich steilen Abhängen.

Ebenfalls ungewöhnlich – und von der Erde her unbekannt – sind Formationen, die als Coronae bezeichnet werden, als „Kronen": Die runden, mitunter auch elliptischen Strukturen haben Durchmesser zwischen 100 und 400 km (vereinzelt auch darüber) und werden auf geologisch-tektonische Prozesse zurückgeführt. Vermutlich entstanden auch sie durch aufsteigende Magmablasen, die dann aber von der „Energiezufuhr" abgeschnitten wurden, so dass die entsprechenden Aufwölbungen an der Oberfläche wieder einstürzten. Daher liegt das durch einen Ringwall abgegrenzte Innere dieser Strukturen

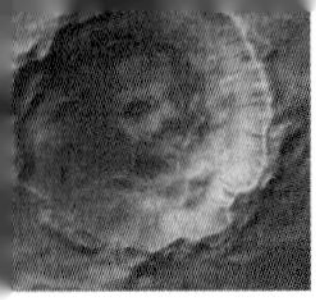

Schrägansicht eines Teils der Alpha Regio, die 1963 bei erdgebundenen Radarbeobachtungen als erstes radarhelles Gebiet auf der Venus erkannt wurde. Der helle Fleck in der ovalen Ringstruktur links unten wurde zum Nullpunkt der Zählung der Längengrade bestimmt und entspricht damit dem irdischen „Greenwich".

in der Regel unter dem Niveau der umgebenden Landschaft. Mitunter ist der Boden von radial verlaufenden Runzelfalten überzogen, was ihnen den Beinamen Arachnoid (spinnenähnlich) beschert hat.

„Zum Glück" fand *Magellan* auch zahlreiche Einschlagkrater auf der Venusoberfläche – lediglich kleinere Meteorite werden auf ihrem Weg durch die dichte Atmosphäre zerrieben. Solche Krater helfen, das Alter einer Landschaft abzuschätzen. Allerdings erlebten die Planetenforscher bei der Bestimmung des „Krater-Alters" der Venusoberfläche eine Überraschung: Legt man für die Vergangenheit der Venus eine vergleichbare Dichte an potenziellen kosmischen Geschossen zugrunde wie beim Mond, dann kann die Venus nicht sehr lange einem solchen Bombardement ausgesetzt gewesen sein:

Die „Schätzwerte“ liegen bei etwa 500 Millionen Jahren. Da man andererseits kaum davon ausgehen darf, dass die Venus in den vorausgegangenen 4 Milliarden Jahren vor derartigen Treffern verschont geblieben ist, muss man eine andere Erklärung finden. Vieles spricht dafür, dass damals, vor rund 500 Millionen Jahren, zahllose Lavaströme alle bis zu diesem Zeitpunkt entstandenen Krater zugedeckt haben, der Planet Venus sich also einer Art „facelifting“ unterzogen hat. Ähnliche, wenn auch weniger globale Lavafluten sind auch von der Erde her bekannt.

Venus und Erde im Vergleich

Trotzdem stellt sich die Frage, warum die – zumindest nach den äußeren Maßen – so erdähnliche Venus im Laufe der Zeit eine ganz andere Entwicklung genommen hat als unsere Erde; die Ähnlichkeiten gelten wahrscheinlich sogar auch für den inneren Aufbau, da die Venus eine vergleichbare mittlere Dichte aufweist wie die Erde und daher aus den gleichen „Zutaten“ bestehen dürfte. Eine der Hauptursachen ist vermutlich die geringere Sonnenentfernung, die von Anfang an zu einer stärkeren Erwärmung geführt haben muss. In einer wärmeren Umgebung aber verdunstet vorhandenes Wasser schneller und stärker, so dass der Wasserdampfgehalt in der Venusatmosphäre stets höher war als in der Erdatmosphäre. Ein höherer Wasserdampfgehalt wiederum verstärkt den so genannten Treibhauseffekt der Atmosphäre und sorgt dafür, dass weniger Wärme in den umgebenden Weltraum entweicht. Die gleiche Wirkung entfaltet das Kohlendioxid, das – wie ein Teil des Wassers – durch vulkanische Aktivitäten aus dem Innern des Planeten ausgegast wurde; dabei ergänzen sich die beiden Gase vortrefflich, denn die Rückhaltewirkungen für die Wärmestrahlung der Planetenoberfläche liegen in benachbarten Teilen des Spektrums: Wasserdampf und Kohlendioxid lassen gemeinsam weniger Wärme entweichen als jedes der beiden

Der innere Aufbau von Venus und Erde im Größenvergleich. Der Venusaufbau von innen nach außen: Kern, Mantel, Kruste. Der Erdaufbau von innen nach außen: Kern (fest), Kern (flüssig), Mantel, Kruste.

Gase allein. So entstand im Laufe der Zeit eine immer dichtere Kohlendioxidatmosphäre, die – anders als auf der Erde – kaum „Verluste" hinnehmen musste: Normalerweise reagiert das Kohlendioxid der Luft nämlich mit bestimmten Gesteinsarten, so dass die Planetenoberfläche allmählich von einer Schicht aus Kalkgestein – etwa in Form von Kreidefelsen – überzogen wird. Wenn dann nicht Wasser oder andere Erosionsprozesse für ein Abtragen dieser Kreideschicht sorgen und so neue „Ablagerungsmöglichkeiten" schaffen, kann der Kohlendioxidgehalt der Atmosphäre nicht weiter reduziert werden. Auf der Erde hat dieser CO_2-Zyklus rechtzeitig gegriffen: Durch die Plattentektonik wurden Teile des Oberflächengesteins in die Tiefe gelenkt, während an anderer Stelle „frisches" Gestein an die Oberfläche drang und Platz für neue CO_2-Ablagerungen bot; bei der Venus hingegen lassen auch die *Magellan*-Daten keine Hinweise auf eine großräumige Plattentektonik erkennen. Allenfalls an den Rändern der größten Coronae zeichnen sich Tiefseegraben-ähnliche Strukturen ab, die aber nicht zwingend als Subduktionszonen verstanden werden müssen, an denen altes Krustenmaterial seitlich herandriftender Platten nach unten abtaucht. Da Wasser außerdem eine zusätzliche CO_2-Senke darstellt, in der sich ein weiterer Teil des atmosphärischen Kohlendioxids lösen und dann als kalkhaltiges Gestein ausgefällt werden kann, die Venus aber aufgrund der höheren Ausgangstemperatur und der damit verbundenen stärkeren Verdunstung über weniger flüssiges Wasser verfügte als die Erde, konnte der wachsende CO_2-Gehalt der Atmosphäre auch auf diesem Weg nicht reduziert werden.

Wann die Plattentektonik auf der Erde eingesetzt hat und damit die globale „Klimaanlage" in Gang gekommen ist, lässt sich nicht mit Bestimmtheit sagen, denn sie hat ihre eigenen Spuren verwischt. Man darf allerdings davon ausgehen, dass sie nicht unbedingt von Anfang an wirksam war und daher auf der Venus gar keine Chance hatte, denn zum einen lässt mit steigender Oberflächentemperatur die Bereitschaft des Gesteins zu großräumigen Konvektionsströmungen nach (der Temperaturunterschied zwischen außen und innen schrumpft, und damit verlieren heiße Magmablasen aus dem Innern gegenüber dem Krustengestein an Auftrieb), zum anderen trocknet die Kruste immer stärker aus, da kein neues Wasser von außen zugeführt wird, und das Gestein verhärtet immer mehr. Mittlerweile dürfte die Kruste der Venus im Mittel anderthalb bis zweimal so dick sein wie die Erdkruste und damit seit langem alle plattentektonischen Prozesse erstickt haben.

Obwohl die Wissenschaftler im Innern der Venus einen ähnlich flüssigen Eisen-Nickel-Kern wie im Innern der Erde erwarten, verfügt die Venus über kein nennenswertes eigenes Magnetfeld. Vermutlich reicht die extrem langsame Rotation des Planeten nicht aus, um genügend Strömungen in diesem Kern anzuregen; solche Strömungen scheinen aber für den Aufbau eines planetaren Magnetfeldes wesent-

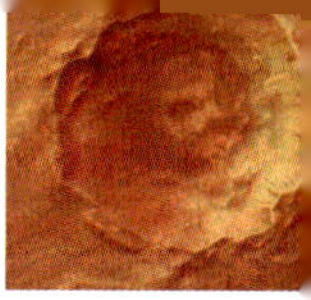

lich zu sein. Vielleicht ist der Venuskern wegen der fehlenden Plattentektonik und der dadurch unzureichenden Abkühlung derzeit aber auch einfach noch zu heiß, als dass er ein solches Magnetfeld überhaupt hervorrufen könnte. Trotzdem ist die Oberfläche der Venus etwa dem anströmenden Sonnenwind nicht völlig schutzlos ausgesetzt, denn die Ultraviolettstrahlung der Sonne sorgt in der dichten Gashülle für eine genügend starke Ionosphäre, die ihrerseits die elektrisch geladenen Teilchen des Sonnenwindes um den Planeten herumführt. Ob ein vergleichbarer „atmosphärischer Schutzschirm" eines Tages auch bei uns die Rolle des derzeit immer weiter schwächelnden irdischen Magnetfeldes übernehmen kann, ist allerdings noch offen.

Zukünftige Raumsonden zur Venus

Im November 2005 will die europäische Weltraumagentur ESA vom russischen Weltraumbahnhof Baikonur aus eine neue Sonde zur Venus starten. Die etwa 1270 kg schwere Sonde, nach dem gleichen Konzept wie die erfolgreiche *Mars-Express*-Mission entwickelt und teilweise mit identischen Instrumenten ausgestattet, soll den inneren Nachbarplaneten auf einer stark elliptischen, nahezu polaren Bahn zwischen etwa 250 km und 45 000 km umrunden. Die genaue Bahnform hängt vom verbleibenden Treibstoff ab und kann noch während des rund 150 Tage dauernden Fluges zur Venus festgelegt oder verändert werden.

Während der auf zwei Venustage oder rund 500 Erdentage angelegten Missionsdauer wird die *Venus-Express*-Sonde eine Reihe von Aufgaben erledigen. So soll sie zum ersten Mal durch „Wolkenfenster" im Infrarotbereich die Zusammensetzung der unteren Atmosphäreschichten in globalem Maßstab erkunden und die höhenabhängige Verteilung der Temperatur bis in die obere Atmosphäre untersuchen, um so Rückschlüsse auf die Strömungsverhältnisse innerhalb der Atmosphäre zu ermöglichen; hinzu kommt eine globale Erfassung der Oberflächentemperatur. Simultane Beobachtungen im gesamten Bereich zwischen ultravioletter und infraroter Strahlung werden darüber hinaus eine Präzisierung der atmosphärischen Verlustraten und damit eine Rekonstruktion der bisherigen Entwicklung der Venusatmosphäre erlauben. Plasmaphysikalische Untersuchungen sollen die Rolle der Ionosphäre als Schutzschirm gegen den Sonnenwind erfassen, und mit Radarantennen will man Informationen über den Aufbau der Venuskruste gewinnen, um deren tektonische Ursprünge und mögliche Verbindungen zu tiefer liegenden Schichten zu ergründen. Schließlich hofft man, dass sich eventuelle seismische Erschütterungen („Venusbeben") auf die dichte Venusatmosphäre übertragen und dort als Dichteschwankungen messen lassen.

Die europäische Raumsonde *Venus Express* soll den inneren Nachbarplaneten ab 2006 auf einer polaren Umlaufbahn erkunden.

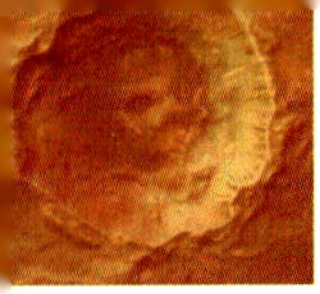

ERDE

STECKBRIEF ERDE	
Äquatordurchmesser	12 756 km
Masse	$5{,}974 \cdot 10^{24}$ kg
Siderische Rotationsdauer (Sterntag)	23 Std., 56 Min., 4,09 Sek.
Äquatorneigung zur Bahnebene	23,45°
Dauer eines Sonnentages	24 Std.
Umlaufzeit um die Sonne	365,256 Tage
Mittlerer Abstand zur Sonne	149,6 Millionen km (1 AE)
Bahnneigung zur Ekliptik	0°
Mittlere Oberflächentemperatur	288 K (15°C)
Atmosphärendruck	1013 hPa
Monde	1

Stellung im Sonnensystem

Die Erde umrundet die Sonne an dritter Position innerhalb eines Jahres auf einer leicht elliptischen Bahn zwischen 147,1 Millionen km und 152,1 Millionen km (0,98–1,02 AE). Ihre Bahnebene legt die Ekliptikebene fest. Gemeinsam mit einem vergleichsweise großen Mond, dessen Masse immerhin 1/81 der Erdmasse beträgt, bildet sie eine Art Doppelplanet.

Die Vorstellung von einer bewegten Erde, die gemeinsam mit den übrigen Planeten um die Sonne wandert, wurde zwar schon im antiken Griechenland diskutiert, dann aber mangels Beweisen verworfen. Erst Nikolaus Kopernikus formulierte das Konzept neu und leitete damit den Siegeszug des heliozentrischen Weltbildes ein, das später durch die Arbeiten von Johannes Kepler und Isaac Newton auch mathematisch-physikalisch untermauert wurde.

Das äußere Erscheinungsbild

Im Dezember 1968 konnten Menschen erstmals die Erde als „Himmelskörper“ aus einer größeren Entfernung betrachten. Damals beschrieben die Astronauten der *Apollo-8*-Mission ihren Heimatplaneten als blauweißen Saphir auf schwarzem Samt. Auf den Fernsehschirmen waren das Blau des Himmels, das sich im Wasser der Ozeane spiegelt, und das strahlende Weiß der Wolken sowie der Eis- und Schneeflächen in den arktischen Regionen gut zu erkennen; die dunkleren Braun- und Grüntöne der Kontinente dagegen wurden

Erdansicht des europäischen Wettersatelliten *Mctcosat*.

weitgehend überstrahlt oder waren von den Wolken verdeckt. Zumindest aus der geostationären Erdumlaufbahn sind darüber hinaus auf der Nachtseite zahlreiche Lichter zu erkennen, die teilweise die Umrisslinien der Kontinente nachzeichnen.

Eine Umdrehung der Erde dauert 23 Stunden, 56 Minuten und 4,09 Sekunden (Sterntag); dabei ist die Rotationsachse so geneigt, dass die Äquatorebene um knapp 23,45 Grad aus der Bahnebene herausragt. Diese Schiefstellung der Erdachse führt zur Entstehung der Jahreszeiten.

Die Atmosphäre

Die Atmosphäre der Erde besteht zum überwiegenden Teil aus Stickstoff (78 %) und Sauerstoff (21 %); den Rest bilden Spurengase wie Argon (1 %, aus dem Zerfall radioaktiver Elemente), Wasserdampf (stark variabel) und Kohlendioxid (0,03 %, mit zunehmender Tendenz). Vor allem das Kohlendioxid, der Wasserdampf sowie das aus Faulprozessen stammende Methan tragen wesentlich zur Erwärmung der Erdoberfläche bei: Sie lassen das Sonnenlicht zwar weitgehend

Temperatur- und Druckverlauf in der Erdatmosphäre

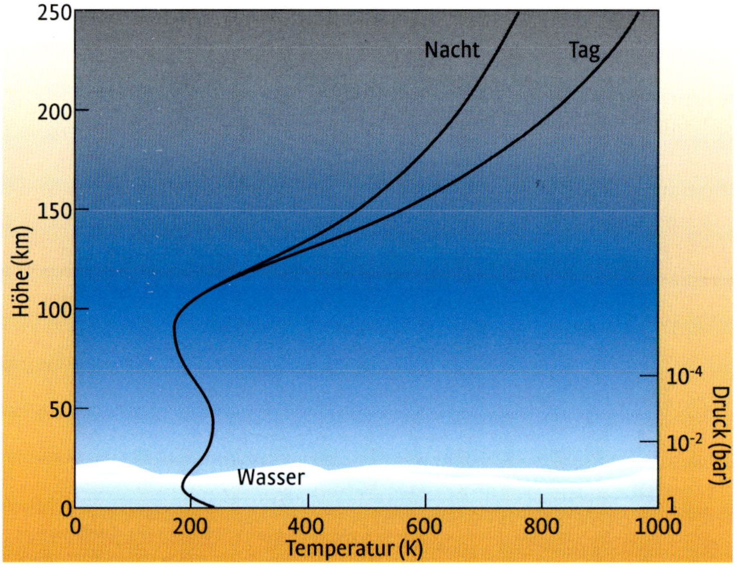

ungehindert bis zum Erdboden gelangen (wobei die Wolken allerdings einen Großteil des auftreffenden Lichtes reflektieren), so dass sich die sonnenbeschienene Erdoberfläche erwärmen kann, sie halten aber die aus dieser Erwärmung resultierende Infrarotstrahlung wirksam zurück. Ohne diesen natürlichen „Treibhauseffekt" läge die mittlere Durchschnittstemperatur der Erde etwa 15 Grad unter dem Gefrierpunkt.

Die deutliche Zunahme einzelner Treibhausgase in den letzten zwei Jahrhunderten, die auf menschliche Aktivitäten wie zum Beispiel die Nutzung fossiler Brennstoffe zurückgeht, lässt für die Zukunft eine Zunahme des Treibhauseffektes und damit der Erderwärmung erwarten, die nicht ohne nachhaltige Folgen auf Klima und Meeresspiegelhöhe bleiben wird. Zwar lässt sich aus zahlreichen Hinweisen ableiten, dass das Klima – und mit ihm die Vereisungsrate sowie die Höhe des Meeresspiegels – in Laufe der langen Erdgeschichte immer wieder starken Schwankungen unterworfen war, doch liegt die (vorerst) letzte Eiszeit mehr als 10 000 Jahre zurück, so dass die anschließend einsetzende rasante Entfaltung von menschlicher Kultur und technisierter Zivilisation bislang nicht wirklich durch ernsthafte klimatische Herausforderungen behindert wurde. Ein dauerhafter Anstieg des Meeresspiegels um mehrere Dezimeter, wie er von manchen Klimamodellen allein bis zum Jahr 2100 vorhergesagt wird, kann dagegen – nicht nur in der Dritten Welt – zur Überschwemmung weiter Landstriche führen und damit weiträumige Umsiedlungen erforderlich machen sowie den Verlust von großen Anbauflächen für Nahrungsmittel bedeuten.

So störend die Atmosphäre für die Beobachtung des Himmels auch sein mag, so wichtig ist sie für die Existenz von Leben, denn die Atmosphäre schirmt einen Großteil der zum Teil tödlichen Strahlung aus dem Weltall ab. Eine besondere Bedeutung kommt dabei dem Sauerstoff zu, der in seiner dreiatomigen Molekülform als Ozon die schädliche Ultraviolettstrahlung der Sonne abblockt. Eine Verringerung der Ozonkonzentration in Höhen zwischen 20 und 30 km, wie sie durch einzelne Spraydosen-Treibgase, aber auch durch andere, vorzugsweise durch menschliche Aktivitäten freigesetzte Gase verursacht werden kann, könnte eine dramatische Zunahme von Hautkrebs-Erkrankungen nach sich ziehen.

Die Oberfläche

Die Oberfläche der Erde ist zu 71 Prozent von mehr oder minder tiefen Ozeanen bedeckt; nur die restlichen 29 Prozent ragen als Landmassen unterschiedlich hoch aus diesen Ozeanen auf. Könnte man alle Unebenheiten der Erdoberfläche beseitigen, würde das vorhandene Wasser ausreichen, um die gesamte Erde mit einem etwa 3,5 km tiefen Ozean zu bedecken.

METHAN ODER KOHLENDIOXID ALS ATMOSPHÄRISCHE WÄRMEDÄMMUNG?

In den letzten Jahrzehnten ist die frühe Rolle des Kohlendioxids für den irdischen Treibhauseffekt und damit für die Entstehung des Lebens auf unserem Planeten möglicherweise überschätzt worden: Damit im Verlauf der Erdgeschichte das Wasser dauerhaft flüssig sein konnte, müsste die frühe Erdatmosphäre zu rund einem Fünftel aus Kohlendioxid bestanden haben – heute beträgt der Anteil nur noch etwa ein Sechshundertfünfzigstel davon. Zwar ermöglichen chemische Prozesse eine Verringerung des Kohlendioxidgehaltes, doch sollte die Erdkruste dann entsprechend große Mengen an Eisenkarbonaten, so genannten Sideriten enthalten, die aber nicht gefunden werden.

Statt dessen könnte Methan, das die irdische Wärmestrahlung etwa dreißigmal besser zurückhält, für eine ausreichend hohe Temperatur schon auf der frühen Erde gesorgt haben – und dass es bereits vor 4,4 Milliarden Jahren trotz einer damals noch um etwa 30 Prozent geringeren Sonneneinstrahlung flüssiges Wasser auf unserem Planeten gegeben haben muss, lässt sich aus den Funden von entsprechend alten Zirkoneinschlüssen in australischen Gesteinsformationen ableiten. Zum einen ist Methan in einer sauerstofffreien Atmosphäre wesentlich beständiger als in der heutigen Erdatmosphäre, wo es im Schnitt nach etwa zehn Jahren zersetzt wird, zum anderen bildet es bei ausreichender Konzentration eine Art Selbstschutz in Form einer hochliegenden Dunstschicht gegen die zersetzende Ultraviolettstrahlung der Sonne aus, wie Beobachtungen am Saturnmond Titan gezeigt haben. Vor allem aber könnten Methan produzierende Archäobakterien als mögliche früheste Lebensformen für einen beständigen Methan-Nachschub gesorgt haben. Erst die zunehmende Verbreitung von Sauerstoff produzierenden Cyanobakterien vor etwa 2,4 Milliarden Jahren hätte dann zu einem Abbau des atmosphärischen Methans gesorgt, dessen Funktion als Haupt-Isolator beendet und diese Aufgabe dem Kohlendioxid übertragen, das unter einer inzwischen heißeren Sonne nunmehr dazu auch in der Lage gewesen wäre.

KOSMISCHE BOMBEN – LENKEN SIE DIE EVOLUTION?

Vermutlich haben größere kosmische Einschläge immer wieder auch die Evolution des Lebens auf unserem Planeten beeinflusst. Manches spricht zum Beispiel dafür, dass der Aufprall eines etwa 10 km großen Brockens vor rund 65 Millionen Jahren das Ende der Dinosaurier besiegelt hat, und ähnliche Massensterben sind auch aus früheren Epochen bekannt. Zwar passt der in den 1980er Jahren vor der heutigen Küste von Yucatan entdeckte riesige Chixculub-Krater aufgrund neuester Bohrkern-Untersuchungen zeitlich nicht mehr so genau in den „Spielplan" dieses kosmo-terrestrischen Dramas wie ursprünglich vermutet, aber das bedeutet nicht gleich auch das Ende der Impakt-Hypothese: Man hat bislang vielleicht nur noch nicht den richtigen Krater gefunden (auch die Überreste des Chixculub-Kraters liegen fast 2000 m unter dem heutigen Meeresboden).

Die Verteilung der Landmassen ist ständigen Veränderungen unterworfen, da die Kontinente oder Teile von ihnen gleichsam wie Eisschollen auf einem See umhertreiben. Diese um 1910 von dem deutschen Geologen und Polarforscher Alfred Wegener zunächst nur vermutete und in der zweiten Hälfte des vergangenen Jahrhunderts dann auch nachgewiesene Kontinentaldrift wird durch eine langsame, aber beständige Umwälzung des Erdkrustenmaterials ausgelöst: Im Bereich der mittelozeanischen Rücken dringt neuer Meeresboden nach oben und drückt so die einzelnen Schollen auseinander, während im Bereich so genannter Subduktionszonen altes Krustenmaterial nach unten abtaucht.

Durch die gegenseitigen Verschiebungen werden immer wieder neue Spannungen aufgebaut, die sich in – teils verheerenden – Erdbeben lösen, es werden Gebirgszüge aufgetürmt (und anschließend durch die Erosion von Wind und Wasser wieder abgetragen) oder Landmassen voneinander getrennt (wie Afrika und Südamerika, die vor rund 150 Millionen Jahren noch miteinander verbunden waren) – kurzum: Die Erdoberfläche ist einer ständigen Veränderung ausgesetzt, die die Spuren der Vergangenheit weitgehend verwischt. Da ist es nicht weiter verwunderlich, dass die Zahl der bekannten Einschlagkrater, die auf kosmische Bomben zurückzuführen sind, recht klein ausfällt: Eine (halboffizielle) Liste des Planetary and Space Science Centre der Universität von New Brunswick (Kanada) nennt derzeit 168 bestätigte Impaktkrater, deren Durchmesser von 15 m bis 300 km reicht. Zwei davon, das Steinheimer Becken mit einem Durchmesser von 3,8 km und das Nördlinger Ries (24 km), sind vor etwa 15 Millio-

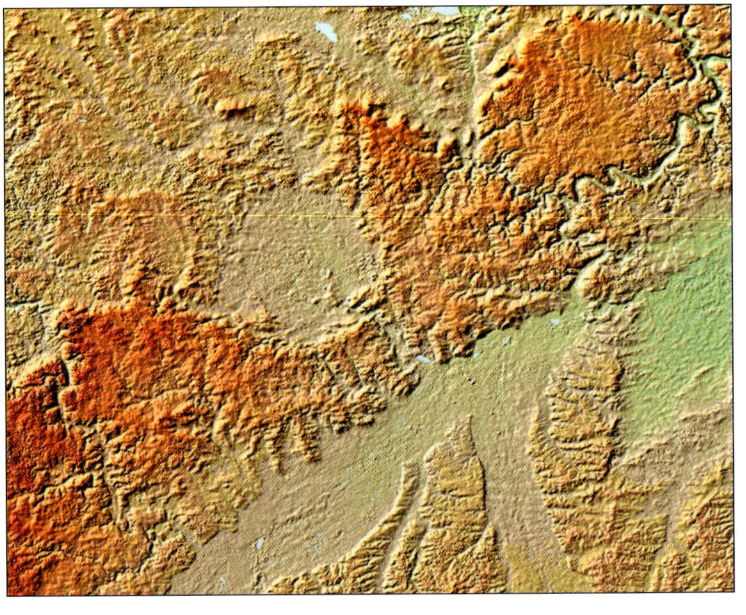

Das nahezu kreisrunde Nördlinger Ries tritt auf diesem Radarbild der *SRTM*-Mission deutlich als „Loch" in der Schwäbischen Alb hervor. Im unteren Bildteil erkennt man die breiten Täler von Donau und Lech, rechts das tief eingeschnittene Altmühltal.

Der innere Aufbau der Erde. Von innen nach außen: Kern (fest), Kern (flüssig), Mantel, Kruste.

nen Jahren in Süddeutschland entstanden, als ein etwa 200 m beziehungsweise 1 km großer Brocken mit einer Geschwindigkeit von wahrscheinlich mehreren Dutzend km/s „vom Himmel fielen".

Der innere Aufbau

Aus der Analyse von Erdbebenwellen haben die Geologen im Laufe des 20. Jahrhunderts ziemlich konkrete Vorstellungen über den inneren Aufbau der Erde entwickeln können. Er präsentiert sich schalenförmig, wobei die einzelnen Bereiche sich entweder in ihrer Zusammensetzung (also geologisch) oder in ihrem „Zustand" (physikalisch) unterscheiden. Da die unterschiedliche Zusammensetzung allerdings vor allem auf die Wirkung der Schwerkraft zurückzuführen und damit auch physikalisch zu erklären ist, spricht man allgemein von einer gravitationsbedingten Differenzierung.

Unter der zwischen 10 und 40 km dicken Erdkruste, in der das gesteinsbildende Silizium vor allem in Verbindung mit den „leichten" Elementen Aluminium, Kalzium, Kalium und Natrium vorkommt, schließt sich ein etwa 2900 km dicker Erdmantel an, der vorwiegend aus dem (schwereren) Magnesium-Eisen-Silikat Olivin besteht und in einer Tiefe von rund 100 km aufgrund der dort herrschenden Temperatur- und Druckverhältnisse allmählich plastisch (verformbar) wird. Die verbleibenden rund 3450 km bis zum Erdmittelpunkt werden von einem hauptsächlich aus Eisen und Nickel geformten Erdkern erfüllt, dessen äußere 2200 km als „flüssig" gelten, während der zentrale Bereich vermutlich fest ist. Diese gewichtsmäßige Trennung macht deutlich, dass die Erdkugel in der Frühphase ihrer Entwicklung glutflüssig gewesen sein dürfte; in dieser Phase sind dann die schwereren Elemente nach innen gesunken, während die leichteren Verbindungen an die Oberfläche steigen konnten.

SATELLITEN ERKUNDEN DAS ERDINNERE

Getreu dem Motto „Das Ziel der Raumfahrt ist die Erde" wurden auch künstliche Erdsatelliten zur Erforschung des Erdinnern und der Magnetosphäre genutzt. So sind zum Beispiel mit dem geowissenschaftlichen Satelliten *CHAMP* (für Challenging Minisatellit Payload, Kleinsatellit mit einer anspruchsvollen Nutzlast) in den letzten Jahren zahlreiche Präzisionsdaten über den Erdkörper und dessen Veränderungen aufgenommen worden, die unser Verständnis über die Abläufe im Innern und an der Außenhaut unseres Planeten weiter vertiefen werden. In gleicher Weise versuchen die Forscher mit Hilfe des *Cluster-II*-Quartetts eine dreidimensionale Erfassung der plasmaphysikalischen Vorgänge innerhalb der Magnetosphäre, um die Wechselwirkungen zwischen dem die Erde umströmenden Sonnenwind und dem Magnetfeld der Erde besser zu verstehen. Die Erfahrungen der jüngsten Vergangenheit haben nämlich gezeigt, dass solche als „Weltraumwetter" bezeichneten Einflüsse eine Gefährdung unserer zunehmend technisierten Zivilisation darstellen.

Der flüssige, äußere Erdkern gilt als Quelle für das irdische Magnetfeld. Angeregt durch eine immer noch bestehende Temperaturdifferenz von mehr als 2000 Grad zwischen dem inneren Erdkern und dem Erdmantel, der an der Grenze zum flüssigen Erdkern etwa 2800 Grad Celsius erreicht, kommt es innerhalb des flüssigen Erdkerns zu Konvektionsströmungen, bei denen heißes Material nach oben steigt, seine überschüssige Wärme abgibt und dann wieder nach unten sinkt. Entscheidend für den Aufbau des Magnetfeldes sind allerdings nicht die radialen Ströme nach außen oder innen, sondern deren „Querkomponenten", die – ähnlich wie die atmosphärischen Strömungen im Umfeld von Hoch- und Tiefdruckgebieten – durch die Erdrotation verwirbelt werden. Obwohl die entsprechenden Strömungsgeschwindigkeiten allenfalls in der Gegend von Millimetern pro Sekunde liegen, reichen sie aus, um ein Magnetfeld aufzubauen, das an der Erdoberfläche eine Stärke zwischen 30 und 60 Mikrotesla erreicht.

Mit aufwändigen Computersimulationen dreidimensionaler Modelle dieses „Geodynamos" konnte inzwischen auch eine – in der Vergangenheit wiederholt aufgetretene – Umkehr des irdischen Magnetfeldes nachgestellt werden. Ein Vergleich dieser Simulationen mit der Entwicklung der aktuellen Messwerte wird vielleicht schon bald eine Antwort auf die bange Frage geben, ob uns in den nächsten Jahrhunderten eine neuerliche Umkehr bevorsteht – immerhin weisen die seit 1834 regelmäßig vorgenommenen Messungen eine deutliche Abnahme der Magnetfeldstärke aus. Da das Magnetfeld einen wichtigen Schutzschild gegen die energiereiche Teilchenstrahlung von der Sonne bildet, bliebe ein auch nur vorübergehender Wegfall nicht ohne ernsthafte Konsequenzen für das Leben auf der Erde.

Normalerweise sorgt das irdische Magnetfeld wie ein Schutzschild dafür, dass die Teilchen um die Erde herumgelenkt werden. Aber so, wie sich ein Regenschirm bei starken Windböen verbiegt und im schlimmsten Fall zusammenknickt, kann auch das Magnetfeld der Erde bei einem starken Sonnensturm keinen vollständigen Schutz bieten. Es verformt sich unter dem äußeren Druck und muss dennoch einen Teil der Teilchenwolke passieren lassen. Während eines solchen Magnetsturms können in der Magnetosphäre und der Ionosphäre elektrische Ströme von bis zu einer Million Ampère fließen; da sie zeitlich veränderlich sind, produzieren sie ihrerseits veränderliche Magnetfelder, die Kompassnadeln erzittern lassen und in Hochspannungsleitungen Spannungsspitzen auslösen können, die wiederum die Netzstabilisierung durcheinander bringen und zu Sicherheitsabschaltungen führen können. Gefährdet sind außerdem Öl- und Gaspipelines in polnahen, arktischen Regionen, da auch dort Spannungen induziert werden, die zu einer beschleunigten Korrosion der Rohre führen. Betroffen ist weiterhin der Flugverkehr, denn die Teilchen, die aus der Magnetosphäre in die Ionosphäre eindringen, erhöhen die lokale Elektronendichte, was nicht nur die Ausbreitung von Funkwellen stört, sondern auch Navigationssysteme beeinträchtigen kann, so dass ungenaue Positionsbestimmungen von Flugzeugen die Kollisionsgefahr erhöhen. Entsprechendes gilt für Satelliten aller Art, deren Elektronik an Bord durch das heftige Teilchenbombardement außer Gefecht gesetzt werden kann – mit allen möglichen Konsequenzen für die Lagekontrolle und/oder die Funkverbindungen zur Erde. Die Eruptionen auf der Sonne haben aber auch ihre schönen Seiten, so waren z. B. im Herbst 2003 selbst über Deutschland eindrucksvolle Polarlichter zu beobachten.

2003 waren Polarlichter selbst über Süddeutschland zu beobachten.

Der Mond

STECKBRIEF MOND	
Äquatordurchmesser	3476 km (etwa 27 % des Erddurchmessers)
Masse	7,35 · 10^{22} kg (etwa 1,23 % der Erdmasse)
Mittlere siderische Rotationsdauer (Sterntag)	27,322 Tage
Äquatorneigung relativ zur Bahnebene	1,3°
Mittlere Dauer eines Sonnentages	29,531 Tage
Mittlere Umlaufzeit um die Erde	27,322 Tage
Mittlerer Abstand zur Erde	384 401 km (0,00257 AE)
Bahnneigung zur Ekliptik	5,15°
Oberflächentemperatur	390 K/140 K (ca. +120 / −130 °C)
Atmosphärendruck	10^{-8} hPa

Stellung im Sonnensystem

Im klassischen Altertum wurde der Mond aufgrund seiner Bewegung als einer der sieben Planeten angesehen, die sich mit unterschiedlichen Geschwindigkeiten vor dem Hintergrund der Sterne um die Erde bewegten; erst die Offenlegung der wahren „Hierarchie" innerhalb des Sonnensystems zeigte den grundlegenden Unterschied zu den wirklichen Planeten auf und degradierte den Mond zu einem Trabanten der Erde. Obwohl wenig später vergleichbare Objekte auch bei anderen Planeten entdeckt wurden, gilt der Erdmond bis heute als

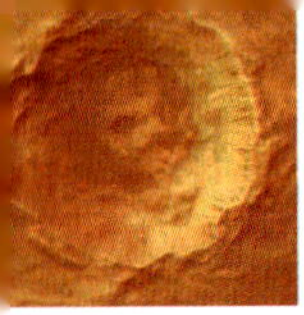

ein besonderer Vertreter der Planetenmonde, weil er im Vergleich zu seinem Planeten auffallend groß und massereich ist.

Der Mond umrundet gemeinsam mit der Erde die Sonne; allerdings vollführt er dabei keine Schleifen- oder Epizykelbahn und bewegt sich auch nicht auf einer Wellenlinie, sondern er folgt einer ungleichmäßig geformten Ellipse, deren Krümmung („Bauch") immer nach außen zeigt. Da seine Bewegung nicht nur vom Schwerefeld der Erde, sondern auch von dem der Sonne beeinflusst wird, lassen sich nur mittlere Bahndaten angeben. Im Schwerefeld der Erde bewegt sich der Mond auf einer elliptischen Bahn, die zwischen etwa 356 400 km und 406 700 km Abstand verläuft und im Mittel um 5,15° gegen die Ekliptik geneigt ist.

Das äußere Erscheinungsbild

Der Erdmond präsentiert sich dem bloßen Auge als einziges Himmelsobjekt mit erkennbaren Veränderungen. Der Wechsel der Lichtphasen, der sich aus der ständig wechselnden Perspektive relativ zur Sonne ergibt, ist so markant, dass er von unseren Vorfahren schon früh als himmlischer Zeitgeber genutzt wurde. Von der schmalen Neulichtsichel, die ein oder zwei Tage nach Neumond am westlichen Abendhimmel in der Dämmerung auftaucht, vergrößert der Mond seinen Winkelabstand zur Sonne beständig bis zur Oppositionsstellung (Vollmond) und nimmt dabei dergestalt zu, dass die zunächst nach innen gewölbte Licht-Schatten-Grenze (der Terminator) allmählich vom rechten (westlichen) Mondrand zur Mitte des Mondes wandert (Erstes Viertel, etwa 7,4 Tage nach Neumond) und sich dann bis zur Vollmondstellung (etwa 14,75 Tage nach Neumond) weiter nach außen zum linken (östlichen) Mondrand wölbt. Danach läuft das Schauspiel in scheinbar seitenverkehrter Form wieder rückwärts ab, es schrumpft der zunächst nach außen gewölbte Terminator innerhalb weiterer 7,4 Tage wieder zur geraden Grenze (Letztes Viertel) und wird dann gleichsam nach innen gestülpt, bis die schmale Altlichtsichel ein oder

ZEITTAFEL DER MONDBEOBACHTUNGEN

459 v. Chr.	Der griechische Naturphilosoph Anaxagoras deutet das Mondlicht als reflektiertes Sonnenlicht.
270 v. Chr.	Aristarch von Samos ermittelt das Entfernungsverhältnis von Sonne und Mond zu 19 zu 1.
1647	Der Danziger Amateurastronom und Bürgermeister Johannes Hevelius (1611–1687) veröffentlicht eine erste, auf Teleskopbeobachtungen gestützte Mondkarte („Selenographica").
1840	Dem amerikanischen Astronomen John W. Draper (1811–1882) gelingt die erste Daguerreotypie (frühe Form der Fotografie) des Mondes.
1930	Mit Wärmedetektoren werden die Temperaturen an der Mondoberfläche gemessen; die Differenz zwischen Tag- und Nachtseite beträgt etwa 250 °C.
1958	Die sowjetische Mondsonde *Luna 3* umrundet als erste Sonde den Mond und übermittelt ein Übersichtsbild der von der Erde aus nicht sichtbaren Mondrückseite.
1969	Mit *Apollo 11* landen die ersten Menschen auf dem Mond.
1998	Die amerikanische Mondsonde *Lunar Prospector* liefert Hinweise auf die mögliche Existenz von Wassereis unter der Mondoberfläche im Bereich der Mondpole.

Die schmale zunehmende Mondsichel, der Mond kurz vor Vollmond und der abnehmende Mond kurz vor dem Letzten Viertel.

zwei Tage vor der nächsten Neumondstellung in der Morgendämmerung verblasst.

Schon mit bloßem Auge können helle und dunkle Regionen auf der Mondoberfläche unterschieden werden; dabei fällt auf, dass der Erdtrabant dem Betrachter in grober Näherung stets die gleiche Seite zuwendet. Eine solchermaßen an die Umlaufzeit gekoppelte Rotation wird als gebundene Rotation bezeichnet. Im Fernglas oder mit einem Fernrohr werden darüber hinaus zahllose Krater sichtbar, die sich in den hellen, als Terrae (Einzahl Terra, lat.: Landfläche) bezeichneten Gebirgsregionen häufen, in den dunklen, Maria (Einzahl Mare, lat.: Meer) genannten Ebenen dagegen seltener anzutreffen sind. Lange Zeit hindurch wurden sie für vulkanischen Ursprungs gehalten, bis man im Vorfeld der *Apollo*-Mondflüge erkannte, dass sie überwiegend durch Einschläge kosmischer Brocken entstanden sein mussten.

Da der Erdmond keine nennenswerte Atmosphäre besitzt, hat man von außen einen freien und ungetrübten Blick auf seine Oberfläche, und die Schatten erscheinen tiefschwarz. Vor allem unweit des Terminators, wo die Sonne für einen Beobachter auf dem Mond nur flach über dem Horizont steht und jedes „Hindernis“ entsprechend lange Schatten wirft, gewinnt man leicht den Eindruck einer bizarr geformten Landschaft mit extremen Steilhängen und scharfkantigen Umrisslinien. Erst die Bilder der *Apollo*-Astronauten haben gezeigt, dass die Mondoberfläche zumindest in der Umgebung der Landeplätze eher glatt und abgerundet wirkt.

Die Atmosphäre

Ähnlich wie beim Merkur reicht auch das Schwerefeld des Mondes nicht aus, um eine permanente Atmosphäre festhalten zu können. Zwar bliebe die Erwärmung von Gasatomen aufgrund der größeren Sonnenentfernung geringer als bei Merkur, doch dafür ist auch die

Anziehungskraft des Erdmondes kleiner: Zum Entweichen in den Weltraum genügt eine Geschwindigkeit von weniger als 2,4 km/s oder nur gut die Hälfte des entsprechendes Wertes beim sonnennächsten Planeten. Dennoch konnte bereits während der *Apollo*-Mondflüge über der Nachtseite des Erdtrabanten eine extrem dünn verteilte Ansammlung aus Argon- und Heliumatomen gemessen werden, und später ergaben erdgebundene Beobachtungen Hinweise auf die Präsenz von Natrium- und Kaliumatomen in der unmittelbaren Mondumgebung. Diese Atome stammen im Wesentlichen aus dem Innern des Mondes beziehungsweise werden beim Aufprall größerer oder kleinerer Brocken aus der Staubschicht an der Oberfläche herausgeschlagen. Inwieweit die gelegentlich – vor allem von Amateurastronomen – gemeldeten, als Transiente Lunare Phänomene (TLP) bezeichneten Aufhellungen über bestimmten, eng begrenzten Gebieten der Mondoberfläche als sich real ereignende, tektonisch bedingte Austritte größerer Gasmengen verstanden werden können, bleibt allerdings bis zu einem direkt nachgewiesenen Zusammenhang strittig.

Die Oberfläche

Die Oberfläche des Mondes ist von unzähligen Einschlagkratern zernarbt, die größtenteils aus der Frühgeschichte des Erdtrabanten stammen. Damals, in den ersten 600 bis 700 Millionen Jahren nach der Entstehung des Sonnensystems, schwirrten noch zahllose größere und kleinere Brocken um die Sonne, bis sie entweder mit einem der übrigen Körper zusammenstießen oder aber aus dem inneren Bereich des Systems herausgeschleudert wurden. Mit der Methode der Kraterzählung lässt sich eine weitgehend schlüssige relative Datierung gewinnen (s. Kasten rechts).

Dabei mussten die Planetenforscher feststellen, dass etliche der großen, dunklen Maregebiete, die etwa 15 Prozent der sichtbaren Mondoberfläche ausmachen, erst gegen Ende des heftigen Bombardements entstanden und die Hochlandregionen zum größten Teil älter sind. So konnte das Alter des im – von uns aus gesehen – rechten Mondteil gelegenen Mare Serenitatis (Meer der Heiterkeit) auf etwa 4,05 Milliarden Jahre bestimmt werden, während das am linken Mondrand nur teilweise sichtbare Mare Orientale (Östliches Meer) vor etwa 3,85 Milliarden Jahren entstanden sein dürfte. Dazwischen folgten in „kurzen“ zeitlichen Abständen die Einschläge, die das Mare Nectaris (Honigmeer), das Mare Humorum (Meer der Feuchte), das Mare Crisium (Meer der Krisen) und das Mare Imbrium (Regenmeer) formten. Es gibt aber auch einige Maregebiete, deren Randgebiete stärker von nachfolgenden Kratern zerwühlt wurden, wie zum Beispiel das Mare Tranquillitatis (Meer der Ruhe), wo mit *Apollo 11* die ersten Menschen auf dem Mond landeten, oder das benachbarte Mare Fecunditatis (Meer der Fruchtbarkeit) sowie das Mare Nubium (Wolkenmeer). Erst nach einigen hundert Millionen Jahren, teilweise sogar noch wesentlich später, konnte Lava aus dem Mondinnern die

Einen Blick über den Ostrand des Mondes hinaus gewährt diese Aufnahme von *Galileo* bei seinem ersten Vorbeiflug am System Erde/Mond im Dezember 1990: In der Bildmitte erkennt man das Mare Orientale, rechts davon Teile des Oceanus Procellarum und das kleine Mare Humorum.

dabei entstandenen Einschlagbecken weitgehend auffüllen. Da das kosmische Bombardement zu diesem Zeitpunkt weitgehend abgeklungen war, sind die dunklen Mareebenen kaum von größeren Kratern zernarbt.

Während die *Apollo*-Kapseln ebenso wie die vorausgegangenen *Lunar-Orbiter*-Satelliten den Mond nur auf äquatornahen Bahnen umflogen, lieferten Mondsonden in den 1990er Jahren (*Clementine*, *Lunar Prospector*) aus ihren polaren Umlaufbahnen auch Daten über zuvor unerforschte Gebiete. Dabei zeigten sich auffällige Unterschiede in der Zusammensetzung der Mare-Basalte, so etwa beim Gehalt an Eisen und Titan. Da diese beiden vergleichsweise schweren Elemente im Lauf der frühen Mondgeschichte in der – zumindest noch teilweise – flüssigen Mondkugel langsam nach innen gesunken sein dürften, erlaubt diese Unterscheidung eine relative Altersbestimmung der Mareböden. Danach sind die Lavamassen im Mare Tranquillitatis und weiten Teilen des Oceanus Procellarum (Ozean der Stürme) sowie des angrenzenden Mare Nubium deutlich früher ausgetreten als die der später entstandenen Maria. *Clementine* und *Lunar Prospector* fanden mehr als 20 Jahre nach den *Apollo*-Missionen auch das größte Einschlagbecken auf dem Mond, das unweit des Südpols und weitgehend auf der Rückseite des Mondes gelegene Aitken-

JE KRATERREICHER, DESTO ÄLTER

Das Alter einer Planetenoberfläche kann man mit Hilfe der Kraterzählung eingrenzen. Dazu muss man zunächst auf sehr unterschiedlichen, aber gleich großen Flächen die Zahl der Krater in Abhängigkeit von ihrer Größe bestimmen. Dass dabei stets viele kleine Krater auf wenige größere kommen, ist nicht überraschend, denn auch die Zahl der im Sonnensystem herumschwirrenden Brocken war (und ist heute noch) abhängig von der Größe nach dem Motto „Je größer, desto seltener“. Aus der Kombination der Daten vieler Einzelflächen gewinnt man schließlich eine Art Standardkurve, die die Kraterhäufigkeiten für eine hypothetische, „von Anfang an“ dem kosmischen Bombardement ausgesetzte Region beschreibt. Durch radiometrische Altersbestimmungen an Mondgesteinen konnte diese Standardkurve schließlich auch recht gut in „absolute“ Zeitkoordinaten übertragen werden.

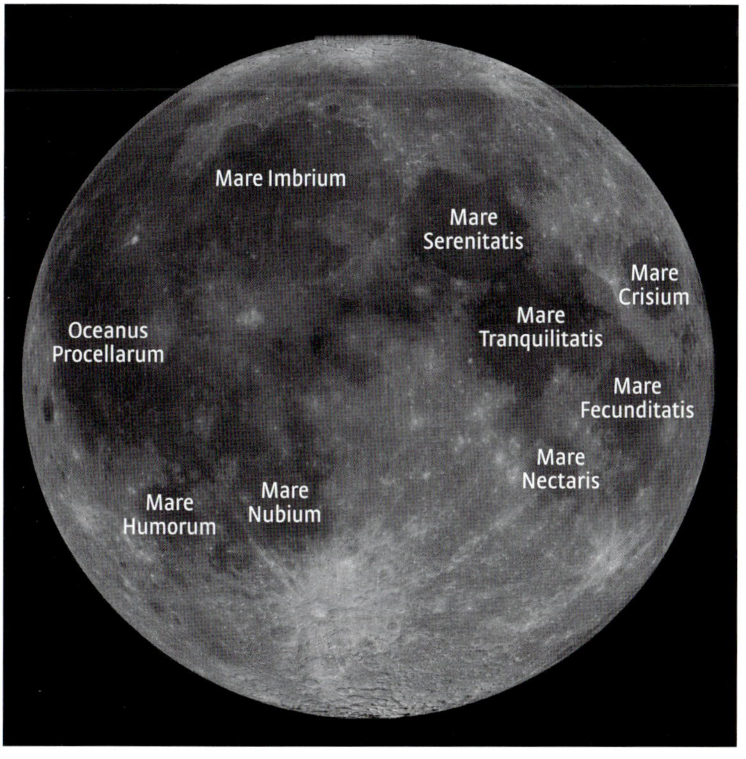

Portrait der Mondvorderseite, aufgenommen von der Mondsonde *Clementine*. Eingezeichnet sind die im Text erwähnten „Mondmeere“.

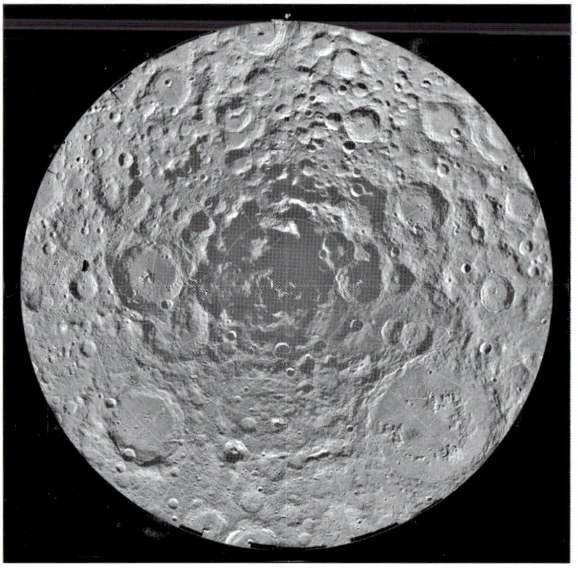

Die Südpolregion des Mondes, aufgenommen von der Mondsonde *Clementine*. In dieser Gegend ist die Mondsonde später zum Absturz gebracht worden, um eventuell dort vorhandenes Eis freizusetzen; ein entsprechender Nachweis gelang allerdings nicht.

Becken mit einem Durchmesser von rund 2500 km und einer Tiefe von bis zu 13 km.

Für eine Sensation sorgte schließlich die Meldung, die Radarantenne an Bord von *Clementine* habe über den beiden Polregionen des Mondes charakteristische Echos empfangen, die auf die Präsenz von Wassereis unter der Oberfläche schließen ließen. Einige Jahre später schien *Lunar Prospector* mit seinem Neutronenspektrometer diese Beobachtung zu bestätigen, denn es registrierte über diesen Gebieten einen deutlich geringeren Neutronenstrom aus dem Mondinnern als in anderen Gegenden, was als Hinweis auf die Existenz von Wasserstoff als Neutronenfilter im Mondboden gedeutet wurde (auch in vielen Atomkraftwerken wird Wasser zumindest als Neutronenbremser genutzt). Damit Eis überhaupt auf dem Mond existieren kann, muss die entsprechende Gegend dauerhaft vor einer Bestrahlung durch die Sonne abgeschirmt sein; dies, so zeigten die aus den *Clementine*-Daten abgeleiteten Geländereliefs, war zumindest im Bereich einiger Krater an den beiden Mondpolen gegeben, deren Boden in permanenter Dunkelheit liegt. Da dieses Wassereis aber kaum von Anfang an dort deponiert gewesen sein kann – die Analyse des Mondgesteins aus den verschiedensten Regionen hatte den Erdtrabanten gleichsam als „knochentrocken" ausgewiesen, und die mittlerweile favorisierte Hypothese zur Entstehung des Mondes würde die Einbindung von Wasser auch kaum erklären –, musste es sich im Laufe der Mondgeschichte dort gesammelt haben, etwa beim Aufprall von Kometen, deren verdampfendes Wassereis sich dann auf den frostigen Böden dieser Krater erneut niedergeschlagen haben könnte.

Mittlerweile haben die daraufhin wie Pilze aus dem Boden geschossenen Konzepte für die „mondeigene" Wasserversorgung einer bemannten Forschungsstation allerdings einen empfindlichen Dämpfer erhalten: Im November 2003 wurde bekannt, dass die größte Radarantenne der Erde, das 305-m-Radioteleskop von Arecibo auf Puerto Rico, immerhin rund ein Fünftel der fraglichen Kraterböden vergeblich nach Wassereis-typischen Radarechos abgesucht habe. Zwar habe man aus einem „Schattenkrater" ein solches Echo erhalten, doch die gleichen Echos kamen auch von einer Region zurück, die dem Sonnenlicht ausgesetzt war. Dies, so die beteiligten Wissenschaftler, müsse als Hinweis dafür gelten, dass es sich bei dem vermeintlichen Eis-Echo in Wirklichkeit um Reflexionen an besonders rauem Oberflächenmaterial gehandelt habe. Damit ist die Existenz

Die europäische Mondsonde *SMART 1* schwenkt, von ihrem elektrischen Triebwerk gebremst, in eine Umlaufbahn um den Mond ein.

Apollo-11-Astronaut Edwin Aldrin beim Aufbau verschiedener Mondexperimente.

von Wassereis an den Mondpolen zwar noch nicht endgültig widerlegt, doch zumindest auf wesentlich kleinere Mengen eingegrenzt. Vielleicht kann die europäische Mondsonde *SMART 1* (für Small Mission for Advanced Research and Technology, kleine Sonde für weiterentwickelte Forschung und Technologie), die seit Herbst 2003 mit einem solarelektrisch betriebenen Ionentriebwerk unterwegs zum Mond ist und den Erdtrabanten Anfang 2005 erreichen soll, mit ihrem Infrarot-Spektrometer die „Eisfrage" abschließend klären.

Der innere Aufbau

Schon die vergleichsweise geringe mittlere Dichte des Mondes legt nahe, dass der Erdtrabant keinen ähnlich großen Eisenkern besitzen kann wie die Erde. Diese Hypothese wird durch die Tatsache gestützt, dass auch kein ganzheitliches Magnetfeld nachgewiesen werden konnte. Mehr Klarheit über den inneren Aufbau lieferten allerdings erst die Seismometer, die im Zuge der *Apollo*-Missionen auf der Mondoberfläche installiert wurden. Die Auswertung ihrer Daten zu mehr als 10 000 Mondbeben lässt auch bei dem vergleichsweise kleinen Mond eine schalenförmige Struktur erkennen. Danach reicht die Mondkruste bis in eine Tiefe von etwa 70 km (auf der Vorderseite) und mehr als 100 km (auf der Rückseite); darunter folgt ein dicker Mantel, der bis nahe an den Mondmittelpunkt heranreicht; wie nahe, blieb zunächst unklar. Dieser Mantel muss offenbar selbst schalenför-

SO KANN'S GEHEN

Bei dem Versuch, die Bohrungen für die Temperaturfühler im Mondboden voranzutreiben, hatten sich die Astronauten wiederholt mit ihrem ganzen Körpergewicht auf das Bohrwerkzeug gestützt und dann beim „Abspringen" den an sich lockeren Mondstaub spürbar verdichtet. Dadurch erhöhte sich ungewollt (und zunächst unbemerkt) das Wärmeleitvermögen des Mondbodens und täuschte so eine zu hohe innere Mondwärme und damit einen viel zu hohen Gehalt an radioaktiven Elementen vor.

Der innere Aufbau des Mondes (im selben Maßstab wie die Erde auf Seite 65). Von innen nach außen: Kern, Mantel, Kruste.

mig unterteilt sein, denn die meisten der beobachteten Mondbeben fanden in einer Tiefe zwischen 600 und 950 km statt, ausgelöst übrigens durch Spannungen, die durch die Gezeitenkräfte der Erde immer wieder neu aufgebaut werden. Erst eine sehr präzise Vermessung der Mondrotation mit Hilfe der – ebenfalls auf dem Mond zurückgelassenen – Laserreflektoren verriet den Forschern, dass der eigentliche eisenhaltige Mondkern noch „ziemlich flüssig" sein muss. Sein Durchmesser wird auf etwa 800 bis 900 km geschätzt.

Zwar setzt ein heute noch nahezu flüssiger Eisenkern eine besondere Entwicklungsgeschichte voraus, doch konnte diese inzwischen durch Modellrechnungen weitgehend bestätigt werden und passt darüber hinaus auch zeitlich zu einigen anderen Entwicklungsphasen des Mondes sowie zu der Tatsache, dass ein Teil der Gesteinsproben vom Mond vor etwa 3,9 bis 3,6 Milliarden Jahren offenbar im Umfeld eines damals vorhandenen Magnetfeldes erstarrte.

Damit ein flüssiger Eisenkern überhaupt ein Magnetfeld aufbauen kann, müssen Konvektion (Abkühlung) und Rotation das Material zunächst einmal richtig in Bewegung bringen. Am Anfang – nach der Entstehung des Mondes – waren aber auch die äußeren Bereiche des Mondes glutflüssig, so dass sich leichtes, aluminiumreiches Gestein (Anorthosit) an der Oberfläche sammeln und schwereres, metallreiches Material nach unten sinken konnte, wo es den heißen Kern wie eine schützende Decke umgab und seine rasche Auskühlung (und damit auch den Aufbau eines Magnetfeldes) verhinderte. Nach einigen hundert Millionen Jahren sorgte der einsetzende radioaktive Zerfall einzelner schwerer, mit nach innen gesunkener Elemente für eine zunehmende Aufheizung und damit für einen Auftrieb, der die Lavamassen schließlich zurück an die Oberfläche (und dort in die inzwischen entstandenen Marebecken) führte; dadurch verlor der Eisenkern seine wärmeisolierende Hülle, so dass in seinem Innern vorübergehend eine ausreichend starke Konvektion für den zeitlich begrenzten Aufbau eines Magnetfeldes einsetzen konnte. Vor allem das zeitliche Nebeneinander dieser Abläufe, also ein „perfektes timing", macht diese Überlegung so attraktiv. Allerdings sind auch hier weitergehende, möglichst flächendeckende, präzise Magnetfeldmessungen aus der Mondumlaufbahn erforderlich, um die „Randbedingungen" für weitere Modellrechnungen möglichst eng an die Wirklichkeit anpassen zu können.

Die Entstehung des Mondes wird auf eine Kollision der Erde mit einem etwa marsgroßen Asteroiden zurück geführt.

Die Entstehung des Mondes

Auch nach den *Apollo*-Missionen vor mehr als 30 Jahren schien die Frage nach der Entstehung des Mondes zunächst offen, denn keine der drei zuvor diskutierten Szenarien (benachbarte Bildung aus einem gemeinsamen Materiewirbel, räumlich getrennte Entstehung mit anschließendem Einfang oder Abspaltung des Mondes aus einer jungen Erde) konnte von den Untersuchungen widerspruchsfrei bestätigt werden. Erst als deutlich wurde, dass die Astronauten bei ihren Messungen auf dem Mond die Ergebnisse ungewollt verfälscht hatten (s. S. 74), war der Weg frei für eine zunehmende Akzeptanz der Überlegung, dass die frühe Erde gegen Ende ihrer Entstehung von einem etwa marsgroßen Asteroiden getroffen und dabei genügend Materie für die Bildung des Mondes freigesetzt wurde. Der Erdtrabant bestünde dann zu einem großen Teil aus irdischem Material, durchmischt mit Resten des Kollisionspartners, wäre also für die Astronauten nur bedingt eine gänzlich fremde Welt gewesen.

Inzwischen hat man versucht, durch Simulationsrechnungen den zeitlichen Ablauf dieser Kollision und die anschließende Entstehung des Mondes zu rekonstruieren. So ließ sich zum Beispiel die Entwicklung der Stoßwelle nach dem Aufprall recht genau verfolgen und ihre Folgen berücksichtigen: die Bildung von Höchstdruck-Dampf an der Grenze zwischen dem eindringenden Kollisionskörper und der Erde, der den anschließenden Auswurf von Materie maßgeblich beeinflusst hat. Durch eine schrittweise Veränderung der Anfangsbedingungen – und hier vor allem der Masse des auftreffenden Körpers – fand man schließlich eine Kombination, die sowohl das heutige Massenverhältnis Erde/Mond als auch den auffallend geringen Eisenanteil des heutigen Mondes ohne weitere Zusatzannahmen erklären kann. Danach dürfte die Erde gegen Ende ihrer Entstehung von einem Objekt mit etwas mehr als 10 Prozent der Erdmasse (entsprechend dem heutigen Mars) recht streifend getroffen worden sein. Ein nicht unerheblicher Teil der dabei herausgerissenen Materie ist anschließend wieder auf die Erde zurückgestürzt oder hat das gemeinsame Schwerefeld verlassen – lediglich das gut Anderthalbfache der heutigen Mondmasse – darunter ein Großteil von dem kosmischen Eindringling – ist in der Erdumlaufbahn verblieben, wobei Eisen lediglich etwa drei Prozent gestellt haben dürfte.

Danach dürfte sich der Mond größtenteils innerhalb weniger Wochen und Monate in einer Entfernung von rund 20 000 km aus den Trümmern gebildet haben; in geringerer Entfernung war die Gezeitenkraft der Erde zu groß, weiter außen wäre die Dichte der Trümmer zu gering gewesen. In den darauf folgenden Jahren muss der Mond dann noch durch eine anfängliche Wechselwirkung mit den weiter innen treibenden Trümmern zunehmend aus seiner ursprünglichen Bahnebene und durch die starke Gezeitenreibung langsam nach außen gedrängt worden sein. Mit fortschreitender Auflösung der Trümmerwolke kam die Änderung der Bahnneigung schließlich zum Stillstand, während die gezeitenbedingte Abstandsvergrößerung noch immer anhält und auch in Zukunft weitergehen wird: Derzeit entfernt sich der Mond jedes Jahr um einige Zentimeter von der Erde, weil die von seinen Gezeitenkräften ausgelösten Flutberge seine Bewegung ganz allmählich beschleunigen und ihn so immer weiter davontreiben; im Gegenzug wird die Drehung der Erde ganz langsam so abgebremst, dass ein Tag am Ende des 21. Jahrhunderts ganze 1,6 tausendstel Sekunden länger dauern wird als der 1. Januar 2001.

SONNENFINSTERNISSE – EINE LAUNE DER NATUR

Wegen der allmählichen Zunahme der Mondentfernung sind die Tage totaler Sonnenfinsternisse gezählt, bei denen der Neumond die Sonne vollständig abdecken kann, denn dazu darf der Mond selbst im günstigsten Fall (bei Sonnenferne) nur knapp 380 000 km vom Betrachter entfernt sein. Entsprechend ist schon die mittlere Mondentfernung für eine totale Sonnenfinsternis eigentlich zu groß (und der Mond damit zu klein), und so kommen bereits jetzt auf 21 totale Finsternisse immerhin 26 ringförmige. Schon in wenigen hundert Millionen Jahren wird sich der Mond schließlich so weit von uns entfernt haben, dass es dann selbst im erdnächsten Punkt nur noch für eine ringförmige Sonnenfinsternis reicht …

MARS

STECKBRIEF MARS	
Äquatordurchmesser	6794 km (etwa 53 % des Erddurchmessers)
Masse	$6{,}42 \cdot 10^{23}$ kg (etwa 10,7 % der Erdmasse)
Siderische Rotationsdauer (Sterntag)	24 Std., 37 Min., 23 Sek.
Äquatorneigung zur Bahnebene	23,98°
Dauer eines Sonnentages	24 Std., 39 Min., 33 Sek.
Umlaufzeit um die Sonne	686,98 Tage
Mittlerer Abstand zur Sonne	227,9 Millionen km (1,52 AE)
Bahnneigung zur Ekliptik	1,85°
Oberflächentemperatur	180 K bis 270 K (ca. –90 bis –5°C)
Atmosphärendruck	0,7–1 hPa (etwa 1 % des irdischen Wertes)
Monde	2

Stellung im Sonnensystem

Mars ist der äußere Nachbarplanet der Erde. Er umrundet die Sonne in 1,88 Jahren auf einer ziemlich elliptischen Bahn und pendelt dabei zwischen 206,7 Millionen km im Perihel und 249,1 Millionen km (oder 1,38–1,67 AE) hin und her; seine Bahn ist um knapp 2 Grad gegen die Ekliptikebene geneigt.

Als äußerer Planet wird er regelmäßig (im Mittel etwa alle 780 Tage) von der Erde auf der Innenbahn überholt und steht dann der Sonne am Himmel gegenüber: Er steht in Opposition. Während dieser Phase schrumpft der Abstand Erde – Mars auf ein Minimum, während die scheinbare Helligkeit von Mars ihr Maximum erreicht. Aufgrund der vergleichsweise elliptischen Marsbahn kann die minimale Entfernung zwischen Mars und Erde allerdings sehr unterschiedlich ausfallen: Wenn Mars gerade den sonnenfernen Bahnteil durchwandert, bleiben beide Planeten mehr als 100 Millionen km voneinander getrennt, während sie bei einer Perihelstellung des Mars bis auf weniger als 56 Millionen km aneinander heranrücken können. Entsprechend groß ist auch der Helligkeitsunterschied: Bei einer Perihelopposition kann Mars vorübergehend heller als Jupiter leuchten, bei einer Aphelopposition dagegen strahlt er nur knapp so hell wie Sirius, der Hauptstern im Großen Hund, der zugleich der hellste Stern am irdischen Firmament ist. Ende August 2003 kam Mars der Erde so nahe wie zuletzt vor rund 60 000 Jahren, als die Neandertaler unsere

Mars während der Jahrhundertopposition 2003 über Gewitterwolken.

Gegend besiedelten. Wer zu dieser Zeit den Blick zum nächtlichen Sternhimmel richtete, sah einen auffallend hellen, orangeroten Lichtpunkt am Himmel, der bei Einbruch der Dämmerung über dem Südosthorizont auftauchte, im Lauf der Nacht langsam nach Südwesten zog und bei Anbruch der Morgendämmerung dort im Horizontdunst verblasste. Dass Mars dabei jeden Abend vor dem Hintergrund der Sterne auch ein Stück weit (etwa um die Hälfte des scheinbaren Vollmonddurchmessers) nach rechts wanderte, war dagegen nicht so leicht zu erkennen, zumal in dieser Himmelsregion markante Anhaltspunkte in Form hellerer Sterne fehlten. Aber die Bewegung der Planeten durch die Sternbilder der Ekliptik wird den meisten Zeitgenossen heute ohnehin kaum mehr bewusst, weil die zunehmende Lichtverschmutzung auch abseits der Ballungszentren den faszinierenden Anblick des Sternhimmels immer mehr überstrahlt und so die Motivation für längerfristige Beobachtungsreihen von vornherein dämpft.

MARS – DER KRIEGSSTERN?

Man braucht nicht viel Fantasie, um nachzuvollziehen, welche Unruhe unter den Menschen ein feuer- oder blutroter Mars am Himmel auslösen konnte, vor allem dann, wenn er vor den Sternen „umherirrte“ und dabei mal heller, mal dunkler erschien. Und es verwundert auch nicht, dass dieser Wandelstern dem Kriegsgott zugesprochen wurde, der immer wieder Blut und Feuer über die Erde bringt: Bei den Babyloniern des Zweistromlandes war dies Lugalbanda, der nach dem Gilgamesch-Epos ein früher Herrscher Uruks und Vorfahr von Gilgamesch war, bei den Ägyptern Horus, bei den Griechen Ares und bei den Römern Mars.

Das äußere Erscheinungsbild

Schon früh konnten Fernrohrbeobachter erste Einzelheiten auf der Marsoberfläche erkennen und daraus die Rotationsverhältnisse des Planeten ableiten. Sie unterscheiden sich nicht wesentlich von denen der Erde: Für eine Umdrehung um seine Achse (einen Sterntag) braucht Mars 24 Stunden, 37 Minuten und 23 Sekunden, während ein mittlerer Sonnentag auf Mars gut zwei Minuten länger dauert; dabei ist die Rotationsachse des Planeten so geneigt, dass die Äquatorebene um fast 24 Grad aus der Bahnebene herausragt. Dies führt wie auf der Erde zu ausgeprägten Jahreszeiten, deren Wechsel auch an einzelnen Oberflächenformationen verfolgt werden kann. Aufgrund der stärker elliptischen Umlaufbahn fallen die Jahreszeiten auf Mars allerdings sehr verschieden lang aus, weil der Planet den sonnennahen Teil seiner Bahn wesentlich rascher durcheilt als den sonnenfernen: So dauert der Herbst auf der Nordhalbkugel nur etwa 147 Tage, das Frühjahr dagegen 199 Tage.

Die Rotationsachse des Mars ist so ausgerichtet, dass er uns bei einer günstigen Perihelopposition stets die Südhalbkugel zuwendet; dagegen wird die Nordhalbkugel vor allem bei den ungünstigeren AphelopposSitionen in Richtung Sonne gedreht. Dadurch konnten auf der Südhalbkugel wesentlich mehr und kleinere Details erfasst werden als auf der Nordhalbkugel.

Der Betrachter erkennt in einem Fernrohr eine orangegelbe Planetenkugel, die verschiedene unterschiedlich helle Regionen aufweist: Im Bereich der Polgebiete fallen weißliche Eis- oder Schneekappen auf, während in mittleren und äquatornahen Breiten auch dunklere Bereiche vorkommen. Aufgrund eines vermeintlichen Farb-

Mars, aufgenommen mit einem Amateurteleskop während der Opposition 2003.

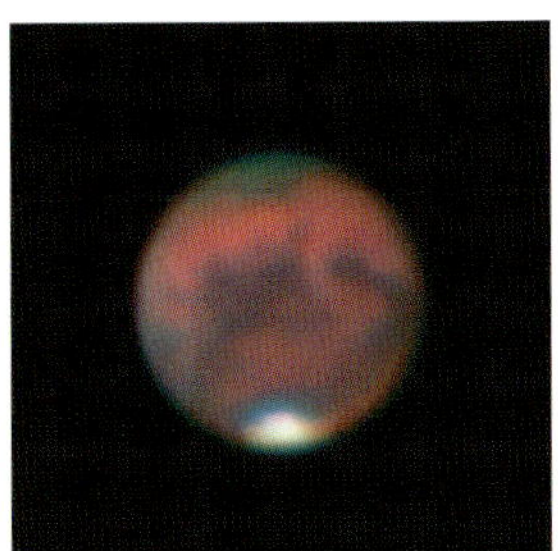

wechsels im Rhythmus der Mars-Jahreszeiten wurden diese dunkleren Gebiete von früheren Beobachtern als Vegetationsflächen eingestuft, die helleren Zonen dagegen als ausgedehnte Wüsten. Die Polkappen werden im jeweiligen Herbst rasch größer und „schmelzen" im Frühjahr ebenso schnell wieder zusammen.

ZEITTAFEL DER MARSBEOBACHTUNGEN

16. Jh.	Der dänische Astronom Tycho Brahe (1546–1601) bestimmt – noch ohne Fernrohr – die Positionen des Planeten Mars sehr genau; anhand dieser Beobachtungen kann Johannes Kepler die Ellipsennatur der Planetenbahnen erkennen.
1659	Der Holländer Christiaan Huygens (1629–1695) skizziert das (inzwischen) als Große Syrte bekannte Dunkelgebiet auf der Marsoberfläche.
1666	Giovanni Domenico Cassini (1625–1712), Direktor der Pariser Sternwarte, beschreibt die Marspolkappen.
1782	Wilhelm Herschel (1738–1822) bestimmt die Achsneigung des Mars als „erdähnlich".
1877	Asaph Hall (1829–1907) entdeckt die beiden Marsmonde Phobos und Deimos. Virginio Schiaparelli (1835–1910) beobachtet vermeintliche Marskanäle.
1894	Percival Lowell (1855–1916) baut in Flagstaff/Arizona eine Sternwarte eigens zur Marsbeobachtung.
1965	Die amerikanische Sonde *Mariner 4* passiert den roten Planeten und überträgt erste Nahaufnahmen von einer verkraterten Marsoberfläche.
1976	Zwei amerikanische *Viking*-Sonden landen auf dem Mars und führen Experimente zum Nachweis möglicher Lebensformen durch.
1997	*Mars Pathfinder* setzt das erste Fahrzeug auf der Marsoberfläche ab.
2003	Mars kommt der Erde im August so nahe wie zuletzt vor rund 60 000 Jahren. Die europäische Raumsonde *Mars Express* erreicht eine Umlaufbahn um den roten Planeten.
2004	Die beiden amerikanischen Marsrover *Spirit* und *Opportunity* erkunden die Marsoberfläche.

Die Atmosphäre

Nicht immer treten die Oberflächenstrukturen gleich gut und kontrastreich hervor, was auf die Anwesenheit einer zumindest dünnen Atmosphäre schließen lässt. Gelegentlich sind auf der Morgenseite des Planeten einige Aufhellungen zu erkennen, die sich im Zuge einer fortschreitenden Rotation allmählich auflösen und daher als Morgendunst gedeutet werden. In manchen Gegenden bleiben sie allerdings auch länger bestehen und werden dort als so genannte orografische Wolken verstanden, die im Windschatten größerer Erhebungen auftreten. Mitunter verblassen die Hell-Dunkel-Kontraste in mehr oder minder großen Teilen der Oberfläche nahezu vollständig. Dann wird Mars wieder einmal von einem ausgedehnten Staubsturm heimgesucht.

Die Dichte der Marsatmosphäre wurde lange überschätzt; noch in der Mitte des vergangenen Jahrhunderts wurde ein Bodendruck von etwa zehn Prozent des irdischen Luftdrucks für möglich gehalten. Doch dann erreichte mit *Mariner 4* im Juli 1965 die erste erfolgreiche Marssonde den roten Planeten und ermöglichte erstmals eine direkte Messung der atmosphärischen Dichte. Das Ergebnis war ernüchternd: Mit weniger als einem Prozent des irdischen Luftdrucks blieb der Wert weit hinter den Erwartungen zurück – so dünn ist die Erdatmosphäre in rund 35 km Höhe.

Bläulich weiße Wassereiswolken im Windschatten der großen Marsvulkane und über dem Hellas-Becken, aufgenommen von *Mars Global Surveyor* im April 1999.

Bei späteren Marsmissionen wurde dieser Wert bestätigt, und die beiden *Viking*-Sonden, die 1976 weich auf der Oberfläche landeten, konnten sogar die Zusammensetzung der Marsatmosphäre bestimmen. Danach bildet Kohlendioxid mit mehr als 95 Prozent den Hauptanteil, gefolgt von Stickstoff (2,7 Prozent) und Argon, das aus dem Zerfall radioaktiver Elemente in der Marskruste stammt. Sauerstoff ist dagegen allenfalls als „Spurengas“ vorhanden, so dass auch keine Ozonschicht die gefährliche Ultraviolettstrahlung der Sonne filtern kann. Im Laufe eines rund 22 Monate dauernden Marsjahres unterliegt der Luftdruck allerdings Schwankungen von bis zu 20 Prozent, da auf der Winterhalbkugel jeweils ein beträchtlicher Teil des

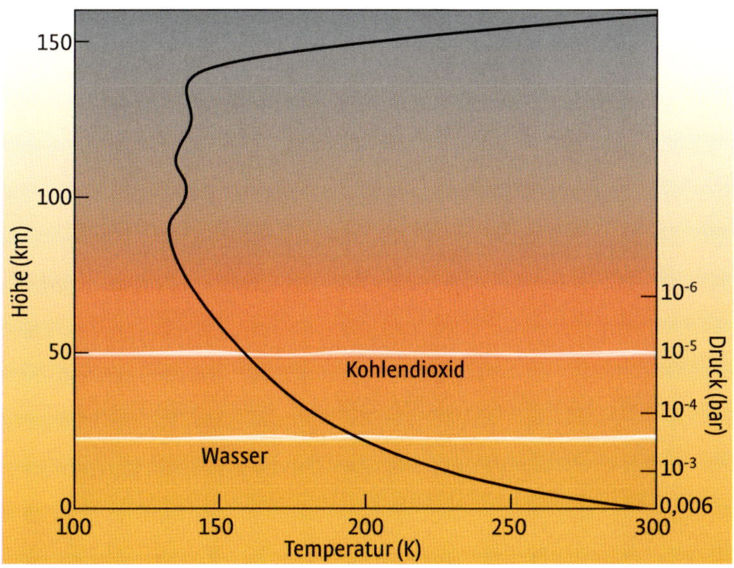

Druck- und Temperaturverlauf in der Marsatmosphäre.

Kohlendioxids als Trockeneis ausfriert. Während des anschließenden Frühlings lösen sich die Randbereiche der Polkappe in mittleren areografischen Breiten dann ebenso rasch wieder auf, und der Luftdruck steigt wieder an. Da unterdessen die Polkappe auf der gegenüberliegenden Seite des Planeten allmählich größer wird, strömt das neu hinzugekommene Kohlendioxid über den Äquator in Richtung zweitem Polgebiet, so dass eine stark gerichtete, alljährlich wieder auftretende Windrichtung vorherrscht.

Die Oberfläche

Die Oberfläche des Planeten Mars umfasst ein ähnlich großes Areal wie die gesamte Landmasse der Erde. Erdgebundene Teleskope zeigen lediglich unterschiedlich helle Strukturen ohne scharfe Konturen, die im Laufe der Zeit mit fantasievollen Namen belegt wurden. Für Aufregung sorgten Beobachtungen des italienischen Astronomen Giovanni Virginio Schiaparelli (1835–1910), der während der recht günstigen Marsopposition im August 1877 mehrere Verbindungslinien zwischen einigen dieser Dunkelgebiete bemerkte und sie als „canali“ (ital. für Gräben) bezeichnete. Durch einen Übersetzungsfehler wurden daraus sehr schnell Kanäle, die natürlich künstlich angelegt worden sein mussten. In der Folgezeit träumten Generationen von Sciencefiction-Autoren (und nicht nur sie) von blühenden oder allenfalls verdorrenden Landschaften auf dem äußeren Nachbarplaneten. Da sich die eisbedeckten Polkappen im alljährlich wiederkehrenden Frühjahr ziemlich rasch auflösten, konnte es nicht viel Wasser auf dem Planeten geben. Entsprechend ging man davon aus, dass die notwendigerweise vorhandenen intelligenten „Marsmenschen“ (wer sonst hätte die vermeintlichen Kanäle bauen sollen) mit eben diesen Kanälen einen verzweifelten Kampf gegen die zunehmende Wasserknappheit führten. Die Vision von einem bewohnten Mars war schließlich so tief verwurzelt, dass die im Oktober 1938 von Orson Welles inszenierte Hörspielfassung des Romans „Krieg der Welten“ von Herbert George Wells aus dem Jahr 1898 weite Teile der Bevölkerung im Nordosten der USA in panische Angst versetzte.

Im Juli 1965 ließ gleich die erste erfolgreiche Marssonde, *Mariner 4*, diese Träume platzen: Obwohl sie nur 22 Schwarzweiß-Bilder geringer Schärfe zur Erde übermittelte, waren Einschlagkrater wie auf dem Mond zu erkennen, aber keine Kanäle. Daran änderte sich auch nichts, als vier Jahre später *Mariner 6* und *7* weitere Aufnahmen der Marsoberfläche zur Erde funkten. 1971 schließlich erreichte *Mariner 9* eine Umlaufbahn um den roten Planeten, aus der er Mars ein Jahr lang erkundete. Nun wurde deutlich, dass Mars nicht immer so trocken gewesen sein muss wie heute: Auf zahlreichen der mehr als 7000 übermittelten Fotos waren Landschaftsstrukturen zu erkennen,

WAR DIE MARSLUFT FRÜHER DICHTER?

Manches spricht dafür, dass die Marsatmosphäre früher dichter gewesen ist und der Luftdruck zumindest zeitweise hoch genug war, um Wasser in flüssiger Form auf der Marsoberfläche zu ermöglichen. So ist der Anteil der selteneren Stickstoff-15-Atome relativ zu den „normalen“ Stickstoff-14-Atomen in der heutigen Marsatmosphäre viel höher als zum Beispiel in der Erdatmosphäre. Dies gilt allgemein als Hinweis darauf, dass früher auch einmal mehr normaler Stickstoff in der Atmosphäre war, der aber im Laufe der Zeit leichter in den Weltraum entweichen konnte als die schwereren (und damit trägeren) Stickstoff-15-Atome. Wenn aber das Verhältnis der atmosphärischen Gase untereinander bei den Gesteinsplaneten insgesamt ähnlich war, müsste Mars auch einen deutlich höheren Wasservorrat besessen haben als heute; die Schätzungen hierüber schwanken zwischen genügend Wasser für einen einige Dutzend bis einige hundert Meter tiefen, planetenweiten Ozean.

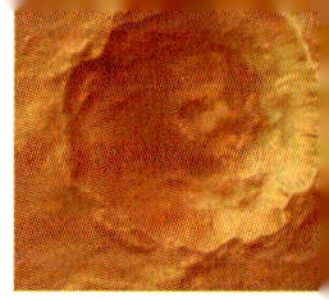

die gewundenen, ausgetrockneten Flusstälern ähnelten oder an von gewaltigen Springfluten geformte Inseln und Uferterrassen erinnerten. Darüber hinaus zeichneten sich einige große und viele kleine Vulkane ab, aus denen in der Vergangenheit große Mengen an Wasserdampf in die Marsatmosphäre gedrungen sein mochten.

Die Marssonde *Viking 1* setzte 1976 am Südrand der von Staub bedeckten Chryse Planitia auf.

Auf der Suche nach Leben

Ermuntert durch diese überraschende Wendung setzten die amerikanischen Marsforscher vier Jahre später alles auf eine Karte beziehungsweise auf die beiden *Viking*-Sonden, die 1976 nach elfmonatigem Flug auf dem roten Planeten landeten: Mit automatisch arbeitenden Minilaboratorien ausgestattet, sollten sie nach Lebensspuren suchen. Dabei wurden unterschiedliche Strategien verfolgt, für die jeweils Bodenproben entnommen und in einzelne, abgetrennte Kammern gefüllt wurden. Um herauszufinden, ob zum Beispiel pflanzenähnliche Organismen existierten, wurde die Kohlendioxidatmosphäre in dieser Kammer mit radioaktivem Kohlenstoff-14 versetzt, der dann im Zuge einer Fotosynthese von diesen Organismen aufgenommen und in ihre Körpersubstanz eingebaut worden wäre. Das mehrfach wiederholte Experiment endete jeweils damit, dass die Bodenprobe auf 625 °C erhitzt und das dabei frei werdende Gas durch

Mars, aufgenommen von *Viking 1*. Oben erkennt man die zerklüftete Nordpol-Region, zur Mitte hin das dunkle Terrain des Chryse-Beckens. Am linken Bildrand befinden sich vier große Tharsis-Vulkane, im unteren Bildteil sieht man das riesige Canyon-System Valles Marineris.

einen C-14-Detektor geleitet wurde. Hätte er angesprochen, so wäre dies ein Hinweis auf zuvor lebende Organismen in der Bodenprobe gewesen.

Das zweite Experiment suchte direkt nach Ausdünstungen, die lebende Organismen im Zuge ihres Stoffwechsels produzieren sollten. Als „Appetithäppchen" wurde den Bodenproben eine mit Kohlenstoff-14 markierte Nährlösung zugefügt und dann über längere Zeit nach allfälligen Veränderungen in der Zusammensetzung der Kammeratmosphäre gesucht. Sollte dabei der ursprünglich in der Nährlösung gebundene Kohlenstoff-14 auftauchen, hätte man dies nach entsprechenden Kontrollversuchen als Folge eines biologischen Stoffwechsels verstehen können.

In einer dritten Serie schließlich wollte man feststellen, ob eine Bodenprobe Gase verschiedener Art aufnimmt oder abgibt, wenn sie zuvor mit Wasserdampf, mit dem Dampf einer Nährlösung oder mit der Nährlösung selbst in Kontakt gebracht wurde.

Leider lieferten die einzelnen, mit unterschiedlichen Randbedingungen durchgeführten Versuche dieser drei Reihen keine eindeutigen oder gar zueinander passenden Ergebnisse, die zur Erklärung eine zwingende Existenz von Mikroorganismen vorausgesetzt hätten. Zumindest die Reaktionen beim Gasaustausch-Experiment waren so heftig und zeigten dabei einen so atypischen zeitlichen und temperaturabhängigen Verlauf, dass eine biologische Ursache dafür ausgeschlossen werden konnte. Dies und die Tatsache, dass man in den sonstigen Bodenproben keinerlei Überreste organischer Substanzen fand, brachte die Forscher schließlich zu der vorsichtig formulierten Ansicht, dass im Bereich der beiden Landeplätze an und unmittelbar unter der Marsoberfläche wohl keine Lebensspuren angetroffen wurden.

Vulkane und Krater

Unterdessen lieferten die *Viking*-Orbiter zahllose Fotos und Messdaten aus der Umlaufbahn, die in den folgenden Jahren sorgfältig ausgewertet und zu einem neuen Bild von Mars zusammengefügt wurden. Danach könnte eines Tages ein zukünftiger Prospekt für Marstouristen mit zahlreichen Superlativen werben. So findet man auf Mars unter anderem die größten und höchsten Vulkane im Sonnensystem: Olympus Mons etwa, der selbst irdischen Beobachtern als „Nix Olympica" („Schnee des Olymp") aufgefallen war (allerdings ohne eindeutige Identifizierung mit einem Vulkanmassiv), erhebt sich am Rande der so genannten Tharsis-Aufwölbung rund 24 km hoch über den mittleren Marsradius; seine von Steilhängen geprägte Basis erstreckt sich über einen Durchmesser von rund 550 km, und selbst die zergliederte Caldera, der teilweise eingestürzte Kraterkessel, ist noch etwa 80 km groß. Allerdings dürften einstige Astronauten oder Touristen von seinem Anblick ziemlich enttäuscht sein, denn der relativ kleine Marsradius lässt den größten Teil des Schildvulkans

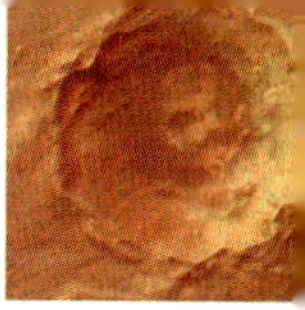

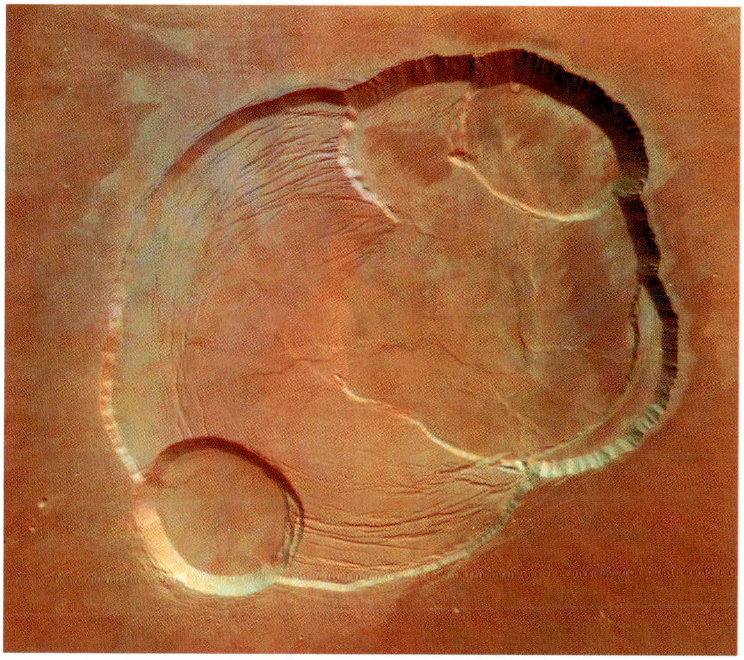

Blick in die eingestürzte Caldera von Olympus Mons, aufgenommen mit der in Deutschland entwickelten hochauflösenden Stereokamera an Bord von *Mars Express*.

hinter dem Horizont verschwinden, und am Fuße der rund sechs Kilometer hohen Steilränder wird der Gipfel trotz seiner Höhe gar nicht zu sehen sein. Auch die drei großen Tharsis-Vulkane Ascraeus Mons, Pavonis Mons und Arsia Mons, die sich trotz ihrer kleineren Basis ähnlich hoch in den Marshimmel recken, „verlieren" aufgrund der im Vergleich zur Erde stärkeren Horizontkrümmung einen Teil ihrer majestätischen Größe.

Nicht weit entfernt öffnen sich die Valles Marineris (*Mariner-Täler*, s. Abb. S. 84 u. 85), der wohl größte bislang bekannte „Riss" in einer Planetenkruste: Mit einer Gesamtlänge von fast 5000 km und einer Breite von teilweise mehreren hundert Kilometern lassen sie alle vergleichbaren Strukturen auf Erde und Venus weit hinter sich. Wahrscheinlich handelt es sich bei dieser Formation um einen Spannungsriss in der Marskruste, der in ursächlichem Zusammenhang mit der rund zehn Kilometer hohen Aufwölbung der riesigen Tharsis-Region steht. Denkbar ist auch, dass sich vor Urzeiten große Wassermassen in diesem „natürlichen Stausee" gesammelt haben, ehe sie sich im Zuge gigantischer Flutereignisse nach Nordosten in die Chryse Planitia ergossen. Zumindest lassen hochauflösende Aufnahmen vom Boden der Valles Marineris an mehreren Stellen sedimentähnliche Schichtsysteme erkennen, die allerdings auch als das Ergebnis nur lokaler „Einflüsse" interpretiert werden können.

Für das Auftreten gewaltiger Wasserfluten sprechen zahlreiche Bildbelege. Vor allem im Grenzbereich zwischen der im Mittel rund fünf Kilometer höher liegenden, von vielen Kratern zernarbten Südhalbkugel des Mars und den weiten Tiefebenen im Norden sind etliche Ausflusskanäle gefunden worden. Sie beginnen nicht selten in so genannten chaotischen Gebieten, in denen die Oberfläche des Planeten partiell eingestürzt zu sein scheint. Man hat versucht, die für das „Auswaschen" solcher Abflusskanäle notwendigen Wassermassen zu bestimmen. Mancherorts, so das Ergebnis, müssten demnach bis zu 300 Millionen Kubikmeter Wasser pro Sekunde talwärts geströmt sein.

Natürlich stellt sich sogleich die Frage, wo diese gewaltigen Wassermengen geblieben sind. Ein nicht unerheblicher Anteil ist sicher – zusammen mit einem Großteil der damals dichteren Atmo-

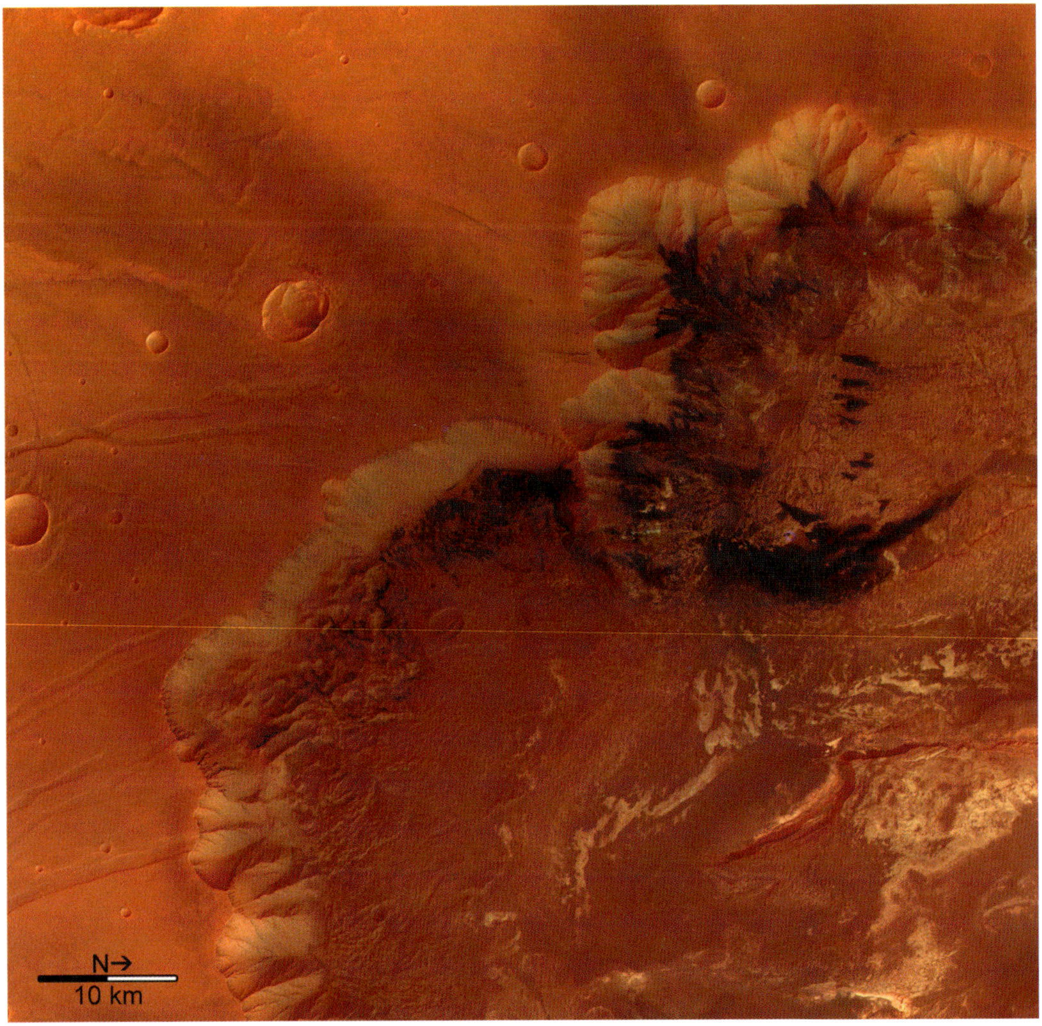

Der zentrale Teil des Mars-Canyons Valles Marineris. Das Bild der Raumsonde *Mars Express* zeigt die durch zahlreiche Rutschungen eingeschnittene südliche Grabenschulter.

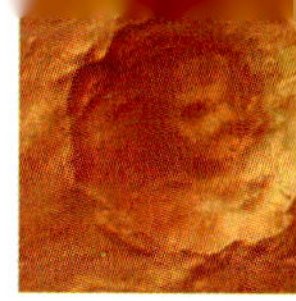

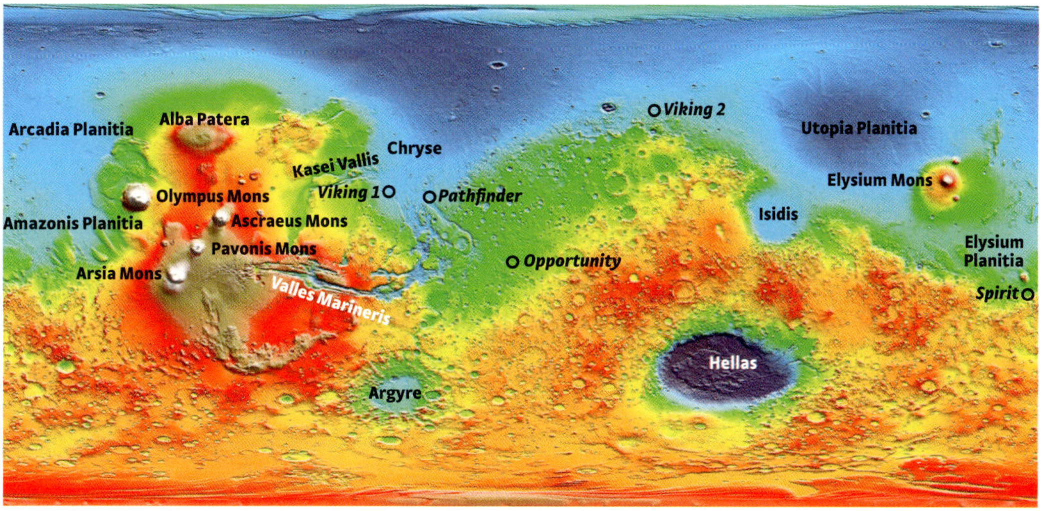

Diese farbig kodierte Marskarte lässt die großräumigen Höhenunterschiede deutlich werden (blau = Tiefland, grün = mittlere Höhe, rotbraun = Hochland, weiß = Gipfelregionen). Eingezeichnet sind größere Formationen und Landeplätze von Raumsonden.

sphäre – in den Weltraum entwichen: Aufgrund der geringeren Anziehungskraft konnte Mars diese Gase nicht dauerhaft festhalten. Zwar ist Wasserdampf kein besonders leichtes Gas, aber wenn die Wasserdampfmoleküle zunächst durch die ultraviolette Strahlung der Sonne aufgespalten wurden, konnte der leichtere Wasserstoff entkommen, während der Sauerstoff durch chemische Reaktionen mit dem Krustenmaterial reagierte.

Anders als auf Mond und Merkur zeigen die Einschlagkrater auf dem Mars teilweise deutliche Erosionserscheinungen: An manchen Stellen sind sie von schier endlosen Lavaströmen zugedeckt worden, in anderen Gegenden mögen Schlammmassen über sie hinweggeglitten sein. Besonders auffällig sind jene Krater, die wie von einer überdimensionalen, zum Teil bizarr ausgefranst wirkenden Tortenmanschette umgeben erscheinen. Hier ist das Auswurfmaterial anscheinend nicht durch die Luft geflogen und wieder zu Boden gestürzt, sondern eher als Schlammlawine über die Oberfläche gerutscht – gerade so, als sei an diesen Stellen eine Permafrostschicht unter der Oberfläche durch die Hitze des Aufpralls aufgeschmolzen und seitlich abgedrängt worden.

Daneben gibt es auch einige große Einschlagbecken, die denen auf Mond und Merkur an Größe nicht nachstehen. Hellas zum Beispiel hat einen Durchmesser von über 2000 km und reicht bis in eine Tiefe von sechs Kilometern unter dem mittleren Planetenradius; in der durchweg höher gelegenen Südhalbkugel wirkt das „Loch“ sogar mehr als neun Kilometer tief. Im Umkreis von nahezu 4000 km erhebt sich der mächtige „Kraterrand“ noch weitere 1,5 km über das Umland und trägt so einen beachtlichen Teil zum Höhenunterschied zwischen Süd- und Nordhalbkugel bei. Andere große Einschlagbecken sind Argyre, Isidis und Elysium.

Deutliche Fließstrukturen legen die frühere Existenz von flüssigem Wasser nahe. Unten: Ein Krater mit schlammigem Auswurfmaterial.

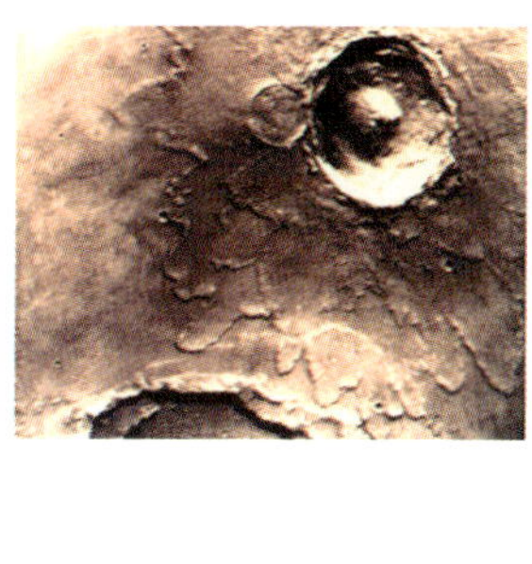

Die Erkundung der Oberfläche

Nach den enttäuschenden Ergebnissen jener *Viking*-Experimente, die nach einfachen Lebensformen auf dem Mars suchen sollten, schien der rote Planet zunächst einmal an Attraktivität verloren zu haben, und so wandte man sich auf amerikanischer Seite in der Folgezeit erst einmal verstärkt der Venus zu, die bis dahin vorwiegend von sowjetischen Sonden erkundet worden war. Erst 1992 steuerte mit dem *Mars Observer* wieder eine amerikanische Sonde den roten Planeten an, wurde jedoch kurz vor dem Einschwenken in eine Umlaufbahn durch einen technischen Defekt zerstört. Ähnlich war es zuvor bereits zahlreichen sowjetischen Marssonden ergangen: Bis zu diesem Zeitpunkt hatten von 18 angekündigten oder heimlich gestarteten sowjetischen Marssonden nur eine als auf der ganzen Linie erfolgreich und eine Handvoll weiterer als Teilerfolge verbucht werden können, während die überwiegende Mehrzahl den Mars entweder verfehlte oder schon auf dem Weg dorthin gescheitert war.

Am 4. Juli 1997 rückte der Mars dann schlagartig wieder in den Blickpunkt der Öffentlichkeit. An diesem Tag landete *Mars Pathfinder* im Ares Vallis, einem riesigen „Trockental" unweit des Marsäquators am Südrand der Chryse Planitia. Schon das Landemanöver selbst verlief ungewohnt: Statt des üblichen Landetriebwerks, das ein weiches Aufsetzen auf der Marsoberfläche erlaubt hätte, fing eine Hülle aus Airbags den Aufprall der Sonde ab, nachdem die Geschwindigkeit zuvor durch ein Hitzeschild und anschließend einen elf Meter großen Fallschirm sowie ein kleines Bremstriebwerk von anfangs 26 900 km/h auf zuletzt 50 km/h abgebremst worden war. Nach dem ersten Aufsetzer hüpfte die Sonde in ihrer Hülle noch mehrere Male zurück, ehe sie schließlich etwa einen Kilometer entfernt zur Ruhe kam. Wenig später wurde das erste Panorama-Bild von der Umgebung des Landeplatzes übertragen: eine Gesteins- und Geröllwüste, die den Landeplätzen der beiden *Viking*-Sonden aus den 1970er Jahren ähnelte.

Aber auch das weitere Programm des *Mars Pathfinder* war neu: An Bord der Marssonde befand sich ein kleines Fahrzeug (Rover), das die nähere Umgebung des Landeplatzes inspizieren und Gesteinsproben untersuchen sollte. Über einen Zeitraum von mehreren Wochen steuerte *Sojourner* zahlreiche Gesteinsbrocken an und beschnüffelte sie mit seiner „Nase", einem am Mainzer Max-Planck-Institut für Chemie entwickelten Alpha-Proton-Röntgen-Spektrometer. Dieses Gerät erlaubte eine Bestimmung der chemischen Zusammensetzung des Gesteins. Erwartungsgemäß lag der Gehalt an Siliziumdioxid (Quarz) im Schnitt bei über 50 (Gewichts-) Prozent, gefolgt von Eisenoxid mit bis zu 17,5 Gewichtsprozent und Aluminiumoxid (etwa 10 Prozent), aber auch Kalzium, Schwefel, Magnesium, Chlor und Kalium wurden in größeren Mengen erkannt. Solches basaltisches Gestein deutet auf eine „heiße" Vergangenheit des Planeten hin, in deren Verlauf schwerere Elementverbindungen nach innen gesunken

Der Marsrover *Sojourner* auf dem Weg zu einem neuen Ziel im Ares Vallis (1997).

sind und leichtere Komponenten eine hochdifferenzierte äußere Kruste bilden konnten.

Interessanterweise zeigten die meisten untersuchten Marssteine in der Umgebung des *Pathfinder*-Landeplatzes eine ähnliche Zusammensetzung, die allerdings mehr oder minder deutlich von der des allgegenwärtigen Marsstaubes und jener der auf der Erde gefundenen Marsmeteoriten abweicht; vor allem Magnesium-, Schwefel- und Eisenoxide waren im Staub deutlich stärker vertreten als in den herumliegenden Steinen. Da die rund 20 Jahre alten Staubanalysen der beiden *Viking*-Sonden in etwa 1000 bzw. mehr als 7000 km Entfernung eine ganz ähnliche Zusammensetzung gezeigt hatten, kann man davon ausgehen, dass der Marsstaub im Laufe der Jahrmilliarden immer wieder kräftig durchmischt wurde und daher inzwischen eine Art „mittlere Zusammensetzung" des Marsgesteins repräsentiert. Dann aber muss es in anderen Gegenden deutlich andere Gesteinsarten geben, was durch die Zusammensetzung der Marsmeteorite eindrucksvoll bestätigt wird. Möglicherweise stammen vor allem die magnesiumhaltigen Basalte, die ihre Spuren im Marsstaub hinterlassen haben, aus den Vulkanen der Tharsis-Region, die bis in die jüngere Vergangenheit hinein aktiv gewesen sein dürften.

Mitte September 1997 erreichte mit dem *Mars Global Surveyor* auch die zweite amerikanische Marssonde jenes Jahres den roten Planeten und schwenkte planmäßig in eine zunächst stark elliptische Umlaufbahn ein. Für die anschließende Zirkularisierung der Bahn hatten sich die Raumfahrttechniker etwas Neues einfallen lassen: Um Treibstoff (und damit kostentreibende Gewichtsanteile) zu sparen, sollte die Sonde bei jedem Umlauf ein Stück weit in die oberste Marsatmosphäre eintauchen und durch die dort wirksame Reibung abgebremst werden, so dass sie langsam an „Schwung" verlor und im marsfernen Bahnteil jedes Mal ein bisschen näher umkehrte. Diese als Aerobraking bezeichnete Methode war einige Jahre zuvor nach dem Abschluss der *Magellan*-Mission in der (wesentlich dichteren) Venusatmosphäre erprobt und dann genutzt worden, um die Sonde einem kontrollierten Ende durch Verglühen zuzuführen. Da sich während des Fluges zum Mars allerdings herausgestellt hatte, dass die Sonnenzellenflächen sich nicht richtig entfalten ließen, musste dieses Aerobraking sehr viel behutsamer erfolgen und nahm daher wesentlich mehr Zeit in Anspruch. Doch die Mühen lohnten sich, denn die neue Sonde lieferte schließlich nicht nur fantastische Aufnahmen mit einer bislang nicht gekannten Auflösung bis herunter zu einigen Metern pro Bildpunkt, sondern darüber auch zahlreiche weitere Messdaten, die eine bessere Rekonstruktion der Marsgeschichte ermöglichten.

So traten auf den Bildern einzelner Steilhänge im Bereich der Valles Marineris deutliche Schichtungen hervor, die eine gewisse Ähnlichkeit mit irdischen Sedimentgesteinen erkennen lassen. An

Die amerikanische Marssonde *Mars Global Surveyor*.

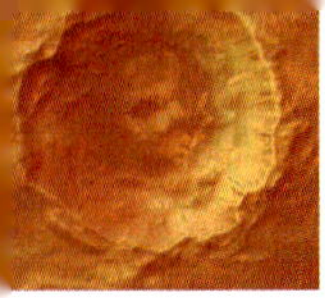

Mars Global Surveyor lieferte zahlreiche Belege für vermutete Wasseraustritte – hier im Bereich der Gorgonum-Chaos-Region –, die meistens aus einer Schicht etwa 100 Meter unter der Marsoberfläche stammen.

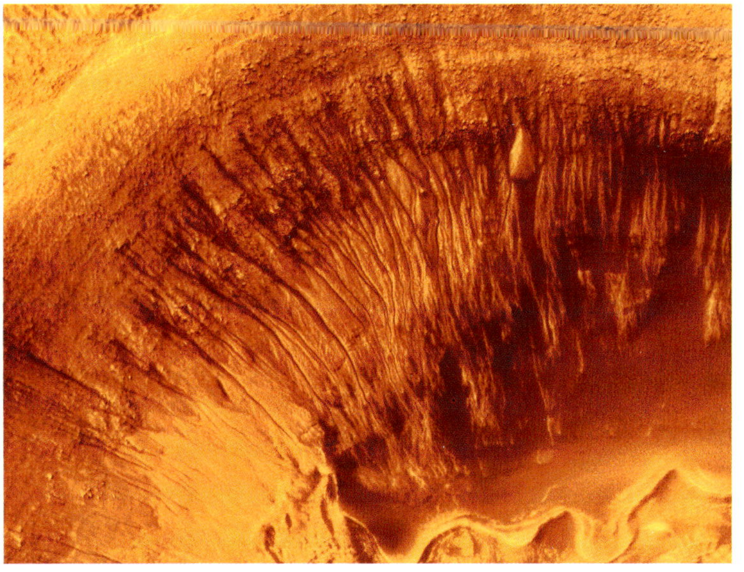

anderen Stellen fand man ziemlich frisch erscheinende Fließstrukturen, die als Spuren einer lokalen Schnee- beziehungsweise Eisschmelze gedeutet wurden. „Nahaufnahmen" aus den Randbereichen der Polkappen enthüllten deren löchrige, ebenfalls stark geschichtete Struktur, die auf periodisch wiederkehrende Klima-Ereignisse schließen lässt.

Insgesamt verdichteten sich die Hinweise darauf, dass früher sehr wohl einmal größere Mengen an Wasser auf dem Mars vorhanden gewesen sein sollten, und damit konnte auch die Frage nach möglichen (früheren) Lebensformen auf dem roten Planeten neu diskutiert werden. Genährt wurden entsprechende Spekulationen durch den – wenngleich von vielen Kollegen als Fehlinterpretation angesehenen – Nachweis so genannter Nanostrukturen in Marsmeteoriten, die zumindest von ihrem Entdecker als Relikte biologischer Aktivitäten angesehen werden. Da man beides – die Suche nach Wasser und die nach Leben – am besten vor Ort, also von der Marsoberfläche aus, angehen sollte, wurden im Anschluss an die erfolgreiche *Mars-Pathfinder*-Mission weitere Lander konzipiert und verwirklicht. Allerdings wurden die beiden nächsten Sonden zu einem regelrechten Debakel für die amerikanische Raumfahrtbehörde NASA: Sowohl der *Mars Climate Orbiter* als auch der *Mars Polar Lander*, der in der Nähe der Südpolregion auf der Marsoberfläche aufsetzen sollte, scheiterten an technischen Pannen, die letztlich durch „menschliches Versagen" heraufbeschworen wurden. Im einen Fall war ein falscher Bremsschub berechnet worden, weil man irrtümlich amerikanische und metrische Gewichtseinheiten verwechselt hatte, im anderen Fall schaltete vermutlich ein falsch progammierter Schalter das Lande-

triebwerk zu früh ab, so dass die Sonde wohl mit zu großer Geschwindigkeit aufschlug und zerschellte. Der *Mars Climate Orbiter* sollte aus der Umlaufbahn zwei Jahre lang Daten über Temperatur, Staubgehalt, Wasserdampf und Wolken in der dünnen Marsatmosphäre aufnehmen und zusammen mit „Wettersatellitenbildern" vom Mars zur Erde funken, um zum einen den Kreislauf des heute noch in der Marsatmosphäre vorhandenen Restes an Wasser zu verfolgen und aus der Vermessung der Polkappen Rückschlüsse auf langfristige Klimaänderungen zu ermöglichen. Dagegen sollte der *Polar Lander* noch vor dem Aufsetzen auf der Marsoberfläche zwei harpunenähnliche Messsonden abwerfen und anschließend mit einem etwa zwei Meter langen Greifarm Bodenproben aufnehmen und einer biologisch-chemischen Untersuchung zuführen.

Neue Suche nach Wasser und Leben

Der Totalausfall beider Sonden warf das weitere Mars-Programm der NASA um Jahre zurück: Als Erstes wurden die beiden für 2001 vorgesehenen Sonden gestrichen und die Missionen für 2003 neu konzipiert. Gemeinsam mit der ersten Planetensonde der europäischen Weltraumagentur ESA überhaupt trafen sie Ende 2003/Anfang 2004 im Abstand weniger Wochen beim roten Planeten ein.

Am 1. Weihnachtstag 2003 erreichte die europäische *Mars-Express*-Sonde ihre Umlaufbahn um den roten Planeten.

Den Anfang machte die europäische *Mars-Express*-Sonde, die am frühen Morgen des 1. Weihnachtstages zunächst eine kleine Landekapsel mit Namen *Beagle 2* auf dem Mars absetzen und dann in eine Umlaufbahn um den Planeten einschwenken sollte. Obwohl das zweite Manöver gelang, wurde das Projekt von den bundesdeutschen Medien nahezu ausschließlich als totaler Misserfolg präsentiert, da die ESA-Bodenstation in Australien nach Ablauf der automatischen Landesequenz keine Signale von der Landekapsel-Bodenstation empfangen und ihrerseits auch keinen Kontakt aufnehmen konnte. *Beagle 2* hatte unter anderem mit einem in Deutschland und Russland entwickelten autonom arbeitenden Bohrer („Maulwurf") Bodenproben aus einer Tiefe von bis zu 1,5 m sammeln und einer umfangreichen biologischen und chemischen Untersuchung zuführen sollen.

Von einer erfolgreichen Landung der europäischen *Beagle*-2-Sonde hatten sich die Wissenschaftler unter anderem Auskünfte über den Verbleib des Wassers auf dem Mars erhofft. Hier eine Illustration.

Nach einigen Wochen vergeblicher Bemühungen musste der offenkundige Verlust von *Beagle 2* schließlich eingestanden werden. Zu diesem Zeitpunkt hatte der Mars-Satellit, der den eigentlichen Schwerpunkt der *Mars-Express*-Mission bildete, nach mehreren geplanten Kurskorrekturen seine endgültige Umlaufbahn nahezu erreicht und die ersten Bilder und Daten übertragen, so dass die beteiligten Wissenschaftler den ungeduldigen Medienvertretern endlich die ersten Beweise für den erfolgreichen Beginn der auf zwei Jahre angelegten europäischen Erkundung des roten Planeten vorlegen konnten. Die weiteren Ergebnisse von *Mars Express*, von den hochauflösenden Bildern einer – ebenfalls in Deutschland entwickelten – multispektralen Stereokamera über die Untersuchungen der

Im Januar 2004 landeten zwei amerikanische Rover (*Spirit* und *Opportunity*) auf dem Mars.

Marsatmosphäre und ihrer Wechselwirkung mit dem sie umströmenden Sonnenwind bis hin zur radargestützten Suche nach Wassereis-Vorkommen, die unter der Oberfläche des Planeten verborgen sein könnten, werden die Forscher vermutlich noch über viele Jahre hindurch beschäftigen.

Unterdessen hatte auch die erste der beiden amerikanischen Sonden den Mars erreicht und war – anders als *Beagle 2* – erfolgreich auf der Planetenoberfläche gelandet. Nach einigen Verzögerungen verließ der Rover *Spirit* – eine Weiterentwicklung des kleinen *Sojourner* aus dem Jahr 1997 – seine Landestation und begann mit der Erkundung der unmittelbaren Umgebung, dem Boden des etwa 160 km großen Kraters Gusev knapp 14 Grad südlich des Marsäquators. Er war als Zielgebiet ausgesucht worden, weil er von einem etwa 900 km langen, zwischen 15 und 20 km breiten „Strömungskanal", dem Ma'adim Vallis durchquert wird und damit gute Chancen bot, Beweise für die frühere Existenz von Wasser auf dem Mars bereitzuhalten. Hinzu kommen zahlreiche Spuren im Sand, die Mini-Tornados („Staubteufel") in der Vergangenheit auf dem Kraterboden hinterlassen haben. Anhand von Kraterzählungen wird das Alter des Kraters selbst auf rund 4 Milliarden Jahre geschätzt, das von Ma'adim Vallis auf 3,5 Milliarden Jahre, während der eigentliche Kraterboden ebenso wie der Boden des Tales in seiner heutigen Form seit etwa 1,6 Milliarden Jahren dem weiteren kosmischen Bombardement ausgesetzt gewesen sein dürfte.

Im Zuge seiner Forschungsfahrt erreichte *Spirit* auch die einige Kilometer entfernten Columbia-Hills.

Der amerikanische Marsrover *Opportunity* erkundete im Sommer 2004 den Krater Endurance.

Ende Januar 2004 landete schließlich auch der zweite, identische Mars-Rover *Opportunity* gleichsam als Antipode zu *Spirit* in einer weiten Ebene mit Namen Meridiani Planum. Gleich das erste Panoramabild zeigte eine völlig ungewohnte Landschaft, wie sie von keinem anderen Lander zuvor gesehen wurde – nahezu ohne die ansonsten allgegenwärtigen Gesteinsbrocken. Dafür war unweit der Landestelle ein zusammenhängendes Stück „Deckgestein" frei von Staub zu erkennen. Dort konnte *Opportunity* mit dem – ebenfalls aus Deutschland bereitgestellten – Mößbauer-Spektrometer erste konkrete Hinweise für eine nasse Vergangenheit zumindest dieser Gegend sammeln. In den Gesteinen wurden bestimmte Schwefelverbindungen (Sulfate) zusammen mit Magnesium und Eisen entdeckt, die normalerweise nur in flüssigem Wasser entstehen. Ihre hohe Konzentration lässt den Schluss zu, dass diese Steine über längere Zeit feucht gewesen sein müssen. Daneben wurden chlor- und bromithaltige Salze gefunden, die vermuten lassen, dass es sich um Salzwasser gehandelt hat. Zusätzliche Indizien sprechen sogar für sehr säurehaltiges Wasser ähnlich dem, das auf der Erde aus säurehaltigen heißen Quellen in der Nähe von Vulkanen sprudelt. Als das Wasser langsam verschwand, blieben die Salze und anderen gelösten Mineralien zurück, darunter auch Jarosit, ein bernsteingelbes Mineral.

Ende März 2004 konnte die europäische *Mars-Express*-Sonde dann sogar geringe Mengen Methan in der Marsatmosphäre nachweisen. Diese als Grubengas bekannte Verbindung von Kohlenstoff und Wasserstoff (CH_4) kann in der dortigen Umgebung nicht dauerhaft existieren, da sie durch die Reaktion mit anderen atmosphärischen Bestandteilen abgebaut wird – es kann sich also nicht um Überreste aus der Anfangszeit des Sonnensystems handeln, sondern muss später (in geologisch jüngster Vergangenheit) in die Atmosphäre gelangt sein. Dazu kommen nur drei mögliche Prozesse in Frage: aktiver Vulkanismus (für den es aber bislang keine sonstigen erkennbaren Hinweise gibt), den Aufprall von Kometen oder Asteroiden (aber „frische" Einschlagkrater sind auf den Bildern nirgendwo zu finden) oder – organische Prozesse, die auf fossile oder sogar noch aktive Lebensformen hinweisen. Die Suche nach Leben auf dem Mars bleibt vorerst spannend!

Der innere Aufbau

Lange Zeit hindurch konnten die Forscher über den inneren Aufbau des Planeten Mars nur spekulieren: Zwar lieferte die Kombination aus bekanntem Durchmesser und der aus den Umlaufzeiten der beiden Marsmonde abgeleiteten Masse eine Angabe über die mittlere Dichte, die mit knapp 4 Gramm pro Kubikzentimeter deutlich niedriger als die der übrigen Gesteinsplaneten ist, doch über die Verteilung dieser Materie im Innern des Planeten sagt dieser Wert wenig aus. Klar war lediglich, dass der Anteil an schweren Elementen (Metallen) bei Mars wohl nicht so hoch sein konnte wie bei Erde, Venus oder gar Merkur. Ein grobes Modell ging von einem metallreichen Kern aus, der maximal die Hälfte des Planetendurchmessers ausmacht; dabei blieb allerdings offen, ob dieser Kern wegen des geringeren Planetendurchmessers bereits vollständig ausgekühlt und erstarrt oder noch teilweise flüssig war – und damit den Aufbau eines Magnetfeldes ermöglichen würde.

Leider lieferten die ersten Marssonden keine zusätzlichen Anhaltspunkte wie etwa eine sichere Aussage über ein mögliches Magnetfeld. Zwar hatten sowjetische Sonden in den 1970er Jahren schwache Störungen in der Strömung des Sonnenwindes hinter dem Mars registriert, doch hätten diese auch – wie bei der Venus – mit dem Einfluss einer Ionosphärenschicht innerhalb der Marsatmosphäre erklärt werden können. Und der Versuch, mit Seismometern an Bord der beiden *Viking*-Lander den Mars gleichsam zu „durchleuchten“, musste aufgegeben werden, nachdem eines der beiden Geräte seinen Dienst versagte. Nicht einmal die letzte sowjetische Marssonde *Phobos 2*, die sich im Frühjahr 1989 bis zum roten Planeten durchgekämpft hatte, brachte die erhoffte Klarheit, denn ihre Instrumente zeigten ein eher noch schwächeres Magnetfeld an als in den 1970er Jahren.

So mussten die Wissenschaftler warten, bis sie die extra für die Vermessung des Planeten ausgelegten Funksignale des *Mars Global Surveyor* analysieren konnten; sie waren so präzise eingerichtet worden, dass selbst kleinste Schwankungen in der Umlaufbahn der Sonde aufgespürt werden konnten. Tatsächlich fand man anhand der Veränderungen dieser Funksignale den Einfluss eines winzigen „Flutberges“, der durch die Gezeitenkraft der Sonne hervorgerufen wird. Er erreicht innerhalb des Marsgesteins zwar nur eine Höhe von knapp einem Zentimeter, erlaubt aber dennoch Rückschlüsse auf die „Beweglichkeit“ des Materials im Planeteninnern. Obwohl sie geringer ausfällt als bei der Erde, ist sie aber immer noch höher, als man für einen erstarrten Marskern erwarten müsste, so dass man mittlerweile von einem zumindest teilweise noch flüssigen Marskern ausgeht.

Verknüpft man diese Werte mit den Messungen zur Präzession der Marsachse, die *Mars Pathfinder* bereits 1997 lieferte, lässt sich

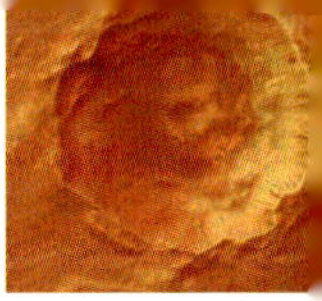

Der innere Aufbau von Mars und Erde im Größenvergleich. Der Marsaufbau von innen nach außen: Kern, Mantel, Kruste. Der Erdaufbau von innen nach außen: Kern (fest), Kern (flüssig), Mantel, Kruste.

auch eine Aussage über die radiale Verteilung der Materie im Innern des Planeten ableiten; sie wird umso gleichmäßiger sein, je langsamer diese Kreiselbewegung verläuft. Da eine Präzessionsperiode (die Drehung der Marsrotationsachse um die Senkrechte zur Marsbahnebene) des roten Planeten etwa 170 000 Jahre dauert, dürfte sich der metallreiche Marskern tatsächlich über etwa die innere Hälfte des Planeten (und damit ein Achtel seines Volumens) erstrecken. Allerdings wäre ein solch großer Kern aus Eisen zu schwer, um in die Massenbilanz des Planeten zu passen, und so vermutet man dort nicht unerhebliche Beimengungen an Schwefel und anderen leichteren Elementen.

Ob der Kern früher flüssig genug war, um ein stärkeres Magnetfeld aufzubauen, werden zukünftige Messungen zeigen müssen. Immerhin fand *Mars Global Surveyor* über einem Teilbereich der südlichen Hemisphäre ausgeprägte magnetische Streifenmuster im Gestein, wie man sie auf der Erde beidseits der mittelozeanischen Spreizzonen entdeckt hat, wo beständig neues Krustenmaterial aufsteigt und so die Krustenplatten allmählich auseinander drückt. Dies scheint darauf hinzuweisen, dass Mars früher ein stärkeres Dipolfeld besaß, das einige Umkehrungen überdauerte und seine Wechsel in einer frühen, aber auch frühzeitig zum Stillstand gekommenen regionalen Plattentektonik dokumentierte. Da das Material in der Umgebung der beiden großen Einschlagbecken Hellas und Argyre keine magnetischen Muster aufweist, kann dieses Gestein erst nach dem Abklingen des Dynamos im Marsinnern erstarrt sein. Damit ist dessen Ende auf die Zeit vor dem Ende des heftigen Bombardements vor etwa 3,85 Milliarden Jahren vorgegeben.

Ungeachtet dessen muss die innere Wärme des Mars ausgereicht haben, um die Vulkane an der Marsoberfäche über lange Zeit mit Magma zu versorgen. Anders als bei der Erde ist dieser Wärmeaustausch offenbar nicht über eine großräumige Plattentektonik erfolgt, sondern über lokal scheinbar sehr stabile „hot spots". Solche dauerhaften Nachschubkanäle waren dann auch für das schier gren-

Magnetische Spuren im Marsgestein – hier durch unterschiedliche Farben gekennzeichnet – könnten auf eine frühe, aber kurze Phase plattentektonischer Aktivitäten auf dem Mars hindeuten.

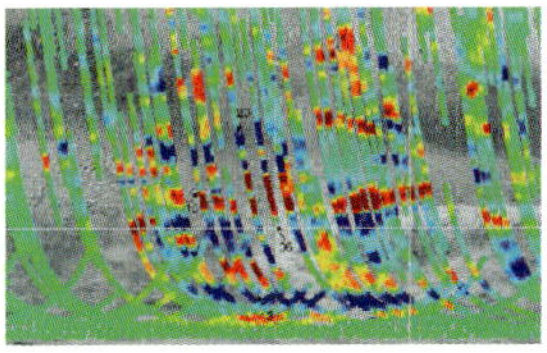

zenlos erscheinende Anwachsen der Tharsis-Aufwölbung verantwortlich. Interessanterweise ist die Gesteinskruste des Planeten unterhalb der Tharsis-Region mit etwa 50 bis 70 km deutlich dicker als anderswo auf der Nordhalbkugel.

Man unterscheidet mindestens zwei Erscheinungsformen des Vulkanismus auf Mars. Die ältere Form ist vorwiegend in den Hochländern der Südhalbkugel zu finden und wird durch etliche kleinere Vulkankegel repräsentiert, die von ausgedehnten Lavafeldern umgeben sind. Ihre Aktivitäten waren auf die ersten 1,5 Milliarden Jahre der Marsgeschichte beschränkt. Danach scheint sich die weitere innere Aktivität des Planeten auf einige wenige Felder in oder am Rand der nördlichen Tiefländer konzentriert zu haben. In dieser zweiten Phase waren vor allem die zuletzt alles überragenden Tharsis-Vulkane und ihre kleineren Verwandten im Umfeld von Elysium Mons aktiv; anhand von Kraterzählungen lassen sich die letzten Lavaströme im Bereich von Olympus Mons auf die Zeit vor 20 bis 200 Millionen Jahren datieren.

Die Monde

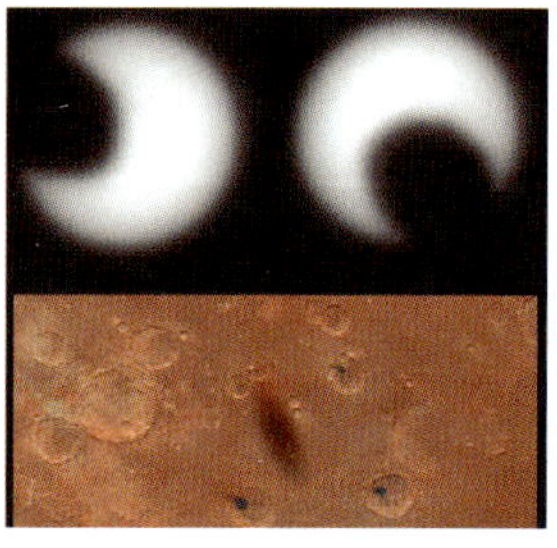

Eine Sonnenfinsternis auf Mars, verursacht durch den Marsmond Phobos. Im unteren Bildteil erkennt man den Schatten von Phobos auf Mars.

Mars wird von zwei kleinen, unregelmäßig geformten Monden umrundet, die 1877 von Asaph Hall entdeckt wurden. Sie bewegen sich in auffallend geringem Abstand zum Planeten, wobei Phobos, der innere Mond, sich sogar noch innerhalb der rotationssynchronen Entfernung befindet: Er schafft eine Umrundung in nur knapp 7 Stunden, 40 Minuten und wandert daher – wie die Internationale Raumstation bei uns – von West nach Ost über den Himmel, wobei er etwa alle neun Stunden den Meridian überquert (der Unterschied zur – siderischen – Umlaufzeit ergibt sich aus der Eigendrehung des Mars). Deimos, der äußere Mond, befindet sich mit einem Abstand von 23 460 km dagegen knapp außerhalb der rotationssynchronen Entfernung, die beim Mars in einem Abstand von etwa 20 400 km erreicht wird; er braucht für einen Umlauf 30 Stunden und 18 Minu-

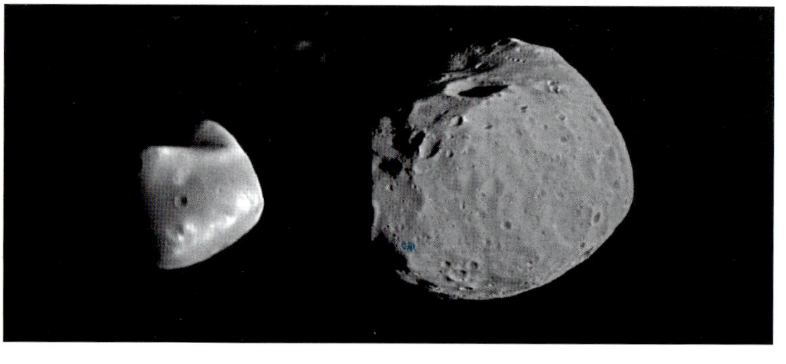

Die beiden Marsmonde Phobos (rechts) und Deimos (links).

ten und überquert den Meridian etwa alle 5 Tage, 11 Stunden und 23 Minuten.

Trotz der im Vergleich zum Erdmond geringen Abstände erscheinen die beiden Monde von der Marsoberfläche aus betrachtet eher winzig: Phobos, dessen Ausmaße zu 27 x 21 x 19 km ermittelt wurden, erscheint für einen Betrachter am Marsäquator im Zenit unter einem Winkel von etwa 10 Bogenminuten; Deimos, mit 15 x 12 x 11 km nur etwa halb so groß, ist aufgrund seiner größeren Entfernung sogar nur als etwa 1,5 Bogenminuten kleines Objekt zu sehen, dessen Phasengestalten dem bloßen Auge verborgen bleiben und nur als Helligkeitswechsel auffallen.

Beide Monde sind von Kratern zernarbt und von einer Staubschicht überzogen, Phobos auch noch von zahlreichen Rillen, die offenbar im Zusammenhang mit dem rund 10 km großen Krater Stickney stehen. Man geht davon aus, dass es sich um eingefangene Kleinplaneten aus dem nahen Asteroidengürtel handelt.

Neue Marssonden

Im August 2005 will die amerikanische Raumfahrtbehörde NASA ihre nächste Raumsonde zum Mars entsenden – den *Mars Reconnaissance Orbiter*. Ausgestattet mit höchstauflösenden Kameras soll er unter anderem nach idealen Landeplätzen für weitere Mars Lander suchen. Als Auswahlkriterien gelten dabei sowohl eine vielversprechende „geologische“ Umgebung als auch ein möglichst geringes Landerisiko durch herumliegende Gesteinsbrocken. Daher wird diese nächste amerikanische Marssonde auch Fernerkundungsgeräte zur Analyse der mineralogischen Zusammensetzung des Marsbodens mitführen und herauszufinden versuchen, wie Staub und Wasserdampf in der Marsatmosphäre transportiert werden.

Der *Mars Reconnaissance Orbiter* soll den roten Planeten ab 2006 erkunden.

Gleichzeitig wird sie der geplanten Vielzahl weiterer Marssonden als Relaisstation für die Funkverbindung mit der Erde dienen. Dies könnten zahlreiche Ultraleicht-Flugzeuge und/oder „Heißluftballone“ sein, die durch die dünne Marsatmosphäre gleiten und so eine großräumigere Beweglichkeit bieten könnten als bisherige Mars-Rover.

Vielleicht schon 2009 könnte eine neue *Science Station* folgen, die mit einem umfangreichen Experimentierpaket ausgestattet auf der Marsoberfläche aufsetzen und vielfältige Analysen ermöglichen könnte, und fünf Jahre später soll dann spätestens eine *Sample Return Mission* Bodenproben vom Mars aufnehmen und zur Erde zurückbringen.

Auch bei der europäischen Weltraumagentur ESA werden weitere Marsmissionen diskutiert und vorbereitet, die vielleicht schon 2007 umgesetzt werden können.

KOMETEN, ASTEROIDEN UND METEORITE

STELLUNG IM SONNENSYSTEM

Neben den großen Planeten und ihren Monden treibt noch eine Vielzahl kleinerer Brocken um die Sonne – Brocken, die bei der Entstehung des Planetensystems übrig geblieben sind und daher wichtige Rückschlüsse auf die Anfangszeit ermöglichen. Ihr unterschiedliches Erscheinungsbild spiegelt – ähnlich wie die Differenzen zwischen erdähnlichen und jupiterähnlichen Planeten – verschiedene Ursprungsregionen innerhalb der protoplanetaren Scheibe wider.

Was sind Kometen?

Am längsten bekannt sind die Kometen, die meist auf lang gestreckten Ellipsenbahnen die Sonne umrunden; dabei reichen ihre Umlaufzeiten von 3,3 Jahren (beim Kometen 2P/Encke) bis hin zu vielen 10 000 Jahren.

Es hat lange gedauert, bis die Zugehörigkeit der Kometen zum Sonnensystem erkannt wurde: Noch Johannes Kepler, der zu Beginn des 17. Jahrhunderts die Ellipsennatur der Planetenbahnen erkannt hatte, vertrat aufgrund seiner Beobachtungen die Ansicht, die Kometen der Jahre 1607 und 1618 seien auf geradlinigen Bahnen durch das Sonnensystem gezogen und hätten es danach auf Nimmerwiedersehen verlassen. Erst Edmond Halley wagte zu Beginn des 18. Jahrhunderts – gestützt auf Berechnungen mit dem Newtonschen Gravitationsgesetz – die Vorhersage, dass der 1682 von ihm beobachtete Komet im Jahre 1758 wiederkehren werde und bereits 1532 von Peter Apian sowie 1607 von Johannes Kepler beschrieben worden sei. Halley erlebte die Erfüllung seiner Prophezeiung nicht mehr, sie leitete aber den Siegeszug der Himmelsmechanik ein.

Edmond Halley (1656–1742)

Der Komet, der inzwischen die Bezeichnung 1P/Halley führt, war damals ein wahrer Grenzgänger, denn seine Bahn reicht weit über die Grenze des zu jener Zeit bekannten Sonnensystems (der Saturnbahn) hinaus: Im sonnenfernsten Punkt ist 1P/Halley mehr als dreieinhalbmal so weit von der Sonne entfernt wie der klassische Ringplanet – selbst die später entdeckten Planeten Uranus und Neptun bleiben näher an der Sonne. Mittlerweile gehen die Astronomen davon aus, dass manche Kometen noch hundert- oder gar tausendmal weiter von der Sonne abrücken und erst nach Hunderttausenden von Jahren wieder in Sonnennähe geraten. Die theoretische Grenze, der „point of no return“, ist jene Entfernung, in der die Anziehungskraft der Sonne von der ihrer Nachbarsterne übertroffen wird, also bei etwa 2 Lichtjahren. Am anderen Ende der Skala wurden in den letzten Jahren viele Kometen beobachtet, die der Sonne zu nahe gekommen sind und sich aufgelöst haben oder in die Sonne gestürzt sind.

ZEITTAFEL DER KOMETEN- UND ASTEROIDENBEOBACHTUNGEN

240 v. Chr.	Erste bekannte Aufzeichnung einer Erscheinung des – inzwischen als 1P/Halley bezeichneten – Kometen.
vor 79 n. Chr.	Plinius der Ältere (23–79) beschreibt mehrere Typen von Kometen.
1577	Tycho Brahe (1546–1601) erkennt, dass ein von ihm beobachteter Komet sich zwischen Venus- und Erdbahn bewegt, Kometen also keine atmosphärische Erscheinung sein können.
1704	Edmond Halley (1656–1742) erkennt die Ellipsennatur der Bahn eines 1682 von ihm beobachteten Kometen und sagt dessen Wiederkehr für 1758 voraus.
1801	Giuseppe Piazzi (1746–1826), Direktor der Sternwarte Palermo, entdeckt den ersten Kleinplaneten und gibt ihm den Namen Ceres.
1802	Carl Friedrich Gauß (1777–1855) berechnet aus den wenigen Beobachtungsdaten die Ceres-Bahn und ermöglicht so ein Wiederauffinden. Bei der Suche stößt Heinrich Wilhelm Olbers (1758–1840) auf einen weiteren Kleinplaneten, der den Namen Pallas erhält.
1846	Astronomen beobachten ein Auseinanderbrechen des Kometen 3D/Biela.
1866	Virginio Schiaparelli (1835–1910) bemerkt die Ähnlichkeit zwischen der von ihm berechneten Bahn der Leoniden-Meteoroiden und der Bahn des Kometen 55P/Tempel-Tuttle, nachdem er bereits zuvor die Übereinstimmung zwischen der Perseiden-Bahn und der des Kometen 109P/Swift-Tuttle gefunden hatte.
1930	Der Kleinplanet Apollo wird als erster Erdbahnkreuzer gefunden; er geht allerdings bald darauf „verloren“ und wird erst 1973 wieder entdeckt.
1950	Fred Whipple (geb. 1906) formuliert das Kometenmodell eines „schmutzigen Schneeballs“ und Jan Hendrik Oort (1900–1992) postuliert eine Wolke von „schlummernden Kometenkernen“ am Rand des Sonnensystems als Nachschubquelle für periodische Kometen.
1951	Ludwig Biermann (1907–1986) leitet aus der Ausrichtung der Kometenschweife die Existenz eines Sonnenwindes ab.
1986	Bei seiner jüngsten Wiederkehr wird der Komet Halley von der europäischen Sonde *Giotto* und mehreren anderen Raumsonden erkundet.
1997	Der Komet Hale-Bopp ist als helles Objekt sogar am Himmel über der Großstadt zu verfolgen.
2004	Die europäische Raumsonde *Rosetta* startet zum Kometen Churyumov-Gerasimenko, den sie 2014 erreichen wird.

Historisch bedingt teilt man die Gruppe der Kometen in langperiodische und kurzperiodische Objekte ein und zieht die Grenze bei etwa 200 Jahren. Der neueste Katalog der Internationalen Astronomischen Union (8. Auflage, 2003) verzeichnet insgesamt 1643 Kometen, von denen 1483 nur bei einer Erscheinung beobachtet wurden, 155 dagegen mehrfach. Von diesen werden rund 1370 den langperiodischen Kometen zugeordnet, daneben sind rund 275 kurzperiodische Kometen bekannt.

Wegen der deutlich kürzeren Umlaufzeiten bei kurzperiodischen Kometen darf man davon ausgehen, dass die entsprechenden Kometenkerne schon ziemlich oft in die Nähe der Sonne gekommen und entsprechend weitgehend ausgegast sind – sie sind zwar nicht wirklich älter als die übrigen Kometen, aber viel schneller gealtert. Gleichwohl können sie sich nicht von Anfang an, also seit rund

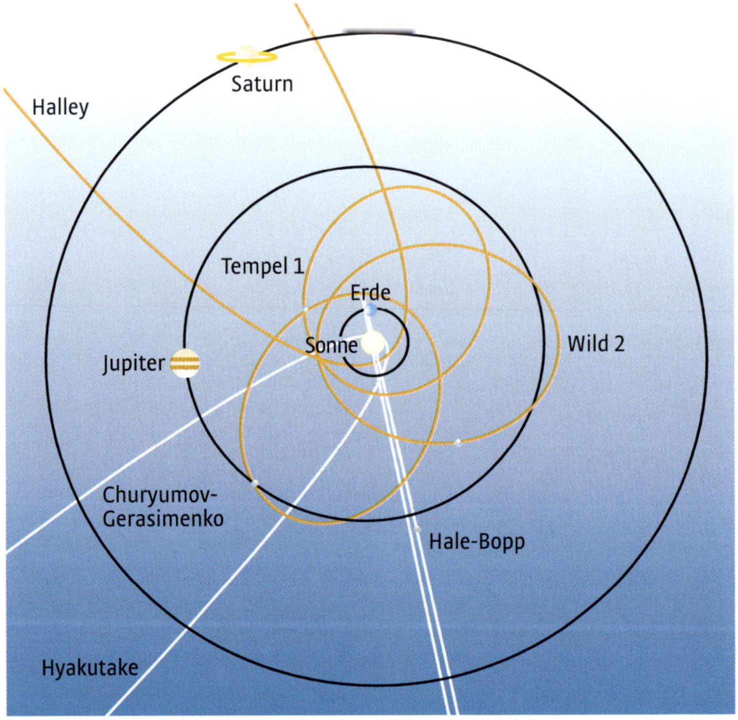

Einige typische Kometenbahnen im inneren Sonnensystem; die eingezeichneten Positionen gelten für den 1. Januar 2005.

4,6 Milliarden Jahren, auf ihren gegenwärtigen Bahnen bewegt haben, da sie sonst längst inaktiv geworden wären – sie können also erst vor astronomisch kurzer Zeit dorthin gelangt sein. Dagegen haben zumindest extrem langperiodische Kometen, die sich während eines viele Jahrtausende dauernden Umlaufs immer nur für wenige Monate in Sonnennähe aufhalten, auf ihrer lang gestreckten Ellipsenbahn gleichsam einen integrierten „Sonnenschutz".

Die Vermutung liegt daher nahe, dass die großen Planeten Jupiter und Saturn aus dem Strom der langperiodischen Kometen immer wieder neuen „Nachschub" für die Gruppe der kurzperiodischen Kometen herausfischen. Darauf deutet auch die Existenz so genannter Kometenfamilien hin, die eine enge Verknüpfung mit einem der beiden Planeten erkennen lassen – etwa dergestalt, dass die sonnenfernsten Abschnitte ihrer Bahnen vergleichsweise eng an der Jupiter- oder der Saturnbahn vorbeiführen oder ihre Umlaufzeiten in einem ganzzahligen Verhältnis zur Umlaufzeit eines der beiden Planeten stehen.

Der Kern des Kometen 81P/Wild 2 ist von zahlreichen Kratern zernarbt.

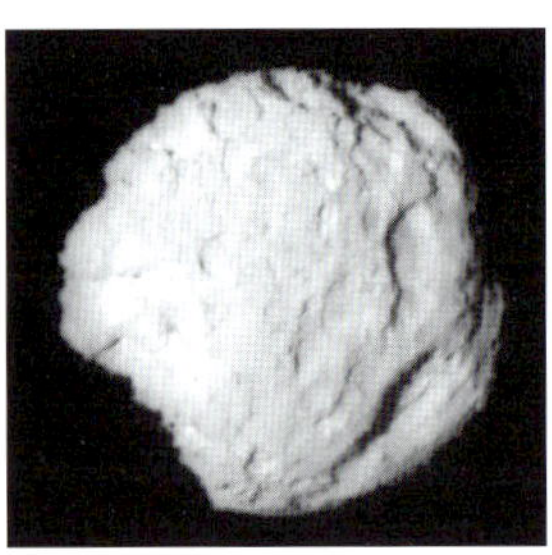

Diese Kometen unterliegen den Störeinflüssen der Gasriesen immer wieder neu: So hat beispielsweise der Komet 81P/Wild 2, der Anfang 2004 Ziel der Raumsonde *Stardust* war (s. auch S. 112), eine bewegte Vergangenheit hinter sich: Vor 1974 zog er auf einer etwa 17,5 Grad gegen die Ekliptik geneigten Bahn, die ihn alle 47 Jahre

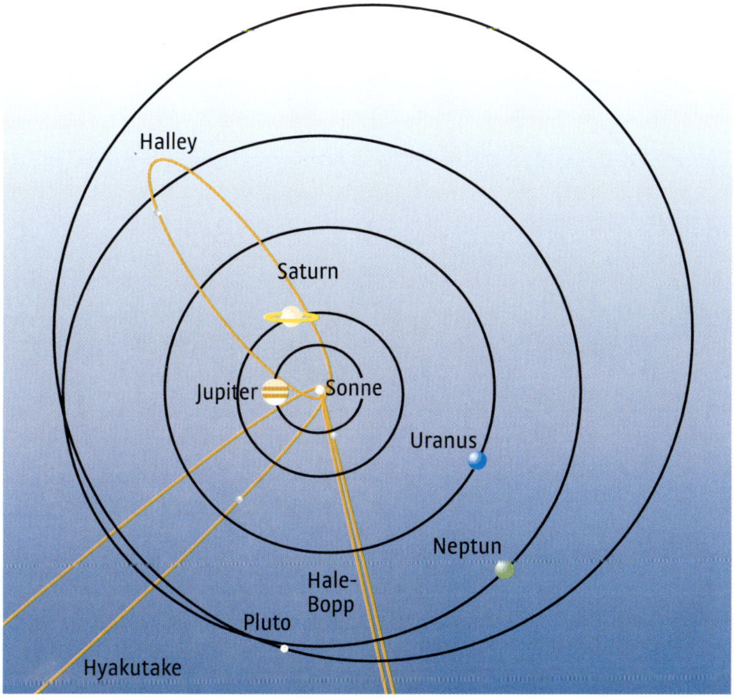

Die Bahnen von Halley, Hyakutake und Hale-Bopp durch das äußere Sonnensystem; die eingezeichneten Positionen gelten für den 1. Januar 2005.

einmal zwischen rund 21 Astronomischen Einheiten und der Jupiterbahn (rund 5 AE) pendeln ließ – damals wäre er als ein so genannter Zentaur (s. S. 104) eingruppiert worden. Im September 1974 kam er dem Riesenplaneten gefährlich nahe, durchquerte das innere Mondsystem und – wurde auf eine neue, kurzperiodische Bahn geworfen, die ihn seither etwa alle 6,4 Jahre einmal zwischen Jupiterbahn und 1,5 AE pendeln lässt. Noch näher – bis auf rund 226 000 km – kam der Komet 82P/Gehrels 3 Mitte August 1970 an den Planeten Jupiter heran; auch er wurde aus seiner Bahn, die ihn vorher zwischen Jupiter und Saturn hin und her geführt hat, so abgelenkt, dass er sich seither auf einer Bahn zwischen Jupiter und Mars bewegt. Geradezu verhängnisvoll wurde die Schwerkraft-Falle von Jupiter für jenen Kometen, der schließlich im Juli 1994 als „Shoemaker-Levy 9“ mit einem spektakulären Sturz in die Jupiteratmosphäre von sich reden machte (s. Abb. S. 102).

Die Benennung der Kometen

1995 hat die Internationale Astronomische Union ein neues System zur Kennzeichnung und Benennung von Kometen eingeführt. Seither erhält ein neu beobachteter Komet zunächst eine vorläufige Bezeichnung, die sich aus einem vorangestellten C, der Jahreszahl, einem so genannten Halbmonatsbuchstaben und der Anzahl der in

Sequenz vom Aufprall eines Bruchstücks des Kometen Shoemaker Levy 9 auf die Jupiteratmosphäre im Juli 1994: Links sieht man die „Explosionswolke“, die rechten Bilder zeigen die Entwicklung der Dunkelwolke, die beim Herabregnen des ausgeworfenen Materials entstand und durch Windströmungen in der Jupiteratmosphäre allmählich aufgelöst wurde.

diesem Halbmonat beobachteten Kometen sowie – in Klammern – dem Namen des Entdeckers zusammensetzt. So entdeckte Jeffrey A. Larsen von der University of Arizona am 12. Februar 2004 den ersten Kometen dieses Monats, der entsprechend die Bezeichnung C/2004 C1 (Larsen) erhielt. Aus den Bahndaten über einen Zeitraum von wenigen Tagen wurde zunächst eine parabolische Bahn mit einem sonnennächsten Punkt bei 4,26 AE ermittelt, der am 12. Oktober 2005 erreicht werden sollte. Anhand dieser vorläufigen Bahn konnte der Komet dann auf früheren Aufnahmen identifiziert werden, und mit Hilfe dieser zusätzlichen Positionen erhielt man schließlich eine elliptische Umlaufbahn mit einer Periode von 39,7 Jahren und einem sonnennächsten Punkt bei 4,35 AE, der aber bereits am 19. März 2003 durchlaufen wurde.

Nach dem gleichen Schema erhielt der Komet, der am 18. März 2004 mit dem automatisch arbeitenden Suchprogramm NEAT (für Near Earth Asteroid Tracking, Bahnverfolgung erdnaher Asteroiden) des Mt.-Palomar-Observatoriums entdeckt wurde, aufgrund seiner zu 9,45 Jahren bestimmten Umlaufzeit die Bezeichnung P/2004 F1. Das vorangestellte P ist Kometen mit einer Umlaufzeit unter 30 Jahren sowie einigen ausgewählten „alten“ langperiodischen Kometen vorbehalten. Wenn dieser Komet bei seinem nächsten Periheldurchgang im Frühjahr 2013 ein zweites Mal beobachtet wird, erhält er zusätzlich noch eine dem P vorangestellte fortlaufende Nummer und wird dann als ###P/Neat weiter geführt – gegenwärtig (Frühjahr 2004) tragen 159 periodische Kometen eine solche Nummer.

Asteroiden als Lückenfüller

Vergleichsweise jung ist unser Wissen um die zweite Gruppe herumfliegender Brocken, die bei uns gelegentlich als kleine Planeten oder Planetoiden bezeichnet werden, international aber unter dem Begriff Asteroiden bekannt sind: Das erste Objekt dieser Art wurde zu Beginn des 19. Jahrhunderts im Bereich zwischen Mars- und Jupiterbahn entdeckt und erhielt den Namen Ceres. Es galt als „Lückenfüller", denn zwischen Mars- und Jupiterbahn klaffte eine auffallend große Leerstelle. Aber schon in den darauf folgenden Jahren fand man weitere Objekte in dieser Region, und noch vor Ende des 19. Jahrhunderts wurde deutlich, dass einzelne Asteroiden diesen ihren „angestammten" Bereich auch verlassen konnten. Heute findet man Asteroiden nahezu überall im Sonnensystem: im Hauptgürtel zwischen Mars- und Jupiterbahn, als Marsbahn-, Erdbahn- und sogar

Die Bahnen von Apollo, Amor und Aten im inneren Sonnensystem; die eingezeichneten Positionen gelten für den 1. Januar 2005.

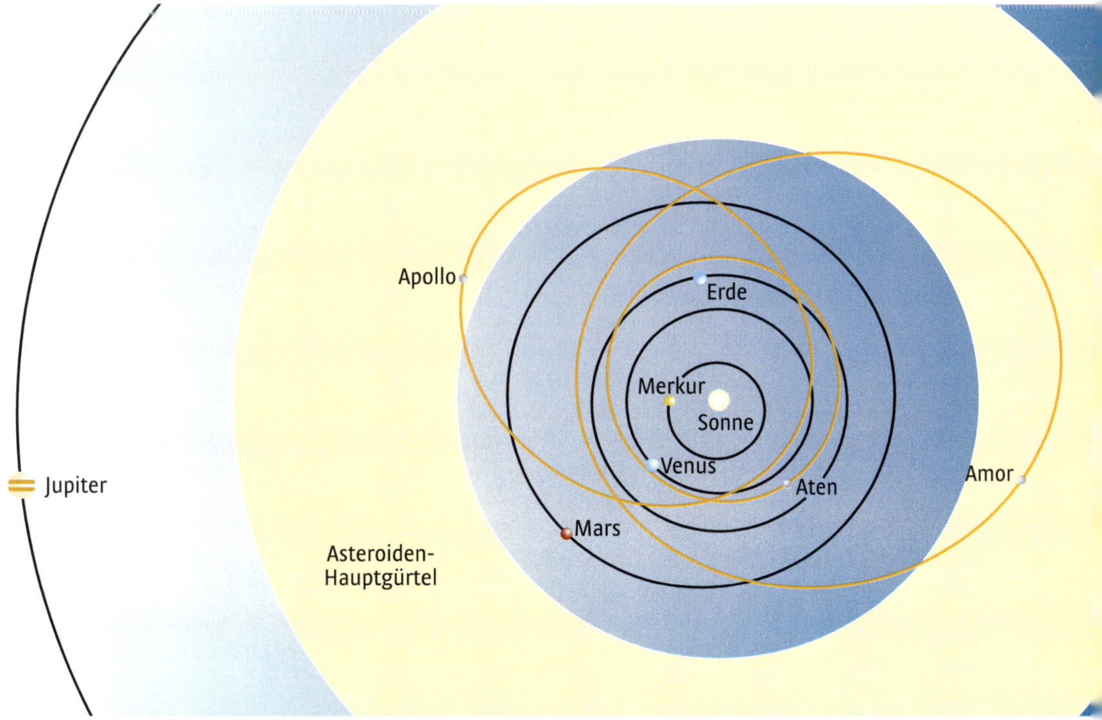

AAA-ASTEROIDEN

Am 12. März 1932 wurde der erste Asteroid entdeckt, der weniger als 10 Millionen Kilometer an die Erdbahn herankommt; er erhielt den Namen Amor und trägt die Nummer 1221. Sechs Wochen später beobachtete man einen Asteroiden, der die Erdbahn sogar kreuzt, verlor ihn aber wieder aus den Augen, bevor die Bahn genau bestimmt werden konnte; Apollo, wie das Objekt benannt wurde, konnte erst 1973 wieder gefunden werden und erhielt dann die Nummer 1862. Am 7. Januar 1976 stieß man dann sogar auf einen Kleinplaneten, dessen mittlere Sonnenentfernung kleiner als eine Astronomische Einheit war; er erhielt den Namen Aten und die Nummer 2062. Heute sind zahlreiche weitere Objekte mit ähnlichen Bahnverhältnissen bekannt – sie werden als Amor-Apollo-Aten-Objekte oder (neuerdings) als NEOs (Near Earth Objects) bezeichnet.

Venus- und Merkurbahn-Kreuzer, aber auch jenseits der Jupiterbahn. Je nach Bahnbereich unterscheidet man zwischen den Hauptgürtelasteroiden, den Apollo-Amor-Aten-Objekten (neuerdings auch als NEOs [für Near Earth Objects, erdnahe Objekte] bezeichnet), der Gruppe der Trojaner, die in der gleichen Entfernung wie Jupiter die Sonne umrunden und etwa 60 Grad vor beziehungsweise hinter dem Riesenplaneten herziehen, den Zentauren, die im Bereich zwischen Marsbahn und dem äußeren Sonnensystem umherziehen, sowie den unter dem Begriff TNO (für Trans Neptune Object, Objekt jenseits der Neptunbahn) zusammengefassten Mitgliedern des so genannten Kuiper-Gürtels, deren Zahl seit der Entdeckung des ersten TNO im Jahr 1992 inzwischen auf nahezu 500 gestiegen ist. Dabei trägt die allgemeinere Bezeichnung „Objekt“ dem Umstand Rechnung, dass eine „gebietsmäßige“ oder gar „bahntypische“ Trennung zwischen Kometen und Asteroiden immer schwieriger wird. So hat man inzwischen nicht nur Kometen auf zuvor „typischen“ Asteroidenbahnen gefunden wie zum Beispiel den Kometen P/Elst-Pizarro, der munter im Asteroiden-Hauptgürtel die Sonne umrundet, sondern auch Asteroiden auf vermeintlich typischen Kometenbahnen – wie etwa 1996 PW, der auf einer lang gestreckten „Kometenellipse“ um die Sonne zieht. Das als Asteroid eingestufte Objekt Phaeton zieht sogar eine typisch kometare Staubschleppe hinter sich her, die für das alljährliche Auftreten der Geminiden-Meteore verantwortlich gemacht wird – er könnte sehr wohl ein ausgegaster Kometenkern sein ...

Sternschnuppen und Steine aus dem All

Womit wir auch schon bei der dritten Erscheinungsform der Materie „zwischen den Planeten“ wären, den Meteoren und Meteoriten: Dies sind mehr oder minder kleine Objekte, die auf ihrem Weg durch das Sonnensystem die Bahn der Erde just in dem Augenblick kreuzen, zu dem auch die Erde selbst den Kreuzungspunkt erreicht. Die Konsequenz ist ein Zusammenstoß, der in aller Regel für den „Eindringling“ ein fatales Ende bedeutet: Beim Eintauchen in die obersten Schichten der Erdatmosphäre wird die Relativgeschwindigkeit von anfangs bis zu 70 km/s abrupt abgebremst, was zu einer extremen Aufheizung führt: Selbst ein Staubkorn von der Größe eines Stecknadelkopfes, das vielleicht nur 1–2 mg wiegt, setzt beim Abbremsen von 70 auf 10 km/s so viel Energie frei wie ein Kleinlaster von 1,85 t, der aus mittlerer Fußgängergeschwindigkeit zum Stillstand gebracht wird! Die Energiemenge reicht, um das Staubkorn verglühen zu lassen und die den Durchflugkanal umgebende Luft zum Leuchten anzuregen, so dass eine Sternschnuppe aufblitzt.

Besondere Aufmerksamkeit finden die regelmäßig wiederkehrenden Meteorströme, deren Auftreten teilweise seit vielen Jahrhun-

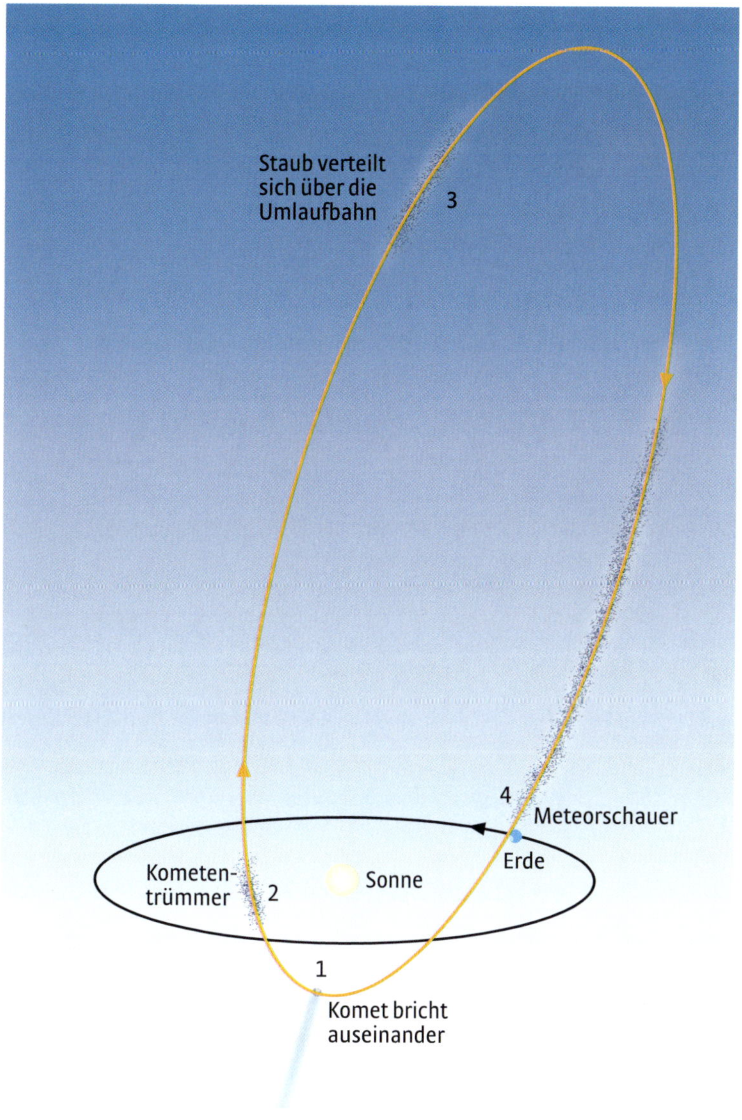

Zur Entstehung von Meteorströmen: Ein Komet verliert Staub oder bricht teilweise auseinander (1), die Zerfallsprodukte verteilen sich entlang der Bahn (2,3) und lösen periodisch wiederkehrende Meteorschauer aus, wenn die Erde die Bahn des Kometen kreuzt (4).

derten dokumentiert ist. Aber erst Mitte des 19. Jahrhunderts wurde deutlich, dass die auslösenden so genannten Meteoroide nichts anderes als Auflösungsprodukte von Kometen sind: Staub, der sich im Laufe der Zeit entlang der Kometenbahnen verteilt hat und nun nach und nach immer dann auf die Erde „regnet", wenn unser Planet den Kreuzungspunkt mit der entsprechenden Kometenbahn passiert.

Man kann leicht überlegen, dass Meteoroide oberhalb einer Mindestgröße von vielleicht einigen Dezimetern ihren Feuerritt durch die Atmosphäre zumindest teilweise überstehen und als Me-

DIE ERGIEBIGSTEN PERIODISCHEN METEORSTRÖME

Name	*Radiant*	*Auftreten von – bis* **Maximum**	*stündl. Rate*	*mittl. Geschwindigkeit in km/s*	*Ursprung*
Quadrantiden	Rinderhirte	1.1.–6.1. **3.1.**	100–200	40	planetarisch*
Lyriden	Leier	12.4.–24.4. **22.4.**	10–20	48	Komet C/1861 G1 (Thatcher)
Eta-Aquariden	Wassermann	1.5.–8.5. **4.5.**	35–60	65	Komet 1P/Halley
Delta-Aquariden	Wassermann	20.7.–10.8. **29.7.**	30	41	ekliptikal*
Perseiden	Perseus	20.7.–20.8. **12.8.**	70	65	Komet 109P/Swift-Tuttle
Tauriden	Stier	19.9.–1.12. **13.11.**	10–20	29	Komet 2P/Encke
Orioniden	Orion	14.10.–28.10. **21.10.**	30–40	60	Komet 1P/Halley
Leoniden	Löwe	15.11.–19.11. **17.11.**	10–20**	70	Komet 55P/Tempel-Tuttle
Geminiden	Zwillinge	6.12.–17.12. **13.12.**	60	40	ekliptikal (3200 Phaeton)
Ursiden	Kleiner Bär	17.12.–24.12. **22.12.**	20	35	Komet 8P/Tuttle

* Planetarische Ströme sind nicht auf Kometen zurückzuführen, sondern werden aus der interplanetaren Materie gespeist. Liegt ihr Radiant im Tierkreis, werden sie als ekliptikale Ströme bezeichnet.

** In den Jahren um die Jahrtausendwende zeigten die Leoniden einzelne, kurze Aktivitätsspitzen, die einer stündlichen Rate von mehreren hundert bis zu einigen tausend Meteoren entsprachen; diese mit der 33,3-Jahre-Periode des Kometen 55P/Tempel-Tuttle zusammenhängende Aktivtät dürfte in den kommenden Jahren aber wieder deutlich zurückgehen.

teorite zu Boden fallen; die Vorstellung, dass solche vom Himmel gefallene Brocken wirklich kosmischen Ursprungs sind, setzte sich allerdings erst im 19. Jahrhundert durch. Mittlerweile gibt es ein globales Netz von Beobachtungsstationen, das den Eintritt solcher Meteorite erfasst und dazu genutzt wird, ihren Aufschlagpunkt einzugrenzen. Manchmal gelingt es auch, die Bahn des Meteoroiden zurückzuverfolgen und seine Herkunft zu bestimmen. Dabei zeigt sich, dass die meisten dieser kosmischen Brocken aus dem Asteroidengürtel stammen und vermutlich Trümmerstücke darstellen, die bei gegenseitigen Kolli-

Die Leoniden im November 2001, von China aus beobachtet.

sionen von Asteroiden abgesprengt wurden; einige wenige Fundstücke lassen sich aufgrund ihrer Zusammensetzung allerdings eindeutig als von Mond oder Mars stammend identifizieren.

KOMETEN

Kometen unterscheiden sich von den übrigen Mitgliedern des Sonnensystems am Himmel gleich in mehrfacher Hinsicht: Sie tauchen meist unerwartet auf, halten sich nicht an die üblichen „Verkehrsregeln“, sondern wandern auf ungewohnten Bahnen quer durch die Sternbilder und präsentieren sich dann auch noch mit einem völlig ungewohnten „Accessoire“ – dem auffälligen Kometenschweif.

Das äußere Erscheinungsbild

Dieser Kometenschweif, der sich mitunter über eine beachtliche Länge erstreckt, hat den Kometen im Volksmund auch die Bezeichnung „Besenstern“ oder „Haarstern“ eingebracht, was übrigens nichts anderes als eine Übersetzung des aus dem griechischen „kome“ (Haar) abgeleiteten Namens ist. Man unterscheidet zwischen einem meist etwas breiteren, mitunter deutlich gekrümmt erschei-

Bild linke Seite:
Der Marsmeteorit ALH 84001 sorgte wegen seiner an Versteinerungen von Mikroorganismen erinnernden Einschlüsse für großes Aufsehen.

Ein Komet entwickelt in Sonnennähe einen gebogenen Staubschweif und einen aus elektrisch geladenen Gasteilchen bestehenden Ionenschweif, der stets geradlinig von der Sonne weg gerichtet ist.

nenden Schweif, dessen gelblich weißes Leuchten ihn als eine das Sonnenlicht reflektierende Staubwolke ausweist, und einem nur selten sehr auffälligen, stets geradlinig von der Sonne weg gerichteten, bläulich schimmernden Schweif, der aus elektrisch geladenen Gasteilchen (Ionen) besteht.

Vor allem diese ungewohnte, den Gesetzen der Schwerkraft scheinbar widersprechende Ausrichtung der Kometenschweife hat sich lange Zeit hindurch einer Erklärung widersetzt. Erst im 20. Jahrhundert kamen die Kometenforscher zu der Überzeugung, dass hierfür eine zu jenem Zeitpunkt noch unbekannte, von der Sonne ausgehende Strömung elektrisch geladener Teilchen verantwortlich sein müsse, der so genannte Sonnenwind. Sie sagten daraufhin dessen Existenz voraus und wurden schließlich durch Messungen der ersten interplanetaren Raumsonden eindrucksvoll bestätigt.

Die Atmosphäre

Ihren Ausgangspunkt nehmen die Schweife in der so genannten Koma, einer Art Kometenatmosphäre. Sie entwickelt sich um den eigentlichen Kern, wenn der Komet nahe genug an die Sonne herankommt, dass die Gase sublimieren (das heißt, vom festen unmittelbar in den gasförmigen Zustand übergehen) können. Je nach kometarer Aktivität ist dies irgendwo im Bereich zwischen Saturn- und Jupiterbahn der Fall – dort zumindest hatte der Komet Hale-Bopp im Sommer 1995 bereits eine beachtliche Koma entwickelt, die ihn selbst über diese Entfernung als Objekt von etwa zehnter Größenklasse erscheinen ließ. Je näher ein Komet an die Sonne herankommt, desto stärker wird seine Gasproduktion, und desto dichter und damit heller kann die Koma werden. Geht man von einer Ausströmgeschwindigkeit der Gase in der Größenordnung von einem Kilometer pro Sekunde aus, so können sich die Gasmoleküle innerhalb eines Tages bis auf knapp 100 000 km entfernen. Dabei werden sie vom Sonnenlicht sehr schnell in einfachere Verbindungen aufgespalten und zum Teil ionisiert, also einzelner Elektronen „beraubt", so dass sie nicht nur zum Leuchten angeregt werden, sondern auch von den im Sonnenwind eingelagerten Magnetfeldern mit nach außen geführt werden können. Als „leuchtende" Gase verraten sie ihre Anwesenheit im Spektrum des Kometen – so konnten unter anderem Ionen von Kohlenmonoxid (CO^+), Kohlendioxid (CO_2^+), Stickstoff (N_2^+), Cyan (CN^+) und Methylidin (CH^+) nachgewiesen werden.

Während eine Kometenatmosphäre selten größer als etliche zehntausend bis hin zu ein paar hunderttausend Kilometer wird, kann sich die 1969 erstmals beim Kometen C/1969 T1 (Tago-Sato-Kosaka) beobachtete, alles umgebende Wasserstoffkorona mehrere Millionen Kilometer weit aufblähen. Sie entsteht durch die Abspaltung von Wasserstoffatomen, die bei der Zersetzung von abströmen dem Wasserdampf freigesetzt werden. Hauptursache für diese gewaltige Ausdehnung ist die große Geschwindigkeit, mit der die einzelnen Wasserstoffatome nach der Abspaltung durch die ultra-

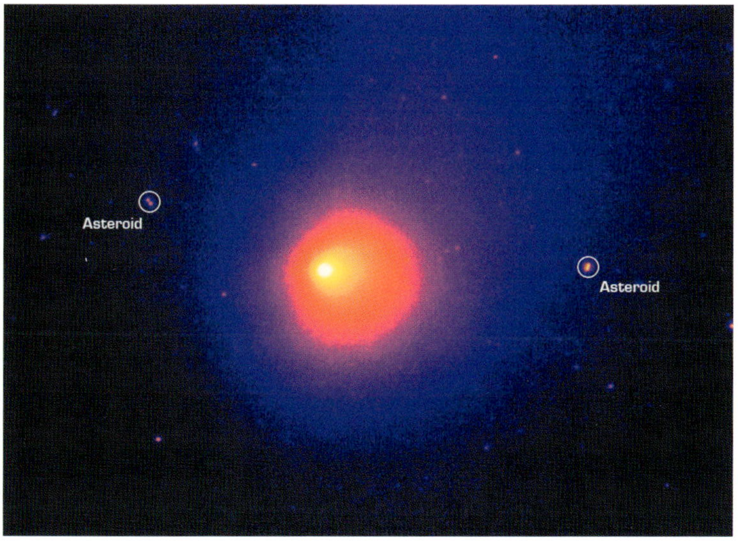

Infrarot-Bild des Kometen 29P/Schwassmann-Wachmann 1, der auf einer nahezu kreisförmigen Bahn etwas jenseits der Jupiterbahn die Sonne umrundet und gelegentliche Helligkeitsausbrüche zeigt.
Die beiden Kleinplaneten 1996 GM36 (links) und 5238 Naozane (rechts) bewegen sich als „Vordergrundobjekte" im Asteroiden-Hauptgürtel; ihre Durchmesser werden auf 3 bzw. 6 km geschätzt.

violette Strahlung der Sonne auseinander treiben – sie liegt bei etwa 20 km/s, und damit „schaffen“ die Wasserstoffatome innerhalb von einem Tag immerhin 1,7 Millionen km.

Da das andere „Spaltprodukt“ des Wasserdampfs, das als Hydroxyl bezeichnete OH-Radikal, bereits 1941 zum ersten Mal in einer Kometenatmosphäre beobachtet wurde, konnte es keinen Zweifel mehr daran geben, dass Wassereis als eines der Hauptbestandteile der Kometen angesehen werden durfte; erstmals direkt sah man Wasserionen (H_2O^+) ein paar Jahre später beim Kometen C/1973 E1 (Kohoutek).

Der innere Aufbau

Wenn aber die Schweife eines Kometen nichts anderes sind als weithin sichtbare Zeichen der Selbstauflösung, stellt sich sofort die Frage, wie denn der eigentliche Komet beschaffen ist. Nachdem man im 19. Jahrhundert die Verknüpfung der Kometen mit den Staubteilchen von Meteorströmen bemerkt hatte, schien manches dafür zu sprechen, dass die Kometen gleichsam als fliegende Sandbänke um die Sonne kreisten. Immerhin waren einige dieser Objekte vor den Augen der Himmelsbeobachter ohne erkennbare Einwirkung von außen auseinander gefallen und hatten sich bald danach ganz aufgelöst – um wirklich kompakte, felsige Brocken konnte es sich allem Anschein nach deswegen kaum handeln. Selbst der notwendige Nachschub an Gas für die Kometenschweife brachte die Forscher zunächst nicht in Erklärungsnöte, denn dieses Gas konnte in Form einer mehr oder minder dicken Eiskruste um die einzelnen Staubkörner mitgeführt werden.

Nachdem spektroskopische Beobachtungen eine Vorstellung von den Mengen der abströmenden Gase ermöglichten, stellten sich allerdings zunehmend Zweifel an diesem Kometenmodell ein:

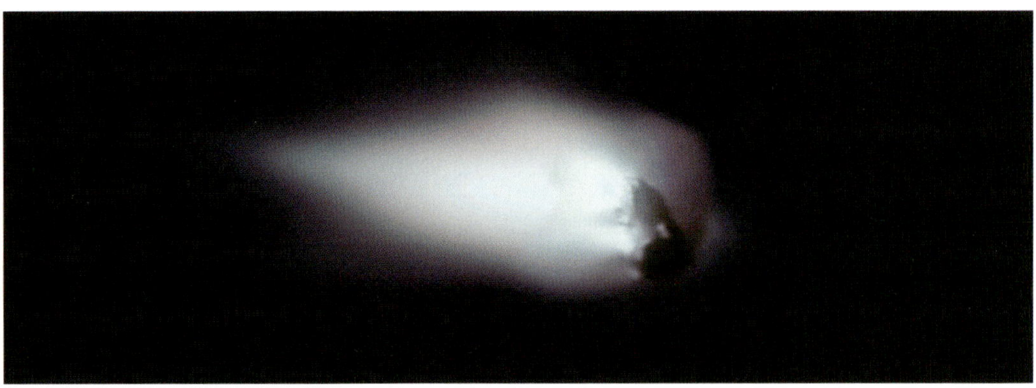

Der Kern des Kometen 1P/Halley, aufgenommen im März 1986 von der europäischen Kometensonde *Giotto*.

Andauernde Verluste von vielen Tonnen Materie pro Sekunde hätten die Vorräte an gefrorenen Gasen spätestens nach einigen wenigen Umläufen aufgezehrt, so dass die Kometen eigentlich längst hätten „ausgestorben" sein müssen. Aus diesem nun doch unübersehbaren Erklärungsnotstand heraus entwickelte der amerikanische Astronom Fred Whipple Mitte des 20. Jahrhunderts sein Alternativ-Modell vom Kometenkern als einem „schmutzigen Schneeball", in dem gefrorene Gase den Hauptanteil stellen und den eingelagerten Staub gleichsam wie in einem erstarrten Gelee festhalten.

Die europäische Kometensonde *Giotto*.

1986, bei der vorerst letzten Wiederkehr des Kometen **1P/Halley**, konnte dieses Modell an der Wirklichkeit überprüft werden. Gleich mehrere Sonden wurden ausgesandt, den Kometen aus der Nähe zu erforschen, darunter auch die äußerst erfolgreiche europäische Kometensonde *Giotto*, die bis auf knapp 600 km an das Objekt herankam: Bis zu einem Zeitpunkt wenige Sekunden vor der größten Annäherung übermittelte sie zahlreiche Fotos des Kometenkerns, doch dann wurde die seitlich aus der Sonde herauslugende Kamera wohl von einem auftreffenden Staubkorn außer Gefecht gesetzt – immerhin raste *Giotto* mit einer Relativgeschwindigkeit von rund 70 km/s durch die innere Koma des Kometen, so dass auch ein kleines Staubteilchen der Sonde gefährlich werden konnte.

Auf den Bildern sieht man ein längliches, ziemlich unregelmäßig geformtes Gebilde von etwa 16 x 8,2 x 8 km Größe, das an eine übergroße Kartoffel erinnert. Deutlich zu erkennen sind mehrere Vertiefungen, die als Krater gedeutet werden können, eine zentrale Senke sowie ein vielleicht mehrere hundert Meter hoher Berg, dessen „Gipfel" noch (oder schon) von der Sonne beschienen wird, während die Basis bereits (oder noch) im Schatten liegt.

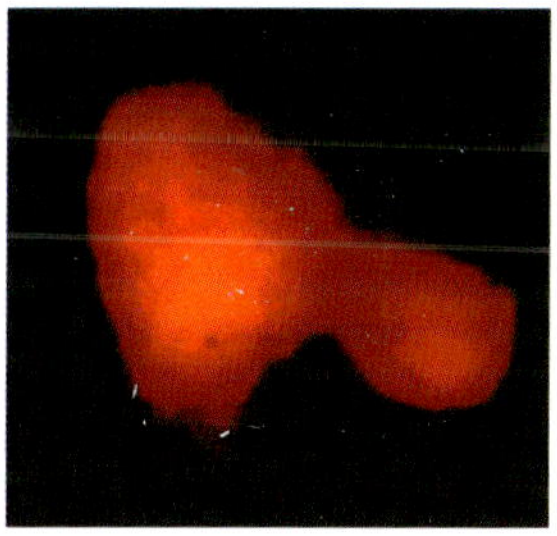

Halleys Kern, aufgenommen von der sowjetischen Raumsonde *Vega 2*.

Überrascht waren die Forscher über das extrem niedrige Rückstrahlvermögen der Kometenoberfläche, das bei gerade einmal vier Prozent liegt. Unerwartet war auch die Konzentration der Aktivität auf einige wenige Zonen, die zusammen nur etwa zehn Prozent der Kometenoberfläche ausmachen. Trotzdem verlor der Komet aus diesen Eruptionsgebieten pro Sekunde rund 200 t Gas und Staub. Aus der Wirkung des entsprechenden Rückstoßes, der zu einer leichten, aber beständigen Kursabweichung führte, konnte die Masse des Kometenkerns zu etwa 100 Milliarden Tonnen abgeleitet werden – und daraus ebenfalls die überraschend geringe mittlere Dichte von nur etwa 0,2 Gramm pro Kubikzentimeter.

Der mitgeführte Detektor zur Untersuchung von Staubteilchen registrierte einen auffallend hohen Gehalt an leichten Elementen wie Wasserstoff, Kohlenstoff, Stickstoff und Sauerstoff; schon bald war nur noch von den „CHON-Partikeln" die Rede (der Begriff setzt sich aus den chemischen Symbolen dieser Elemente zusammen). Offenbar enthielten die typischen „Staubkörner" des Kometen einen mineralischen Kern, der von einer Kruste aus organischem Material umgeben war, und auch sie besaßen nur eine geringe mittlere Dichte.

Anhand dieser Substanzen ließ sich schließlich auch das auffallend niedrige Reflexionsvermögen des Kometenkerns modellieren: Denkbar war, dass die gefrorenen Gase wie Methan-, Ammoniak-, Wasser- und Kohlendioxideis durch den Beschuss mit kosmischer Strahlung und die Wechselwirkung mit dem Sonnenwind verändert wurden; dabei würden Wasser und Wasserstoff verloren gehen, während sich die zurückbleibenden Molekülreste zu so genannten ungesättigten Kohlenwasserstoffen verbinden und dabei eine teerähnliche, fast schwarze Substanz bilden würden, die weite Teile der Kometenoberfläche bedeckt. Spätere Experimente mit künstlichen Kometenkernen im Labor, die vor allem der Vorbereitung neuer Kometensonden und deren instrumenteller Ausstattung dienten, haben diese Überlegungen weitgehend bestätigt.

Neue Kometensonden

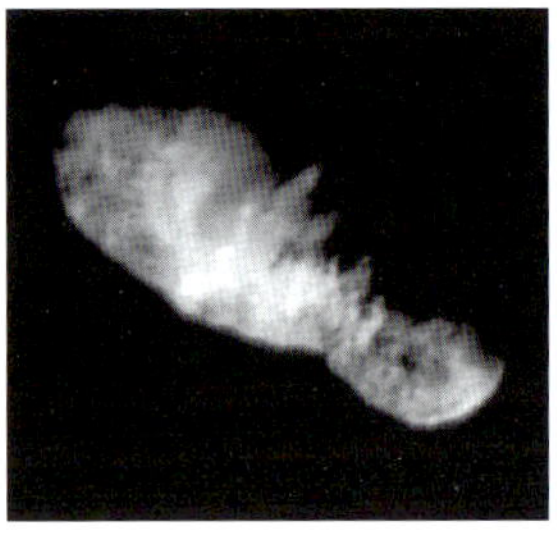

Der Kern des Kometen 19P/Borrelly.

Die amerikanische Kometensonde *Stardust*. Unten links ist die weiße Rückkehrkapsel zu erkennen, die im Januar 2006 mit ihrer kostbaren Fracht auf der Erde landen soll.

Unterdessen sind weitere Raumsonden zur Erforschung der Kometen gestartet worden. So flog die amerikanische Sonde *Deep Space 1* im September 2001 in einer Entfernung von etwa 2000 km am Kometen **19P/Borrelly** vorbei und übermittelte mehrere Bilder, auf denen ein ebenfalls sehr dunkles, längliches Objekt von etwa 8 km Ausdehnung zu erkennen ist. Auch auf Borrelly, der mit einer Umlaufzeit von 6,86 Jahren zu den kurzperiodischen Kometen der Jupiterfamilie gehört, fand man nur wenige aktive Bereiche, obwohl der Komet zehn Tage vor dem Sonden-Vorbeiflug den sonnennächsten Punkt seiner Bahn in etwa 203 Millionen km Abstand zur Sonne passiert hatte.

Anfang Januar 2004 zog *Stardust*, eine weitere amerikanische Sonde, rund 280 Millionen km von der Sonne entfernt in nur rund 240 km Abstand am Kern des Kometen **81P/Wild 2** vorbei und übermittelte insgesamt mehr als 70 Aufnahmen, die ein völlig anderes Objekt zeigen: noch (?) ziemlich rund, wenngleich mit einer (noch?) rauen Oberfläche und etlichen, zum Teil recht tiefen Kratern. Aber obwohl dies die bislang schärfsten Bilder eines Kometenkerns sind, waren sie eigentlich nur eine Gratisbeigabe der Navigationskamera: Das eigentliche Ziel der Mission bestand darin, möglichst viele Staubpartikel aus der Umgebung des Kometen aufzusammeln und zur Erde zurückzubringen. Das Einsammeln war selbst bei einer Relativgeschwindigkeit von rund 6 km/s keine einfache Aufgabe, die nur mit Hilfe eines besonderen Auffangmaterials absolviert werden konnte – mit Aerogel, einem „Hauch von Nichts", der zu über 99 Prozent aus leerem Raum besteht. Es handelt sich um feinst verteiltes Silikatmaterial, das zu einem feinporigen, schwammähnlichen Netzwerk gesintert wird. Staubteilchen, die mit 6 km/s auf dieses Material treffen, werden gleichsam federweich abgebremst – auf einer Strecke,

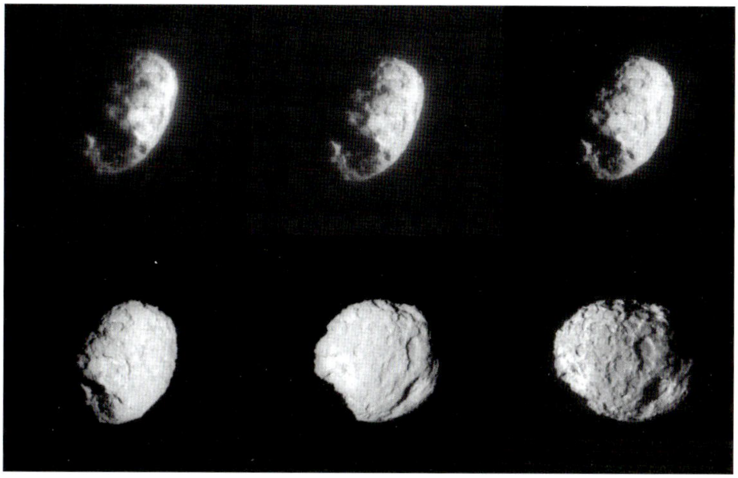

Der Kern des Kometen 81P/Wild 2 aus nächster Nähe. Aufnahmen der Kometensonde *Stardust*.

die etwa dem 200fachen des eigenen Durchmessers entspricht – und dabei kaum erhitzt, also möglichst wenig verändert.

Man geht davon aus, dass der an einen überdimensionalen Tennisschläger erinnernde Kometenstaubfänger beim Flug durch die Koma von 81P/Wild 2 etwa 20 bis 30 g Material aufgesammelt hat. Während der Komet, der drei Monate vor der Begegnung seinen sonnennächsten Bahnpunkt durchlaufen hatte, sich anschließend weiter in Richtung Asteroiden-Hauptgürtel bewegte, blieb *Stardust* allmählich zurück, „drehte" gleichsam ab und kehrt in einem engeren Bogen zur Erde zurück, wo die Ankunft für Mitte Januar 2006 erwartet wird. In etwa 111 000 km Entfernung soll dann die rund 45 kg schwere, kegelförmige Rückkehrkapsel mit dem eingelagerten Kometenmaterial abgesprengt werden und wenige Stunden später mit einer Geschwindigkeit von 12,8 km/s unter einem ziemlich flachen Winkel in die obere Atmosphäre eindringen. Nach einer ersten Phase der aerodynamischen Abbremsung soll sich in 30 km Höhe ein erster Fallschirm öffnen und in 3 km Höhe schließlich der Hauptfallschirm, der die Kapsel mit rund 16 km/h (etwa Radfahr-Geschwindigkeit) aufsetzen lässt.

Zu diesem Zeitpunkt soll eine dritte amerikanische Kometenmission bereits erfolgreich beendet sein: *Deep Impact*. Mit dieser Mission, die im Dezember 2004 starten soll, wollen amerikanische Kometenforscher eine 370 kg schwere Kupfermasse mit einer Geschwindigkeit von mehr als 10 km/s in den Kern des Kometen **9P/Tempel 1** stürzen lassen. Die Wissenschaftler hoffen, dass dabei ein bis zu 100 m großer und mehr als 25 m tiefer Krater in den Kometenkern geschlagen wird und so ein neues Aktivitätszentrum entsteht, aus dem anschließend „frisches" Kometenmaterial aus der Tiefe nach außen dringt. Die Forscher wollen diesen Ausbruch dann mit Spektrometern und Kameras an Bord der Sonde sowie von der

Deep Impact soll einen frischen Krater in die Oberfläche des Kometen 9P/Tempel 1 schlagen.

DER WEITE WEG ZUM KOMETEN CHURYUMOV-GERASIMENKO

Nach dem Start am 2. März 2004 ist *Rosetta* zunächst auf eine Bahn um die Sonne gelangt, die die Sonde Anfang März 2005 wieder an der Erde vorbeiführen wird; dabei wird die Sonde dann so weit beschleunigt, dass sie im Februar 2007 in einer Entfernung von nur 200 km am Mars vorbeifliegen und im November des gleichen Jahres erneut die Erde passieren wird. Danach reicht der Schwung für einen ersten „Ausflug" in den Asteroidengürtel und einen Vorbeiflug am nur wenige Kilometer großen Kleinplaneten 2876 Steins, der am 8. September 2008 bei einer Geschwindigkeit von rund 9 km/s aus etwa 1700 km Entfernung erkundet werden soll. Bei einem dritten Vorbeiflug an der Erde im November 2009 wird *Rosetta* dann den letzten „Kick" für einen Flug bis in den Bereich der Jupiterbahn erhalten, auf dem Weg dorthin am 10. Juli 2010 mit einer Geschwindigkeit von 15 km/s in rund 3000 km Entfernung am etwa 100 km großen Asteroiden 21 Lutetia vorbeifliegen und etwa ein Jahr später nach einem letzten Bahnkorrekturmanöver in eine Art Winterschlaf versetzt – dort draußen ist die Sonneneinstrahlung so gering, dass selbst die 64 Quadratmeter großen Sonnenzellenflächen nicht genügend Strom liefern. Erst im Januar 2014, rund ein halbes Jahr vor dem Rendezvous mit dem Kometen, wird die Sonde wieder voll reaktiviert und während der Annäherungsphase bereits erste Bilder und Daten übermitteln. Nach dem für Herbst 2014 geplanten Absetzen des Landers soll der Orbiter den Kometen noch mindestens ein Jahr lang aus der Umlaufbahn beobachten und dabei das allmähliche „Erwachen" der kometaren Aktivitäten verfolgen – wenn alles klappt, auch über den Zeitpunkt des Periheldurchganges im Oktober 2015 hinaus.

Erde aus beobachten und analysieren. Das kosmische Feuerwerk der besonderen Art ist für den 4. Juli 2005 geplant, den amerikanischen Unabhängigkeitstag.

Die wohl ehrgeizigste Kometenmission aber ist seit dem 2. März 2004 unterwegs: die europäische *Rosetta*-Sonde, die nach mehreren Swingby-Passagen an Erde und Mars im Sommer 2014 ihr

Der Lander *Philae* (rechts) soll im Herbst 2014 auf dem Kern des Kometen 67P/Churyumov-Gerasimenko (Bild unten) aufsetzen und dort wissenschaftliche Untersuchungen anstellen.

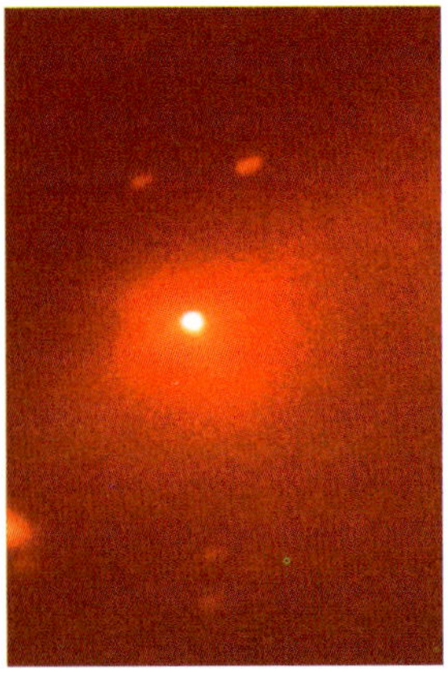

Ziel – den Kometen **67P/Churyumov-Gerasimenko** – erreichen und dort den Lander *Philae* auf dem Kern absetzen soll. Aufgabe dieses etwa 50 kg „leichten" Gerätes wird es sein, die Kometenmaterie vor Ort fotografisch zu erfassen und chemisch zu analysieren; dabei werden einzelne Messsonden auch in die Kruste des Kometenkerns getrieben. Ursprünglich hatte die Sonde sogar mit einem amerikanischen Rückkehr-Modul ausgestattet werden und – nach einem Start zu Beginn des 3. Jahrtausends – den Kometen bereits im Sommer 2008 ansteuern sollen, doch der Rückzug der NASA aus der Mission machte eine teilweise Neuplanung nötig, die ihrerseits zu einer Verzögerung führte und die Auswahl eines anderen Kometen erforderlich machte. So war zwischenzeitlich der Komet 46P/Wirtanen im Visier der Kometenforscher, der mit einem Start im Januar 2003 nach einer Flugzeit von etwa 8,5 Jahren erreicht worden wäre. Doch dann scheiterte der vorausgehende Start einer *Ariane*-5-Rakete, und die Betreibergesellschaft Arianespace kam mit der europäischen Weltraumagentur ESA überein, den *Rosetta*-Start bis zur Klärung der Ursachen zurückzustellen, was eine neuerliche Suche nach einem Ersatzziel notwendig werden ließ. So wurde am Ende dann doch wieder der ursprüngliche Komet ausgewählt, der sich im sonnenfernen Bahnteil noch jenseits der Jupiterbahn bewegt.

Die europäische Kometensonde *Rosetta* ist auf dem langen Weg zum Kometen 67P/Churyumov-Gerasimenko, den sie 2014 erreichen soll.

ASTEROIDEN

Lange Zeit machten die Asteroiden ihrem Namen alle Ehre, waren sie doch lediglich als sternähnliche Lichtpunkte am Himmel zu erkennen. Viel war über diese Objekte nicht in Erfahrung zu bringen, und so konzentrierten sich die Astronomen darauf, Statistiken über ihre Bahnen zu erstellen und über diesen „dynamischen" Umweg etwas über die Entstehung und die Vergangenheit der Asteroiden herauszufinden. Immerhin galt es zu erklären, warum zwischen Mars- und Jupiterbahn eine so große Lücke klaffte, in der statt eines großen Planeten zahllose kleinere Brocken die Sonne umrundeten. Sollte es sich am Ende wirklich um die Trümmer einer planetaren Katastrophe handeln, wie seit der Entdeckung der Asteroiden zu Beginn des 19. Jahrhunderts immer wieder einmal spekuliert wurde?

Das äußere Erscheinungsbild

Dass zumindest ein Teil der heutigen Asteroiden als Trümmer von früher größeren Objekten angesehen werden muss, ist mittlerweile unbestritten. Bereits 1918 wies der japanische Astronom Kiyotsugu

„AUSSENSEITER“

Im Frühjahr 2004 waren neben weit über 50 000 Hauptgürtel-Asteroiden mehr als 3750 „Außenseiter“ bekannt: 788 TNOs, 150 Zentauren und SDOs (Scattered Disc Objects, Asteroiden, die sich auf vergleichsweise elliptischen Bahnen jenseits des Asteroiden-Hauptgürtels bewegen) sowie 2825 NEOs, von denen 564 als potenziell gefährlich eingestuft wurden, weil ihre Bahnen weniger als 7,5 Millionen km an der Erde vorbeiführen und ihr (zum Teil nur geschätzter) Durchmesser größer als 175 Meter ist.

Hirayama auf Ähnlichkeiten in den Bahnelementen verschiedener Asteroiden hin und bildete daraus zunächst drei „Familien“; später konnte er vier weitere Gruppen hinzufügen.

Heute werden über 60 solcher Asteroidenfamilien als „statistisch signifikant“ akzeptiert, und spektroskopische Beobachtungen zeigen, dass die „Verwandtschaft“ nicht selten über eine bloße Ähnlichkeit der Bahnelemente hinausgeht. In den 1970er Jahren hatte man damit begonnen, das Reflexionsvermögen von Kleinplaneten in verschiedenen Wellenlängen zu untersuchen und mit dem allgemeinen Rückstrahlvermögen, der so genannten Albedo, in Beziehung zu setzen; davon erhoffte man sich Rückschlüsse auf das Oberflächenmaterial und dessen Beschaffenheit. Da einige Jahre zuvor außerdem gezeigt werden konnte, dass vermutlich die meisten Meteorite aus dem Asteroidengürtel stammen, hielt man bei der Klassifizierung der Asteroiden auch nach Ähnlichkeiten mit meteoritischen Besonderheiten Ausschau.

Aus den verbesserten Daten über das Reflexionsvermögen ließen sich auch die Durchmesser der Asteroiden genauer bestimmen; in etlichen Fällen haben Beobachtungen von Sternbedeckungen oder periodischen Helligkeitsschwankungen darüber hinaus unregelmäßig geformte „Querschnitte“ erkennen lassen.

Die Oberflächen

Auf ihrem Weg zum Planeten Jupiter zog die Raumsonde *Galileo* im Oktober 1991 in einer Entfernung von etwa 1600 km am Kleinplaneten **951 Gaspra** vorbei und übermittelte insgesamt rund 150 Aufnah-

DIE KLASSIFIZIERUNG DER ASTEROIDEN

Ursprünglich begnügte man sich bei der Klassifizierung der Asteroiden mit einer Dreiteilung, die auch durch unterschiedliche Albedowerte unterstützt wurde (die Albedo ist ein Maß für das Reflexionsvermögen eines Himmelskörpers):

- Mehr als 75 Prozent aller bekannten Asteroiden präsentieren sich als recht dunkle Objekte und weitgehend „farbneutral“, gerade so, wie man es von der als „kohlenstoffreiche Chondrite“ bezeichneten Meteoritenklasse kennt – sie werden entsprechend als C-Asteroiden eingestuft.
- Etwa 17 Prozent der Asteroiden erscheinen vergleichsweise hell (mit Albedowerten zwischen 0,1 und 0,22) und zeigen eine erkennbare Rotfärbung, wie man es von metallreichem Silikatgestein erwartet – ihre Mitglieder werden entsprechend als S-Asteroiden bezeichnet.
- Daneben gibt es noch einzelne Objekte, die irgendwo dazwischen passen, und weil sie ein ähnliches Aussehen wie Metalloberflächen (vor allem Eisen und Nickel) zeigen, erhielt diese Kleingruppe den Buchstaben M zur Bezeichnung.

Inzwischen sind die Differenzierungsmerkmale weiter verfeinert worden, so dass man mittlerweile wesentlich mehr Asteroidenklassen und -untergruppierungen unterscheidet.

DIE GRÖSSTEN BEKANNTEN ASTEROIDEN DER EINZELNEN GRUPPEN

Name	*Durchmesser in km*	*Gruppe*
Sedna	1700	IOC
Quaoar	1300	TNO
1 Ceres	930	Hauptgürtel
1036 Ganymed	35	NEA
4953 (1990 MU)	6	PHA
1566 Icarus	0,9	Apollo

IOC = Inner Oort Cloud, Mitglied der inneren Oortschen Wolke (vgl. ab S. 193)
TNO = Trans-Neptun-Objekt (vgl. ab S. 187)
NEA = Near Earth Asteroid, erdnaher Asteroid
PHA = Potentially Hazardous Asteroid, potenziell gefährlicher Asteroid
Apollo-Gruppe: Mitglieder gehören zu den Erdbahnkreuzern
(Stand Frühjahr 2004)

men. Sie zeigten ein etwa 19 x 12 x 11 km großes Objekt, das eine gewisse Ähnlichkeit zu den beiden Marsmonden erkennen ließ – von zahlreichen Kratern zernarbt und offenbar über weite Teile mit einer mehr oder minder dicken Staubschicht überzogen. Auffallend ist die vergleichsweise geringe Zahl großer Krater, was auf eine „junge" Oberfläche schließen lässt. Dazu passt, dass Gaspra einer Asteroidenfamilie zugeordnet werden kann: Der Kleinplanet gehört zur Flora-Familie, der größten bekannten Asteroidenfamilie mit weit über 250 Mitgliedern, die aus der Kollision eines mehr als 200 km großen Mutterkörpers mit einem anderen Objekt hervorgegangen sein dürfte. Auch die vielen, etwa 300 bis 500 m breiten und mehrere dutzend Meter tiefen Rillen, die auf „Risse" in der Struktur des Asteroiden-

Der Kleinplanet 951 Gaspra wurde im Oktober 1991 als erster Asteroid aus der Nähe portraitiert; seine Oberfläche ist von zahlreichen kleinen und einigen größeren Kratern zernarbt.

Der Kleinplanet 243 Ida mit seinem Mond Dactyl.

körpers schließen lassen, deuten auf eine solche Katastrophe in der frühen Vergangenheit von Gaspra hin.

Seither sind noch fünf weitere Kleinplaneten aus der Nähe fotografiert worden:

Im August 1993 flog *Galileo* noch an der mit etwa 58 x 23 km Durchmesser deutlich größeren **243 Ida** vorbei und entdeckte dort in einer Entfernung von etwa 90 km einen kleinen Asteroidenmond; der eiförmige, etwa 1,6 x 1,2 km große Brocken erhielt den Namen **Dactyl**. Die Fotos zeigen auch auf Dactyl über ein Dutzend Krater zwischen 80 und 300 m Durchmesser.

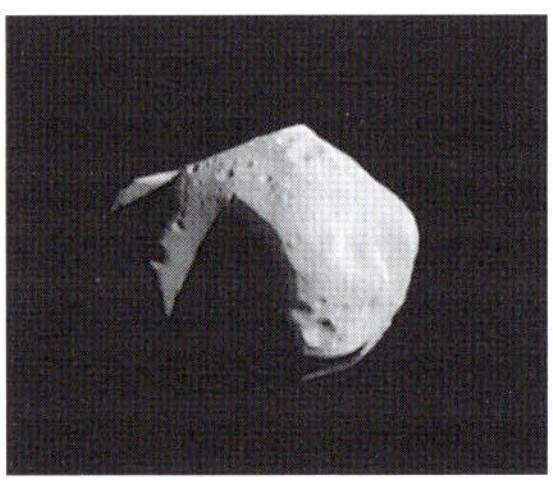

Der Kleinplanet 253 Mathilde erwies sich als auffallend „luftig“-locker gepackte Ansammlung von Gesteinsbrocken, die von einer mächtigen Staubschicht umhüllt ist.

Im Juni 1998 passierte die Raumsonde *NEAR* den Asteroiden **253 Mathilde**, einen etwa 52 km großen C-Asteroiden, dessen dunkle, kohlenstoffreiche Oberfläche nur etwa 3 Prozent des auftreffenden Sonnenlichtes zurückwirft. Seine Oberfläche ist von ungewöhnlich vielen sehr großen Kratern zernarbt, die einen Blick tief ins Innere des Asteroiden gewähren. Auswurfmaterial suchten die Forscher allerdings vergeblich, und so wurde vorgeschlagen, dass die Oberfläche an diesen Stellen förmlich nach innen gepresst wurde. Unterstützt wird diese Annahme durch die auffallend geringe mittlere Dichte von etwa 1,3 g/cm^3, die auf ein sehr poröses Inneres schließen lässt. Darüber hinaus scheinen die Einschläge den Asteroiden kaum „erschüttert“ zu haben, denn die einzelnen Riesenkrater zeigen keinerlei „Erdrutsche“, die beim Aufprall der übrigen Brocken ausgelöst worden wären.

Auch der Kleinplanet 9969 Braille zeigt eine auffallend längliche Form.

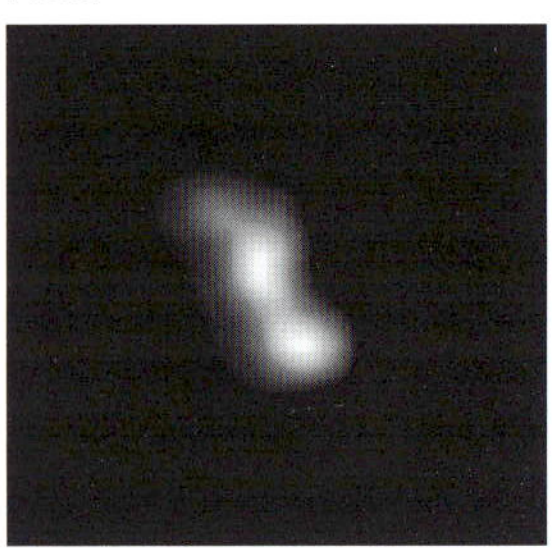

Ende Juli 1999 zog *Deep Space 1* in einer Entfernung von lediglich 27 km an **9969 Braille** vorbei, einem nur etwa 2,2 x 1 km großen Gesteinsbrocken, dessen Infrarot-Spektrum anfangs eine enge Verwandtschaft zum Kleinplaneten Vesta nahe legte; später mussten die Angaben allerdings revidiert werden, so dass Braille jetzt als Q-Asteroid ähnlich zu Apollo eingestuft wird. Leider sind auf den Bildern

keine Oberflächendetails zu erkennen, da sie erst 15 Minuten nach dem Vorbeiflug aufgenommen wurden – wegen der schlechten Beleuchtungsverhältnisse konnte die automatische Kamera dem Asteroiden während der größten Annäherung nicht folgen.
Am 23. Januar 2000 kreuzte *Cassini* den Kurs des Asteroiden **2685 Masursky**, konnte den etwa 15 bis 20 km großen Gesteinsbrocken aus einer Entfernung von 1,5 Millionen km aber nur als winzigen Lichtfleck erfassen.
Im November 2002 passierte *Stardust* den Asteroiden **5535 Annefrank** in einer Distanz von rund 3300 km. Auch dieser unerwartet dunkle Asteroid ist unregelmäßig geformt und von Kratern zernarbt, wiewohl man auf den Bildern nicht viele Details erkennen kann. Mit 8 km Durchmesser erwies sich Annefrank als etwa doppelt so groß wie angenommen.
Die größte Ausbeute aber lieferte *NEAR* (für Near Earth Asteroid Rendezvous, Treffen mit einem erdnahen Asteroiden) im Jahr 2000, als die Sonde in eine Umlaufbahn um den Kleinplaneten **433 Eros** einschwenkte und ein Jahr lang Daten und Bilder zur Erde übermittelte. Sie zeigen ein längliches, an einen überdimensionalen Bumerang erinnerndes Objekt, das bis zur Grenze des Auflösungsvermögens mit Kratern übersät ist. Schon die ersten Aufnahmen bestätigten frühere Radarbeobachtungen von der Erde aus, nach denen der Kleinplanet Eros eine auffallend längliche Form besitzt: Sein größter „Durchmesser“ beträgt rund 34 km, die „Dicke“ dagegen nur etwa 11 km; auf seiner Oberfläche hätten immerhin die Städte Hamburg und München zusammen Platz. Aus den Daten der Sonden-Umlaufbahn konnte die Masse des Kleinplaneten zu 6,7 Billionen t und damit seine mittlere Dichte zu etwa 2,67 g/cm³ bestimmt werden. Daraus ergibt sich eine Fluchtgeschwindigkeit zwischen elf und 62 km/h, so dass man auf Eros an der richtigen Stelle mit einem Fahrrad in den Weltraum starten könnte.

Auf der kraterübersäten Oberfläche fallen zwei „Löcher“ besonders auf: Ein etwa 5,5 km großer und 900 m tiefer Einschlagkrater sowie eine rund 10 km große Vertiefung („Sattel“), die möglicherweise ebenfalls auf einen Einschlag von außen zurückgeht. Das kleinere Loch dürfte durch den Zusammenstoß mit einem etwa 300 m großen Brocken entstanden sein, das größere von einem rund 500 m großen Meteoriten stammen. Die relativen Häufigkeiten der übrigen Krater machen deutlich, dass Eros in der Frühzeit des Sonnensystems einem gleich heftigen Bombardement ausgesetzt war wie die übrigen Objekte (Planeten, Monde und andere Kleinplaneten) im inneren

Aus einer Entfernung von 1,5 Millionen km erschien der etwa 15 – 20 km große Kleinplanet 2685 Masursky nur als punktförmiges Objekt.

Der auffallend dunkle Kleinplanet 5535 Annefrank lässt aus 3300 km Entfernung nicht viele Einzelheiten erkennen.

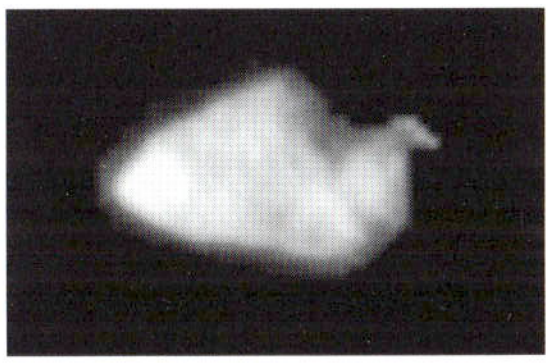

Der Kleinplanet 433 Eros erinnert auf dieser Bildsequenz an einen umherwirbelnden Ballettschuh.

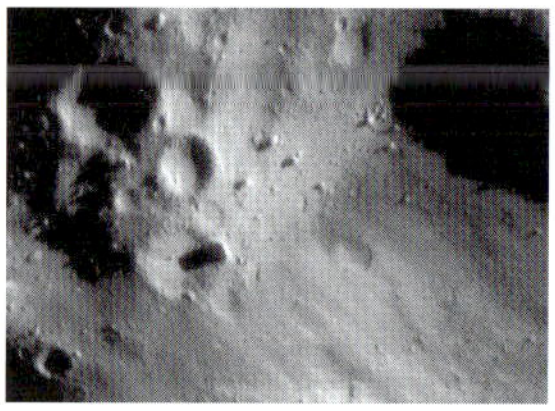

Aus einer Entfernung von 35 km fotografierte *NEAR* diesen abwechslungsreichen Ausschnitt der Oberfläche des Kleinplaneten 433 Eros, der im linken Teil von zahlreichen Kratern zernarbt ist, rechts dagegen einen ziemlich glatten Streifen aufweist, der an die Spur eines Erdrutsches erinnert.

Eine der letzten Aufnahmen von *NEAR* vor der Landung auf Eros.

Sonnensystem; allenfalls Krater mit einem Durchmesser von mehr als 2 km sind vergleichsweise selten. Dies lässt vermuten, dass Eros seine bizarre Form schon sehr früh besessen hat und nicht erst später aus dem Zusammenstoß zweier größerer Asteroiden hervorgegangen ist. Umgekehrt kann seine auffällige Gestalt aber auch nicht aus einer sanften Zusammenführung zweier kleinerer Asteroiden entstanden sein: Die Vermessung des Schwerefeldes zeigt nämlich, dass die innere Struktur des länglichen Körpers ziemlich gleichförmig ist.

Neben den Kratern fallen auf den zur Erde übermittelten Nahaufnahmen einige lineare Strukturen sowie zahlreiche Gesteinsbrocken auf, deren größter einen Durchmesser von immerhin 110 m besitzt. Setzt man die Größe dieser Brocken mit jener der Einschlagkrater in Beziehung, so kann man aus dem Vergleich mit den entsprechenden Werten bei anderen Krateroberflächen ableiten, dass die meisten dieser Gesteinsblöcke bei der Entstehung des 5,5 km großen Kraters ausgeworfen wurden; dafür spricht auch ihre auffällige Konzentration auf der diesem Krater gegenüberliegenden Seite der Eros-Oberfläche. Vermutlich handelt es sich um Objekte, deren Auswurfgeschwindigkeit gerade für einen halben Umlauf um den Kleinplaneten gereicht hat.

Dagegen konnte kein sonstiges Auswurfmaterial außerhalb der Krater identifiziert werden: Die Umgebung der einzelnen Krater erweist sich sowohl hinsichtlich der Helligkeit als auch der Farbe überraschend gleichförmig – ganz im Gegensatz zu entsprechenden Beobachtungen bei den Kleinplaneten Gaspra und Ida. Dies könnte allerdings auch damit zusammenhängen, dass die Messungen von *NEAR* unter einem ziemlich steilen Blickwinkel auf die Eros-Oberfläche erfolgten, während kleinere Helligkeits- und Farbvariationen eher bei flachem Blickwinkel hervortreten.

Aufgrund spektroskopischer Messungen im Bereich der sichtbaren und infraroten Strahlung konnte die Zuordnung von Eros zur Klasse der S-Asteroiden (mit einem hohen Gesteinsanteil) bestätigt werden. Zusätzlich ist ein noch unbestimmter, „rotfärbender" Anteil im Spektrum erkennbar, bei dem es sich um Eisen, Glas oder auch nur die Folge des so genannten „Space Weathering" handeln kann, die „Verwitterung" des Oberflächengesteins aufgrund des ständigen Bombardements durch Mikrometeoriten und Teilchen der kosmischen Strahlung. Zusätzliche Beobachtungen im Röntgenbereich, die während zweier Strahlungsausbrüche auf der Sonne möglich wurden, lassen einen auffallend geringen Aluminiumgehalt des Oberflächenmaterials erkennen. Dies spricht gegen eine vollständige, schwerkraftbedingte Entmischung des Materials, wie sie etwa bei größeren Körpern beobachtet wird, die im Laufe ihrer Entstehungsgeschichte vorübergehend glutflüssig werden konnten. Auch die relativen Häufigkeiten von Silizium zu Magnesium, Aluminium, Kalzium und Eisen deuten darauf hin, dass die Zusammensetzung des Materials sich während der Entstehungsphase des Kleinplaneten kaum verändert, sondern den Urzustand aus der Frühzeit des Sonnensystems konserviert hat.

Neue Asteroidensonden

Seit dem 9. Mai 2003 ist die japanische Raumsonde *Hayabusa* unterwegs zum Asteroiden 25143 Itokawa. Der Name ist Programm, denn *Hayabusa* („Falke") soll auf dem nach neuesten Radarbeobachtungen etwa 550 x 310 x 275 m großen Asteroiden landen, der erst 1998 entdeckt und inzwischen nach dem 1999 verstorbenen japanischen Raketenpionier Hideo Itokawa benannt wurde. Die Sonde soll später mit einer Bodenprobe zur Erde zurückkehren.

Die japanische Raumsonde *Hayabusa* soll Bodenproben des Asteroiden 25 143 Itokawa aufnehmen und für eine genauere Erforschung zur Erde bringen.

Der Kleinplanet umrundet die Sonne auf einer Bahn, die ihn regelmäßig die Mars- und Erdbahn kreuzen lässt und dabei bis auf weniger als 2 Millionen km an die Erde heranführen kann (am 26. Juni 2004 schrumpfte die Entfernung z. B. auf 1,93 Millionen km); zum Zeitpunkt des Rendezvous im Juni 2005 befindet er sich allerdings etwa 2,5-mal so weit von der Erde entfernt wie die Sonne, und dann benötigen die Funksignale für den Hin- und Rückweg zusammen etwa 40 Minuten, so dass die Raumsonde bei manchen Manövern selbst „entscheiden" muss, wie sie weiter vorgeht.

Geplant ist zunächst eine eingehende Erkundung des Asteroiden aus der Nähe, um möglichst genaue Angaben über Größe, Form, Rotationsdauer und Ausrichtung der Drehachse sowie die Topografie der Oberfläche zu sammeln; darüber hinaus soll mit Methoden der Fernerkundung die ungefähre Zusammensetzung des Gesteinsmaterials und aus der Ablenkung der Raumsonde die Masse des Objektes bestimmt werden, um daraus Angaben über die Porösität bzw. Festigkeit der Oberfläche ableiten zu können.

Die größte Herausforderung aber wird die für den Oktober 2005 geplante Landung auf dem Asteroiden sein, dessen Oberflächenschwerkraft allenfalls etwas mehr als ein Millionstel der Erdanziehung erreicht. Mit Hilfe der vier elektrischen Ionentriebwerke wird sich die Sonde der Oberfläche bis auf 100 m nähern und dann im „freien Fall" langsam nach unten sinken, um auf diese Weise eine Veränderung des Bodens durch die Triebwerksabgase zu vermeiden.

Nach dem Aufsetzen wird die Sonde ein trichterförmiges Saugrohr über den Boden stülpen und einen kleinen Sprengsatz zünden, der ein Stück des Asteroiden abtrennen soll; die „Splitter" will man dann „absaugen" und in einen Probenbehälter leiten. Insgesamt sind zwei oder sogar drei solcher „Angriffe" des Falken vorgesehen.

Wenn alles wie vorgesehen funktioniert, kehrt *Hayabusa* anschließend in einem weiten Bogen zur Erde zurück und wird kurz vor der Ankunft im Sommer 2007 die Kapsel mit den Probenkanistern ausstoßen, die dann mit einer Geschwindigkeit von etwa

12 km/s in die Atmosphäre eintauchen wird; vorgesehen ist eine Landung am Fallschirm über Australien unweit des ehemaligen Raketentestgeländes Woomera.

Die mit einem Ionentriebwerk ausgestattete Raumsonde *Dawn* könnte im nächsten Jahrzehnt zwei große Asteroiden aus der Nähe erkunden.

Zu diesem Zeitpunkt könnte die von der NASA angestrebte Asteroidenmission *Dawn* bereits zum Kleinplaneten Vesta unterwegs sein: geplant ist der Start für den 27. Mai 2006. Rund 50 Monate später, am 30. Juli 2010, soll die von einem Ionentriebwerk beschleunigte Sonde in eine Umlaufbahn um diesen Kleinplaneten einschwenken, der als Mutterkörper für eine ganz bestimmte Meteoritensorte gilt. Nach einer Erkundungsphase von elf Monaten heißt es dann Abschied nehmen und einen weiteren Asteroiden (Ceres) ansteuern, der am 20. August 2014 erreicht werden soll; auch dort ist eine elfmonatige Missionsphase vorgesehen. Dazu wird die Sonde eine in Deutschland entwickelte Kamera, ein aus Italien stammendes abbildendes Spektrometer, ein Laseraltimeter, ein Gammastrahlenspektrometer sowie ein Magnetometer einsetzen.

Die *Dawn*-Mission soll unter anderem klären, ob Vesta wirklich als Mutterkörper für die Gruppe der Eukrit-Meteorite in Frage kommt. Diese Meteorite gehören zur Gruppe der so genannten Achondrite, einer Untergruppe der Steinmeteorite, die unmittelbar oder mittelbar durch vulkanische Tätigkeit auf planetaren Körpern entstanden. Da man bei einem derart kleinen Objekt wie Vesta (Durchmesser etwa 525 km) eigentlich keine geologisch-vulkanischen Aktivitäten vermutet, könnte eine zweifelsfrei nachgewiesene Verbindung wichtige neue Erkenntnisse für die Entstehungsgeschichte der Asteroiden und des Planetensystems insgesamt liefern.

METEORITE

Tagtäglich sammelt die Erde auf ihrem Weg um die Sonne viele Tonnen an interplanetarem Staub auf, aber nur ein Bruchteil davon erreicht in Form von Meteoriten den Erdboden – der Rest verglüht als Meteor oder Sternschnuppe mehr oder minder auffällig in den oberen Atmosphärenschichten oder sinkt völlig unbemerkt zu Boden. Nachdem sich im 19. Jahrhundert die Auffassung durchgesetzt hatte, dass Meteoriten kosmischen Ursprungs sind, und im Vorfeld der *Apollo*-Mondflüge auch die Untersuchungsmethoden verfeinert wurden, erwiesen sich die Meteorite als ein wichtiger Schlüssel zum Verständnis vor allem der Frühgeschichte unseres Sonnensystems.

Das äußere Erscheinungsbild

Meteorite werden entsprechend ihrer Zusammensetzung in verschiedene Gruppen aufgeteilt: Steinmeteorite bestehen hauptsächlich aus gesteinsbildendem Material, also aus Silizium, Magnesium und Sauerstoff, während Eisenmeteorite einen hohen Anteil (im Schnitt etwa 90 Prozent) an Eisen und anderen Metallen (vorwiegend Nickel), aber so gut wie keinen Sauerstoff enthalten; dazwischen gibt es noch die kleine Gruppe der Stein-Eisen-Meteorite.

Eisenmeteorit aus dem Barringer-Krater in Arizona, USA.

Fundstück des Neuschwanstein-Meteoriten, der am 6. April 2002 über Süddeutschland niederging.

Da der Sauerstoff in Eisenmeteoriten fehlt, kommt das Eisen in der Regel in gediegener Form vor, und entsprechend sind herumliegende Eisenmeteorite vergleichsweise einfach zu identifizieren – im Zweifelsfall lässt sich der kosmische Ursprung mit Hilfe von verdünnter Salpetersäure nachweisen: Ätzt man damit eine polierte Schnittfläche meteoritischen Eisens, so treten eigenartige Linienmuster zu Tage – Neumannsche Linien, wenn dem Eisen nur wenig Nickel beigemischt ist (das entsprechende Mineral wird Kamazit genannt), oder Widmannstättensche Figuren, wenn auch das nickelreichere Taenit vorhanden ist. Bevor die Menschen lernten, irdische Eisenerzvorkommen zu verhütten und damit nutzbar zu machen, war meteoritisches Eisen die einzige Rohstoffquelle für eiserne Schwerter und sonstige Gerätschaften – entsprechend haben unsere Vorfahren ihre Lebensräume sehr intensiv nach solchen Eisenvorräten durchkämmt.

Dagegen fallen Steinmeteorite kaum auf, zumal ihre schwarze Schmelzschicht, die vom „Feuerritt" durch die Atmosphäre herrührt, schon nach wenigen Jahren starke Verwitterungsspuren aufweist; entsprechend sind die meisten Steinmeteorite nur gefunden worden, weil man ihren „Absturz" durch die irdische Lufthülle beobachtet hat und dann mit einer gezielten Suche beginnen konnte – so auch beim spektakulären Fall des „Neuschwanstein-Meteoriten" vom April 2002.

Rund 85 Prozent der Steinmeteorite enthalten mehr oder minder große Kügelchen aus einer glasähnlichen Substanz, so genannte Chondren, die meist aus Olivin, Pyroxenen und Plagioklas bestehen, also Mineralien aus so genannten Erstarrungsgesteinen, die entweder Magnesium und Eisen oder Aluminium und Natrium bzw. Kalzium enthalten. Meteorite dieser Hauptgruppe werden als Chondrite bezeichnet; kommt noch ein hoher Anteil an kohlenstoffhaltigen Verbindungen hinzu, der dem Meteoriten ein besonders dunkles Aussehen gibt, handelt es sich um *kohlige* Chrondrite. Etwas schwieriger gestaltet sich der Nachweis des kosmischen Ursprungs dagegen bei den Achondriten, den Steinmeteoriten ohne die verräterischen Chon-

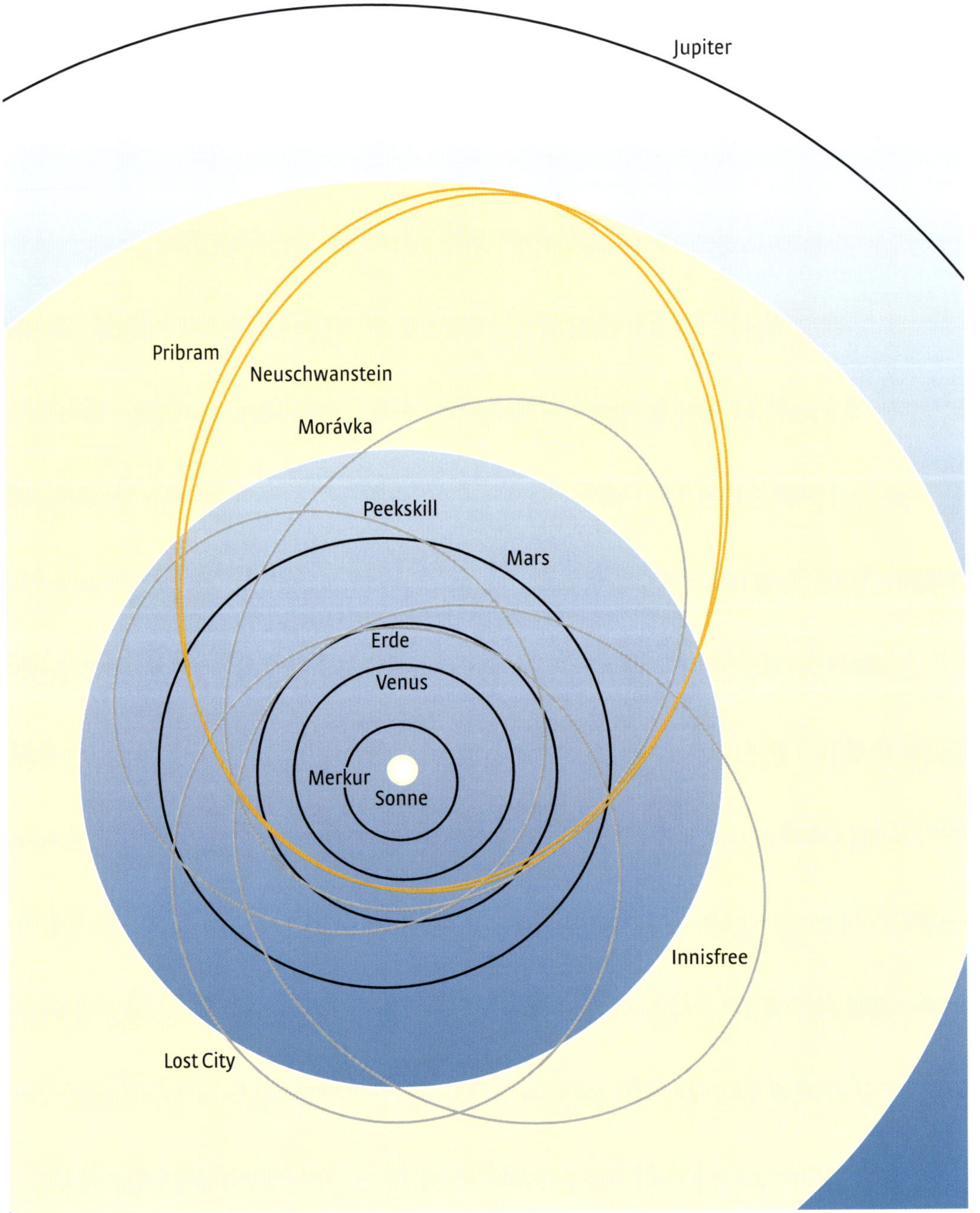
Jupiter
Pribram
Neuschwanstein
Morávka
Peekskill
Mars
Erde
Venus
Merkur
Sonne
Innisfree
Lost City

dren – hier ist meist eine chemische Analyse erforderlich. Da auch sie aber nur auffallend wenig Sauerstoff enthalten, gehen üblicherweise (in irdischen Gesteinen) mit Sauerstoff reagierende Elemente wie Kalzium, Chrom, Kalium, Mangan, Magnesium und Titan entsprechende Verbindungen mit Schwefel oder Stickstoff ein.

Um eine repräsentative Aussage über die Häufigkeit der einzelnen Meteoritentypen machen zu können, muss man sich auf jene Fundstücke beschränken, die aufgrund von beobachteten Meteoritenfällen aufgesammelt werden konnten. Danach können Steinmeteorite für rund 92 Prozent aller Fälle verantwortlich gemacht werden, Eisenmeteorite dagegen nur für etwa 6 Prozent; den Rest stellt die vergleichsweise seltene Mischform der Stein-Eisen-Meteorite.

Radiometrische Alterbestimmungen an Meteoriten führen fast immer zum gleichen Ergebnis: Die Werte häufen sich bei 4,55 Milliarden Jahren. Dies entspricht dem auch auf andere Weise bestimmten Alter des Sonnensystems, so dass auch die Meteorite – ähnlich wie die Kometen – Überreste aus der Anfangszeit darstellen.

Allerdings sagt das radiometrische Erstarrungsalter wenig über die Lebensgeschichte eines Meteoriten aus. Immerhin lässt die Trennung in Eisen- und Steinmeteorite sowie die Einbindung von Erstarrungsgesteinen den Schluss zu, dass es sich bei den entsprechenden Objekten um Teile ursprünglich größerer Brocken handeln muss, denn nur jenseits einer bestimmten Mindestgröße kann eine vorausgehende Aufschmelzung und schwerkraftbedingte Trennung möglich gewesen sein. Hier hilft die Bestimmung des so genannten Bestrahlungsalters weiter, das eine Aussage über die Zeit erlaubt, die der entsprechende Meteorit dem „vollen Beschuss" des Sonnenwindes und der kosmischen Strahlung ausgesetzt war. Damit lässt sich abschätzen, wann ein Meteorit von seinem Mutterkörper abgetrennt wurde: Steinmeteorite bringen es auf durchschnittlich 10 Millionen Jahre, Eisenmeteorite dagegen sind nicht selten 50-mal älter. Dies kann damit zusammenhängen, dass Eisenmeteoroide aufgrund ihrer Festigkeit eine höhere Lebenserwartung haben als Gesteinsmeteoroide; es kann aber auch bedeuten, dass Eisenmeteorite bei einem anderen Ereignis „freigesetzt" wurden und von einem anderen Mutterkörper stammen als Gesteinsmeteorite.

Anders dürfte die Vergangenheit der kohligen Chondriten aussehen, die ihre lockere, luftige Struktur behalten haben; solche Meteoriten können unmöglich Bestandteil eines wesentlich größeren Brockens gewesen sein, denn dann wäre eben diese Struktur unter dem Druck der darüber liegenden Schichten unwiederbringlich zerstört worden. Vielleicht kann man bereits nach der – hoffentlich erfolgreichen – Rückkehr der *Stardust*-Mission mit Proben von kometarem Staub herausfinden, ob solche kohligen Chondrite auch aus dem Asteroidengürtel oder eher von auseinander gebrochenen Kometen stammen; spätestens die *Rosetta*-Mission sollte auf diese Frage eine endgültige Antwort geben können.

Bild linke Seite: Die Bahnen zahlreicher Meteorite lassen sich bis in den Hauptgürtel der Asteroiden zurück verfolgen. Die Meteoritenfälle von Pribram (1959) und Neuschwanstein (2002) könnten vom gleichen Ursprungsobjekt stammen.

DIE GASRIESEN

Jenseits des Asteroidengürtels umrunden vier Gasriesen die Sonne: Jupiter, Saturn, Uranus und Neptun. In ihrem Aufbau unterscheiden sie sich ganz wesentlich von den erdähnlichen Planeten, denn sie enthalten im Wesentlichen leichte Elemente und Verbindungen wie Wasserstoff und Helium, während der Anteil an Gestein und Metallen eher zweitrangig ist. Sie rotieren vergleichsweise schnell, werden von zahlreichen Monden umkreist und verfügen darüber hinaus über ein System aus Eis- oder Staubringen.

JUPITER

STECKBRIEF JUPITER

Äquatordurchmesser	142 796 km (etwa 11,2 Erddurchmesser)
Masse	$1{,}9 \cdot 10^{27}$ kg (etwa 318 Erdmassen)
Siderische Rotationsdauer (Sterntag)	9 Std., 55 Min., 29,7 Sek.
Äquatorneigung zur Bahnebene	3,07°
Umlaufzeit um die Sonne	11,869 Jahre
Mittlerer Abstand zur Sonne	779 Millionen km (5,2 AE)
Bahnneigung zur Ekliptik	1,3°
Temperatur der oberen Atmosphärenschichten	124 K (–149 °C)
Monde	über 60

Jupiter (der helle Punkt in der Bildmitte) und Saturn (schwächer, unten rechts) im Goldenen Tor der Ekliptik zwischen den Sternhaufen der Plejaden (oben rechts) und den Hyaden (unten).

Stellung im Sonnensystem

Jupiter bewegt sich jenseits einer größeren „Planetenlücke“ innerhalb von knapp 12 Jahren auf einer nur leicht elliptischen Bahn um die Sonne; dabei schwankt seine Sonnenentfernung zwischen 740,9 und 815,7 Millionen km (4,95–5,45 AE). Die Jupiterbahn ist um etwa 1,3 Grad gegen die Ekliptikebene geneigt.

Als äußerer Planet wird er regelmäßig (im Mittel etwa alle 399 Tage) von der Erde auf der Innenbahn überholt und steht dann der Sonne am Himmel gegenüber: Er steht in Opposition. Während dieser Phase schrumpft der Abstand Erde – Jupiter auf ein Minimum, während die scheinbare Helligkeit von Jupiter ihr Maximum erreicht.

Das äußere Erscheinungsbild

Mit einem Durchmesser von fast 143 000 km ist Jupiter der größte Planet im Sonnensystem. Schon in einem kleinen Fernrohr erkennt man auf dem deutlich abgeplattet erscheinenden Himmelskörper äquatorparallele Streifen, die sich bei stärkerer Vergrößerung als Wolkenmuster in einer dichten Atmosphäre erweisen. Dabei wird zwischen hellen „Zonen“ und dunklen „Bändern“ unterschieden. Anhand einzelner langlebiger Strukturen lässt sich die Rotationsdauer des Planeten zu knapp 10 Stunden bestimmen, wobei – ähnlich wie bei der Sonne – eine differenzielle Rotation auffällt: Die äquatornahen Gebiete vollenden eine Umdrehung in 9 Stunden, 50 Minu-

Eine Sequenz von neun Bildern der Raumsonde *Cassini*, die eine knapp 10 Stunden dauernde Rotation von Jupiter zeigt.

ZEITTAFEL DER JUPITERBEOBACHTUNGEN

1610	Verschiedene Beobachter entdecken mit dem gerade erfundenen Fernrohr nahezu zeitgleich die vier großen Jupitermonde.
1655	Erste Beobachtungen des Großen Roten Flecks durch Giovanni Domenico Cassini (1625–1712).
1676	Der dänische Astronom Ole Rømer (1644–1710) bestimmt aus der Beobachtung der Jupitermonde die Lichtgeschwindigkeit.
1692	Cassini ermittelt die Rotationsdauer des Planeten zu 9 Stunden, 50 Minuten; der Wert muss erst aufgrund der Beobachtung von Raumsonden korrigiert werden.
1930	In der Jupiteratmosphäre werden Methan und Ammoniak nachgewiesen.
1973	Im Dezember übermittelt die amerikanische Raumsonde *Pioneer 10* erste Nahaufnahmen und Messdaten; *Pioneer 11* folgt ein Jahr später.
1979	Im März erreicht *Voyager 1* den Jupiter und liefert detailreiche Bilder der Atmosphäre und der vier großen Jupitermonde und entdeckt die Jupiterringe sowie Vulkanismus auf Io; *Voyager 2* folgt vier Monate später.
1995	Die Raumsonde *Galileo* schwenkt in eine Umlaufbahn um Jupiter ein und entsendet eine Messsonde in die Atmosphäre; nach dem Ende ihrer Mission, die sie wiederholt nahe an den vier großen Monden vorbeiführt, wird sie im Herbst 2003 selbst in die Jupiteratmosphäre gelenkt, wo sie schließlich verglüht.

ten, 30 Sekunden, während jenseits von etwa 13 Grad nördlicher und südlicher Breite gut 5 Minuten mehr benötigt werden. Diese kurze Rotationsdauer ist mit ein Grund für die deutlich erkennbare Abplattung des Planeten, sie entspricht einer Rotationsgeschwindigkeit am Äquator von fast 45 200 km/h – eine Umdrehung der vergleichsweise kleinen Erde würde bei gleicher Geschwindigkeit weniger als eine Stunde dauern!

Aufgrund dieser raschen Rotation lässt sich während einer winterlichen Oppositionsstellung im Laufe einer Nacht eine volle Umdrehung des Planeten verfolgen. Dabei rückt dann auch der so genannte Große Rote Fleck (GRF) ins Blickfeld, der seit über 300 Jahren bei etwa 20 bis 25 Grad südlicher Breite beobachtet wird; ungeachtet seines Namens ist der Fleck aber keineswegs immer gleich kräftig gefärbt. Über längere Zeiträume hinweg wird deutlich, dass auch der GRF kein festes Oberflächenmerkmal sein kann, sondern allmählich durch die turbulente Atmosphäre des Riesenplaneten treibt.

Bereits die ersten Fernrohrbeobachter bemerkten bei Jupiter mehrere kleinere Lichtpunkte, die entlang der Äquatorebene des Planeten aufgereiht erscheinen und ihre Positionen relativ zu Jupiter schon im Laufe weniger Stunden verändern; für Galilei waren diese korrekt als Jupitermonde gedeuteten Lichtpunkte ein weiterer Beweis gegen das alte, geozentrische Weltbild, das Kopernikus in Frage gestellt hatte.

Die Äquatorebene von Jupiter ist so ausgerichtet, dass zumindest die drei inneren Jupitermonde regelmäßig vor der Jupiterkugel herziehen oder hinter ihr (beziehungsweise in ihrem Schatten) verschwinden. Zweimal im Verlauf eines Jupiterjahres fällt die Äquatorebene mit der Ebene der Ekliptik zusammen, und dann sind sogar gegenseitige Verfinsterungen und Bedeckungen der Monde zu beobachten.

Jupiter mit seinen vier hellen Monden, wie er in einem kleinen Fernrohr erscheint.

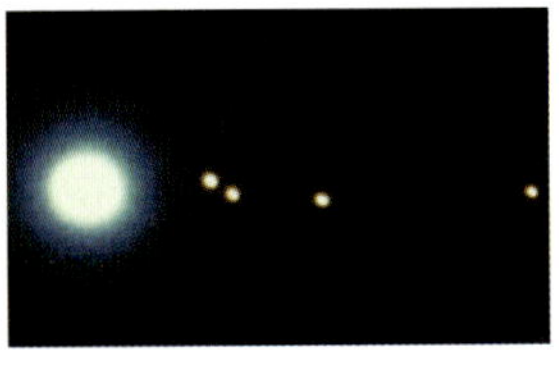

Der Planet Jupiter mit seinen markanten Wolkenstreifen, dem Großen Roten Fleck und dem Schatten des Jupitermondes Europa – aufgenommen von der Raumsonde *Cassini* während ihres Jupiter-Vorbeifluges im Dezember 2000.

Die Atmosphäre

Bis in die 1970er Jahre beschränkte sich eine Beschreibung der Jupiteratmosphäre notgedrungen auf einige wenige, damals bekannte Details: So hatte man im Spektrum des Planeten deutliche Hinweise auf die Existenz von Methan und Ammoniak gefunden und schloss daraus, dass der in beiden Gasen enthaltene Wasserstoff auch in molekularer (und damit aus der Ferne kaum nachweisbarer) Form in der Atmosphäre enthalten sein müsse. Die kürzere Rotationsdauer des äquatornahen Bereichs wurde auf eine starke atmosphärische Strömung zurückgeführt, die damit eine Geschwindigkeit von mehr als 400 km/h erreichen musste.

Im Dezember 1973 übermittelte dann die amerikanische Raumsonde *Pioneer 10* erste Nahaufnahmen. Obwohl die mitgeführte Kamera lediglich ein „Teleobjektiv" von 90 mm Brennweite und eine Blendenzahl von 3,6 besaß, zeigten die Bilder eine bislang ungeahnte Fülle von Details, die vor allem eine starke Turbulenz der Atmosphäre erkennen ließen. Parallel durchgeführte Temperaturmessungen wiesen die hellen Zonen als etwa sechs Grad kälter aus als die dunklen Bänder, so dass es sich dabei um höher liegende Wolken handeln sollte. Damit entpuppten sich die unterschiedlichen Streifen als Tief- und Hochdruckgebiete, an deren gegenseitigen Grenzen es aufgrund der extrem raschen Rotation zu starken Scherwinden kommen muss-

Gesamtansicht der Jupiterwolken mit ihren dunklen Bändern und hellen Zonen im Oktober 2000, zusammengestellt aus Bildern der Raumsonde *Cassini*.

te; zumindest die größeren der daraus resultierenden Wolkenwirbel waren selbst auf den *Pioneer*-Bildern zu erkennen.

Gut sechs Jahre später, im März 1979, zog *Voyager 1* an Jupiter vorbei und vermittelte mit seiner wesentlich leistungsfähigeren Kamera erstmals eine Ahnung von der wahren Fülle der atmosphärischen Turbulenzen. Auf den Bildern waren Einzelheiten bis herunter zu einer Größe von etwa 80 km zu erkennen. Jetzt wurde auch der Große Rote Fleck als gigantischer Wirbelsturm erkannt, der seit Jahrhunderten mit Windgeschwindigkeiten von bis zu 500 km/h in der Jupiteratmosphäre tobt. Als *Voyager 2* vier Monate später Jupiter passierte, sah nicht nur die Umgebung des GRF deutlich anders aus.

Im Dezember 1995 schließlich schwenkte die Sonde *Galileo* in eine Umlaufbahn um den Riesenplaneten ein. Leider erschwerten unlösbare Probleme bei der Entfaltung der Parabolantenne die Datenübermittlung, so dass die geplanten detaillierten Langzeitbeobachtungen der Atmosphäre gegenüber der Erkundung der Jupitermonde zurückgestellt werden mussten. Zum Glück war die Mission der mitgeführten Atmosphärensonde davon nicht betroffen: Sie tauchte fast planmäßig am späten Abend des 7. Dezember unter einem Winkel von etwa 8,6 Grad und mit einer Geschwindigkeit von rund 170 000 km/h in die Atmosphäre des Planeten ein. Innerhalb von nur zwei Minuten wurde sie durch die zunehmende Reibung mit bis zu 230facher Erdbeschleunigung auf unter 2900 km/h gebremst und dabei durch den Hitzeschutzschild gegen eine Temperatur von 15 000 Grad abgeschirmt, ehe sich der Fallschirm mit fast einminütiger Verspätung öffnete. Aus einer Höhe von 20 km über dem 1-bar-Niveau, das als Referenzmaß festgelegt wurde, funkte sie die ersten Messdaten zur *Galileo*-Sonde, die in diesem Augenblick etwa 215 000 km höher (noch) ungebremst am Jupiter vorbeiraste. Während der nächsten knappen Stunde sank die Kapsel insgesamt rund 160 km tief, bis schließlich bei einem Druck von 24 bar und einer Temperatur von 152 °C der Funkkontakt abriss – die dichten Gase ließen die Signale nicht weiter passieren.

Eine erste genauere Auswertung der Daten nahm mehrere Monate in Anspruch. Danach stand fest, dass die Atmosphärensonde neben manchen erwarteten Resultaten auch zuvor Unbekanntes übermittelt hatte. Im Großen und Ganzen bestätigt wurden die Erwartungen hinsichtlich der Zusammensetzung der Atmosphäre: Danach stellt molekularer Wasserstoff mit 75 Prozent erwartungsgemäß den Löwenanteil, gefolgt von 24 Prozent Helium; das restliche Prozent besteht aus Methan (CH_4) und Ammoniak (NH_3) sowie Wasserdampf (der allerdings in der Umgebung der Abstiegsstelle auffallend rar war); daneben konnten Spuren von Schwefelwasserstoff (H_2S), Phosphin (PH_3), Schwefel, Kohlenstoff, Ethan (CH_3), Neon und Sauerstoff gemessen werden.

Bestätigt wurden auch zumindest die beiden oberen Wolkenschichten aus Ammoniakkristallen (zwischen 10 und 30 km „Höhe“) und Ammoniumhydrosulfid (NH_2SH, bei etwa 10 bis 20 km „Tiefe“), die allerdings wesentlich weniger dicht erschienen als angenommen; dagegen konnten die ebenfalls erwarteten Wassereiswolken in rund 70 km Tiefe überhaupt nicht nachgewiesen werden – offenbar war

Trotz ihrer verklemmten Antenne konnte die *Galileo*-Sonde die Daten der Atmosphärensonde aufnehmen und zur Erde übermitteln.

Am 7. Dezember 1995 tauchte die Atmosphärensonde in die oberen Wolkenschichten des Planeten Jupiter ein und funkte ihre Daten an die *Galileo*-Sonde.

Druck- und Temperaturverlauf in der oberen Jupiteratmosphäre

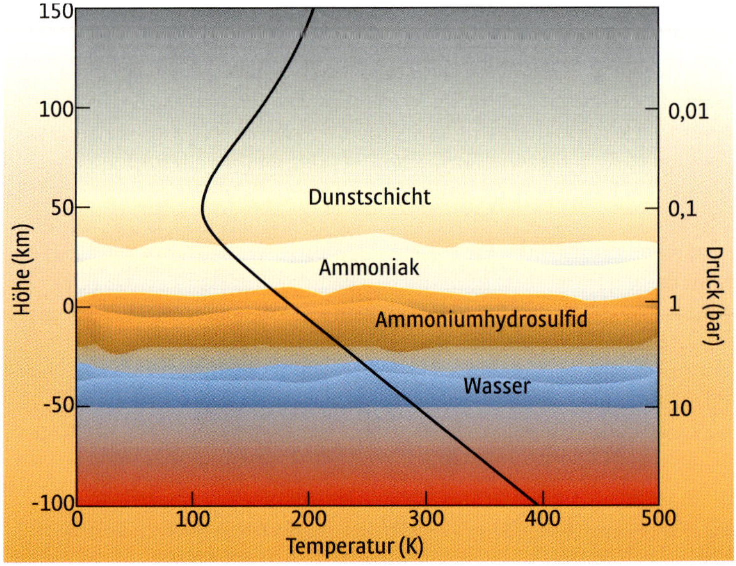

die Atmosphärensonde ausgerechnet in einen so genannten „hot spot“ geraten, ein Gebiet, in dem trockene Luft nach unten sinkt.

Wie man im weiteren Missionsverlauf anhand detailreicher Atmosphärenfotos herausfand, machen solche hot spots, die sich auf den Äquatorbereich konzentrieren, nur etwa ein Prozent der Jupiteratmosphäre aus. Anderswo gibt es durchaus „irdisches“ Wetter mit Gewittern, Blitzen und Regen – immerhin konnte die *Galileo*-Sonde während ihrer insgesamt fast achtjährigen Beobachtungsperiode über der Nachtseite des Planeten wiederholt mächtige Gewitterblitze fotografieren und über der Tagseite auch hoch aufragende Wolkentürme erkennen – einer in der Umgebung des Großen Roten Flecks erreichte eine Höhe von 75 km und einen Durchmesser von rund 1000 km.

Neben Daten über die Zusammensetzung der Atmosphäre, den Dichte- und Temperaturverlauf sowie die Bewölkung lieferte die Atmosphärensonde auch Angaben über Windgeschwindigkeiten, die allerdings zunächst mühsam aus den Funksignalen herausgerechnet werden mussten: Starke Querwinde übertrugen sich auf die horizontale Driftbewegung der Sonde, so dass sich deren Geschwindigkeit relativ zur *Galileo*-Sonde veränderte, und das wiederum führte zu einer leicht veränderten Frequenz der ankommenden Funksignale. Danach nahm die Windgeschwindigkeit mit wachsender Tiefe zu, von anfangs etwa 300 km/h auf zuletzt weit mehr als das Doppelte.

Der Große Rote Fleck, von seinen Ausmaßen her groß genug, um die ganze Erdoberfläche einzuhüllen, präsentierte sich den *Galileo*-Instrumenten in einem völlig neuen Licht. Das abbildende Infrarotspektrometer entlarvte ihn als eine flache Wolkenspirale, unter der die tiefere Jupiteratmosphäre eher klar und wolkenfrei war. Zur Mitte hin nimmt die Wolkenhöhe um bis zu 10 km zu, und das Gebilde erinnert aufgrund seiner Neigung an eine deformierte Wendeltreppe.

Allgemein konnten die Instrumente von *Galileo* zeigen, dass die im sichtbaren Bereich dunkel erscheinenden Regionen der Jupiteratmosphäre wärmer sind als die hellen Gebiete: Hier sinken offenbar „trockene" Gasmassen nach unten ab, nehmen die zu Wolken kondensierten „Tröpfchen" mit und lassen so die Wolkendecke aufreißen, wodurch der Blick in tiefere, wärmere Bereiche der Atmosphäre eröffnet wird. Dazwischen steigen „feuchte" Luftmassen in größere Höhen auf, wo sie abkühlen, eine weißliche Farbe annehmen und schließlich durch die dort vorherrschenden Winde verwirbeln und auseinander gezogen werden.

Besonders große Wirbel können sich allerdings über längere Zeit einer solchen Auflösung widersetzen. So hatte man auf der Südhalbkugel des Planeten seit den 1930er Jahren im Bereich zwischen 31 und 35 Grad südlicher Breite drei große, weiße „Ovale" beobachten können, die einander zwar wiederholt nahe kamen, sich aber auch ohne erkennbare Störungen wieder voneinander entfernten. Erst im Frühjahr 1998 verschmolzen zunächst zwei der drei Wirbel, und im Jahr darauf rückten auch die beiden verbliebenen immer näher zusammen. Zwar bildete sich zwischen ihnen vorübergehend ein dunkler „Gegenwirbel" (ein Zyklon) aus, doch konnte auch er ein Ver-

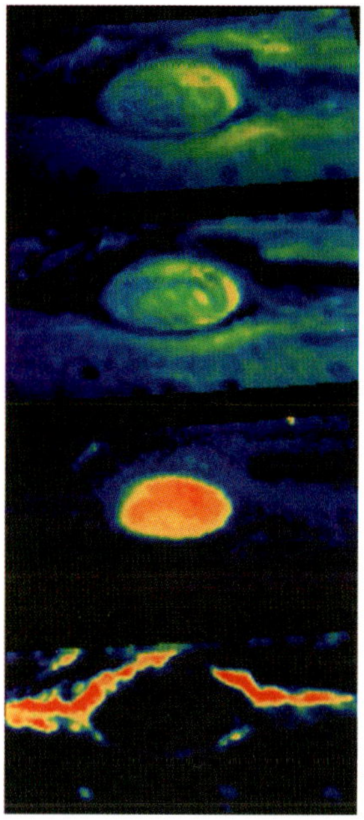

Oben: Der Große Rote Fleck im Visier des Infrarotspektrometers der Raumsonde *Galileo*. Das erste Bild entspricht (in Falschfarben) dem visuellen Eindruck, das zweite zeigt die Verteilung von Ammoniakeis, das dritte beschreibt Wolkenhöhen, und das vierte Bild stellt die Wolken „dünne" dar. Die Farben bedeuten von blau nach rot jeweils zunehmend.

schmelzen der beiden rund 9000 km großen Wirbelstürme nicht verhindern: Als alle drei südlich am Großen Roten Fleck vorbeizogen, wurde der dunkle Zyklon noch weiter nach Süden abgedrängt und damit der Weg für eine Vereinigung der beiden hellen Wirbel frei. Der finale „Kampf“ dauerte drei Wochen, dann war nur noch ein weißes Oval übrig geblieben, das etwa um ein Drittel größer erschien als die drei ursprünglichen Wirbel. Auf ähnliche Weise könnte vor geraumer Zeit auch der Große Rote Fleck entstanden sein, der inzwischen seit rund 350 Jahren beobachtet wird.

Der innere Aufbau

Die vergleichsweise geringe mittlere Dichte von Jupiter, die nicht einmal ein Viertel des irdischen Wertes erreicht, lässt einen grundsätzlich anderen Aufbau als bei den erdähnlichen Planeten vermuten. Gestützt auf radioastronomische Beobachtungen, die die Existenz eines starken Jupitermagnetfeldes erkennen ließen, entstand Mitte des 20. Jahrhunderts die Vorstellung von einem im Wesentlichen aus Wasserstoff und Helium bestehenden Planeten, der unter einer tiefreichenden Atmosphäre allenfalls einen kleinen Gesteinskern enthält. Allerdings geht diese Atmosphäre bereits in einer Tiefe von etwa 1000 km, bei einer Temperatur von rund 2000 Kelvin und einem Druck von rund 560 Megapascal (etwa 5600 bar) in den flüssigen Zustand über, und nach weiteren 24 000 km entwickelt der Wasserstoff bei einem Druck von 300 Gigapascal und einer Temperatur von 11 000 Kelvin metallische Eigenschaften: Er wird elektrisch leitfähig und kann – bei entsprechender Bewegung – ein Magnetfeld aufbauen. Man schätzt die Dicke dieses Mantels aus metallischem Wasserstoff auf etwa 40 000 km, und in diesem Bereich steigen Druck und Temperatur weiter an.

Ganz im Innersten wird schließlich noch ein etwa erdgroßer Gesteinskern vermutet, der wegen des dort herrschenden Drucks aber mehr als 20 Erdmassen in sich vereinen dürfte; seine Temperatur liegt vermutlich in der Gegend um 30 000 Kelvin.

Wie bei der Erde führt der Temperaturunterschied zwischen Innen- und Außenrand zu Konvektionsströmungen innerhalb des metallischen Wasserstoffs, die durch die rasche Rotation des Planeten eine deutliche seitliche Ablenkung erfahren und dabei das komplexe Magnetfeld von Jupiter aufbauen. Die damit verbundene Abkühlung des Kerns wird durch ein ganz allmähliches Schrumpfen des Planeten aufgefangen und der ständig nachgelieferte Wärmeüberschuss nach außen geleitet, wo er die turbulenten atmosphärischen Strömungen unterstützt und die Strahlungsbilanz des Planeten „aufbessert“ – immerhin strahlt Jupiter fast doppelt so viel Wärme ab, wie er von der Sonne empfängt.

TEMPERATUREN IN DÜNNEN GASEN

Physikalisch betrachtet ist die Temperatur eines Körpers ein Maß für die Bewegung seiner atomaren Bausteine: Je stärker (schneller) diese Bewegung wird, desto höher steigt die Temperatur. Während man die Temperatur eines festen oder flüssigen Körpers unmittelbar durch Berühren spürt und sich im Ernstfall Verbrennungen zuziehen kann, ist das Temperaturempfinden bei Gasen reduziert (was den Aufenthalt in einer Sauna erleichtert). Vor allem bei extrem dünnen Gasen ist die Temperatur daher in erster Linie ein Maß für die Geschwindigkeit der Teilchen, während das Temperaturempfinden aufgrund der geringen Teilchenzahl nicht zum Tragen kommt.

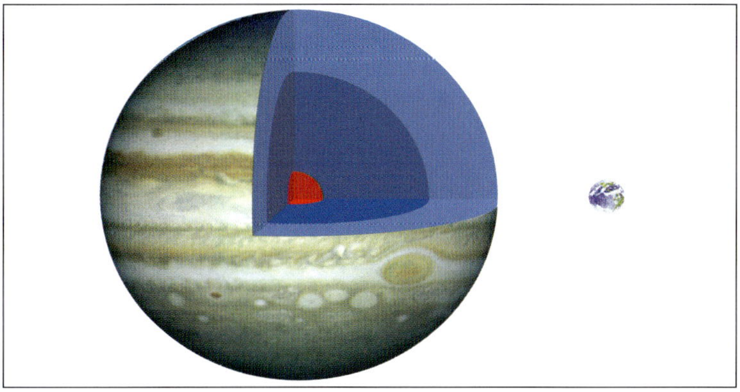

Der innere Aufbau von Jupiter und Erde im Größenvergleich. Der Jupiteraufbau von innen nach außen: Gesteinskern, Mantel aus metallischem Wasserstoff, Atmosphäre in flüssigem Zustand, Gasatmosphäre.

Die Magnetosphäre

Jupiter verfügt über das stärkste planetare Magnetfeld im Sonnensystem: Selbst an der Oberfläche des im Vergleich zur Erde mehr als elfmal größeren Jupiter ist das magnetische Moment rund 1200-mal stärker als an der Erdoberfläche. Entsprechend weit erstreckt sich der Einflussbereich in den umgebenden Weltraum hinaus, zumal die Dichte des Sonnenwindes dort draußen deutlich schwächer ausfällt als im Umfeld der Erde: *Pioneer 10* registrierte bei seinem Anflug auf Jupiter die ersten Anzeichen bereits in einer Entfernung von mehr als 7,7 Millionen km oder deutlich über 100 Jupiterradien. Damit erwies sich der Einflussbereich des Jupiter-Magnetfeldes als die wohl größte Formation im Sonnensystem – mit einem „Durchmesser" von 15 Millionen km mehr als zehnmal so groß wie die Sonne!

An seinem Rand wird der immer noch mehrere 100 km/s schnelle Sonnenwind abrupt gebremst oder weiträumig um das Hindernis herumgelenkt; im Bereich dieser „Bugwelle" erreichen die Teilchen vorübergehend eine „Temperatur" von einigen hundert Millionen Kelvin (s. Kasten links). Jene elektrisch geladenen Teilchen, die die starke magnetische Barrierre durchqueren, werden in die dortigen Strahlungsgürtel umgelenkt und machen den gelegentlich dort vorbei ziehenden Raumsonden das Leben schwer; daneben sorgen sie für Polarlichterscheinungen in der Jupiteratmosphäre oder für die schon seit den 1950er Jahren beobachtete Radiostrahlung des Planeten. Ein Teil vermischt sich auch mit ionisierten Schwefel- und Sauerstoffatomen aus den Vulkanen des Jupitermondes Io zu einer Plasmawolke, die vom Magnetfeld herumgewirbelt und zu einer flachen Scheibe auseinander gezogen wird. Innerhalb dieser Scheibe, aber auch zwischen Io und Jupiter selbst, fließen starke elektrische Ströme, die mehrere Millionen Ampère erreichen können; außerdem bläht die Scheibe die Magnetosphäre zusätzlich auf.

Das starke Magnetfeld des Jupiter lenkt Teilchen des Sonnenwindes auf die polnahen Bereiche der Atmosphäre und löst so Polarlichter aus.

Auf der sonnenzugewandten Seite wird die Magnetosphäre vom heranströmenden Sonnenwind immer wieder aufs Neue zusammengepresst: *Pioneer 10* beispielsweise wurde ein paar Tage nach seiner ersten Durchquerung der Bugwelle von der nach innen gedrückten Grenze gleichsam überrollt und noch einmal für einige Stunden dem tobenden Sonnenwind ausgesetzt, eher er tags darauf endgültig das Innere der Magnetosphäre erreichte. Auf der sonnenabgewandten Seite dagegen schleift der umströmende Sonnenwind das Magnetfeld mehrere hundert Millionen km weit mit – der magnetische Schweif von Jupiter reicht bis über die Saturnbahn hinaus!

Die Monde

Beim Vorbeiflug von *Voyager 1* an Jupiter im März 1979 bekamen die Forscher erstmals Daten über die vier bereits von Galileo Galilei entdeckten „großen" Jupitermonde, die über rein physikalische Kenngrößen hinausgingen. Innerhalb weniger Tage erhielt der von Galilei mehr auf die Bewegungsverhältnisse abzielende Vergleich der vier Jupitermonde mit einer Miniaturausgabe des Sonnensystems eine völlig neue Bedeutung.

Io

Der innerste der vier großen Jupitermonde, Io (Durchmesser 3634 km), umkreist den Planeten in 1,77 Tagen in einer Entfernung von 421 600 km und bewegt sich daher noch innerhalb der Strahlungsgürtel von Jupiter. Er ist einer der exotischsten Orte im Sonnensystem, denn auf seiner Oberfläche trifft man auf Lavaströme und brodelnde Lavaseen, große Vulkankrater und bis zu 16 km hohe Berge, doch selbst sie erscheinen neben den mehrere hundert Kilometer hoch aufsteigenden Schwefeldampfwolken über den aktiven Vulkanen eher zwergenhaft. Obwohl nur wenig größer als der Erdmond, zeichnet sich Io durch einen extremen Vulkanismus aus: Rund 120 derzeit aktive Regionen sorgen für eine ständige Neugestaltung der Mondoberfläche; Abschätzungen ergaben, dass im Verlauf von 10 000 Jahren genügend Material ausgeworfen wird, um den gesamten Mond mit einer 1 m dicken Schicht zu überziehen.

Angefacht wird dieser Vulkanismus, bei dem im Wesentlichen schwefelhaltige Materialien ausgeworfen werden, durch die Gezeitenkräfte von Jupiter und Störeinflüsse des äußeren Nachbarmondes Europa: Immer dann, wenn Io auf der Innenbahn die langsamere Europa überholt, wird sie durch deren Schwerkraft ein wenig von Jupiter weggeführt, so dass sich der Würgegriff der Jupitergezeiten auf Io etwas lockert. Dadurch werden zumindest die äußeren Schichten des Mondes regelmäßig verformt und so stark aufgewärmt, dass dicht unter der Oberfläche Schwefel verflüssigt wird. Bei etwa 120 °C

Die Eruptionswolke eines Io-Vulkans ragt mehrere 100 km hoch auf.

Die vier großen Jupitermonde im Größenvergleich zu Jupiter, zusammengestellt aus Aufnahmen der *Galileo*-Sonde.

kann Schwefeldioxid verdampfen und durch diesen Dampfdruck wohl über längere Zeit Material unter hohem Druck durch Spalten und Risse an die Oberfläche pressen. Je nach Austrittsgeschwindigkeit erreicht die Eruptionswolke eine Höhe von etwa 50 bis 120 km und regnet anschließend im Umkreis von einigen hundert Kilometern wieder ab, wobei blassfarbene Ablagerungen zurückbleiben.

Daneben gibt es auch noch heftigere Eruptionen, an denen vermutlich mehr als 300 Grad heißer Schwefeldampf beteiligt ist. Hier steigt die Eruptionswolke noch deutlich höher in den Himmel über Io, und das dunklere Auswurfmaterial verteilt sich über ein wesentlich größeres Gebiet. *Galileo* konnte schließlich auch einzelne Erup-

Jupiter mit zwei seiner Monde (Io (links) und Europa), aufgenommen von *Voyager 1*.

tionen verfolgen, deren extreme Temperaturen sogar den Austritt von flüssigem Gesteinsmaterial ermöglichten.

Ein Teil der durch die vulkanischen Aktivitäten freigesetzten Gase (etwa 1 t/s) wird von der ständig über den Mond hinwegrotierenden Magnetosphäre des Jupiter mitgerissen. Sie bilden entlang der Io-Bahn einen riesigen Ring aus elektrisch geladenen Teilchen (Plasmatorus), der im UV-Licht leuchtet. Vor allem die schwereren Ionen wandern im Wechselspiel mit der Magnetosphäre allmählich nach außen und bilden dort die bereits erwähnte Stromscheibe, die das Jupitermagnetfeld auf seine aktuelle Größe aufbläht; ein anderer Teil strömt entlang magnetischer Feldlinien in die Atmosphäre des Riesenplaneten und sorgt dort für zusätzliche Polarlichter.

Aus den während der *Galileo*-Vorbeiflüge gewonnenen Daten lässt sich der innere Aufbau von Io recht gut modellieren: Danach besitzt der Mond einen etwa 1800 km großen Kern aus Eisen und Eisensulfid, der von einem Mantel aus teilweise geschmolzenem Gestein sowie einer dünnen Kruste umgeben wird. Wasser scheint auf Io dagegen ganz zu fehlen.

Europa

Der zweite Mond, Europa, umrundet seinen Zentralplaneten in 3,55 Tagen in einer Entfernung von rund 670 000 km. Mit einem Durchmesser von 3130 km ist sie nur wenig kleiner als der Erdmond und bildet einen krassen Gegensatz zu Io. Schon früh war ihre große Hel-

STAUBSTÜRME VOM JUPITERMOND IO

Auf ihrem Weg in den zuvor unerforschten Raum oberhalb und unterhalb der Ekliptik ist die Raumsonde *Ulysses* nach einer Flugzeit von 16 Monaten im Februar 1992 erstmals an Jupiter vorbeigeflogen, um von dessen Schwerefeld nahezu senkrecht aus der Ekliptikebene herausgeschleudert zu werden. Schon während der Annäherung registrierte der am Max-Planck-Institut für Kernphysik in Heidelberg entwickelte Staubdetektor in einer Entfernung von mehr als 200 Millionen km eine deutliche Zunahme der interplanetaren Staubteilchen, die mit Geschwindigkeiten von mehr als 200 km/s auf die Sonde prasselten. Offenbar stammen die nur wenige Millionstel Millimeter großen Partikel vom Jupitermond Io, wo sie im Zuge der dortigen vulkanischen Aktivitäten freigesetzt werden. Im Plasmatorus entlang der Io-Bahn werden diese „Rauchteilchen" elektrisch aufgeladen und dann vom Magnetfeld des Jupiter so sehr beschleunigt, dass sie den Anziehungsbereich des Riesenplaneten mit großer Geschwindigkeit verlassen können.

Bei der zweiten Annäherung an Jupiter im Frühjahr 2004 konnten die Partikel sogar bereits in einer Entfernung von mehr als 500 Millionen km nachgewiesen werden; diesmal zeigten sie eine deutliche 28-Tage-Periode, die auf eine zusätzliche Wechselwirkung mit dem von der Sonne herumgewirbelten Sonnenwind hindeutet.

ligkeit aufgefallen – offenbar wirft sie das auftreffende Sonnenlicht besonders gut zurück. Seit *Voyager* und *Galileo* wissen wir, warum: Ihre Oberfläche ist von einer mehrere Kilometer dicken Eiskruste bedeckt, unter der ein Ozean aus flüssigem Wasser vermutet wird.

Ein unregelmäßiges Netz von dunkleren Spalten und Brüchen deutet darauf hin, dass das Eis in der Vergangenheit offenbar durch Meteoriteneinschläge und/oder thermische Spannungen immer wieder aufgebrochen wurde; dabei drang dann schmutziges Wasser an die Oberfläche. Hochauflösende Bilder der Spalten lassen teilweise auch Spuren eines möglichen Kryovulkanismus erkennen, bei dem Eis und Gase an die Oberfläche gepresst werden. An anderen Orten erscheinen die aufgebrochenen Schollen teilweise übereinander geschoben oder verdreht, was als Argument zugunsten eines Ozeans aus flüssigem Wasser unter der Eisdecke angesehen wird. Da das Eis plastisch genug ist, um Einschläge von außen allmählich wieder zuzudecken, findet man nur wenige erhaltene Einschlagkrater. Unter der Eiskruste und dem angenommenen, bis zu 100 km tiefen Ozean aus flüssigem Wasser beginnt ein Gesteinsmantel, der den eisenhaltigen Kern mit einem Radius von etwa 560 km umgibt.

Bei ihren Vorbeiflügen an Europa fand die Raumsonde *Galileo* Hinweise auf die Existenz einer Ionosphäre, die etwa 10 000 Elektronen pro Kubikzentimeter enthält; schon vorher hatte das *Hubble*-Weltraumteleskop Spuren einer dünnen, vermutlich allerdings nur kurzlebigen Sauerstoff-Atmosphäre gefunden, deren Verluste durch den Beschuss der Eisoberfläche mit energiereichen Strahlungsteilchen aufgefüllt werden: Das Eis verdampft, der Wasserdampf wird in Wasserstoff und Sauerstoff aufgespalten, und während der leichte Wasserstoff sehr schnell entweicht, bleiben die Sauerstoffatome längere Zeit im Schwerefeld des Mondes gefangen.

Die Eisoberfläche von Europa ist überall von Rissen und Spalten durchzogen.

EIN U-BOOT FÜR EUROPA?

Im April 1998 – also noch während der *Galileo*-Europa-Mission, wurde vom Jet Propulsion Laboratory eine neue Raumsonde zur Erkundung des unter der Eiskruste vermuteten Ozeans von Europa vorgeschlagen: Der *Europa Ocean Explorer* sollte ein Mini-U-Boot auf dem Eis absetzen, das sich dann irgendwie durch das mehrere Kilometer dicke Eis vorarbeiten und anschließend den Ozean darunter erkunden sollte. Allerdings ist dieses Projekt nie über die erste Planungsphase hinausgekommen, da sich die Überwindung der Eisbarriere als äußerst schwierig erwies.

Auch ein weiterer Vorschlag ist noch nicht viel weiter: Das Projekt *Prometheus*, das ein elektrisch angetriebenes Raumschiff zum Jupiter bringen und dort nacheinander in Umlaufbahnen um Kallisto, Ganymed und Europa lenken soll. Dieser *Jupiter Icy Moon Orbiter* könnte mit entsprechenden Instrumenten (Radar, Laser-Altimeter, Infrarot-Kamera) die Dicken der Eiskrusten ermitteln, nach Spuren organischer Substanzen im Bereich des vermuteten Eisvulkanismus suchen und die Höhe der Strahlenbelastung auf den einzelnen Monden erkunden, um die generellen Chancen für die Entwicklung von Leben auf diesen Himmelskörpern abschätzen zu können. Falls das Projekt überhaupt umgesetzt wird, ist mit einem Start erst nach 2011 zu rechnen.

Jupiter mit Ganymed, aufgenommen von der Raumsonde *Cassini*.

Blick auf die von Kratern übersäte Oberfläche von Ganymed.

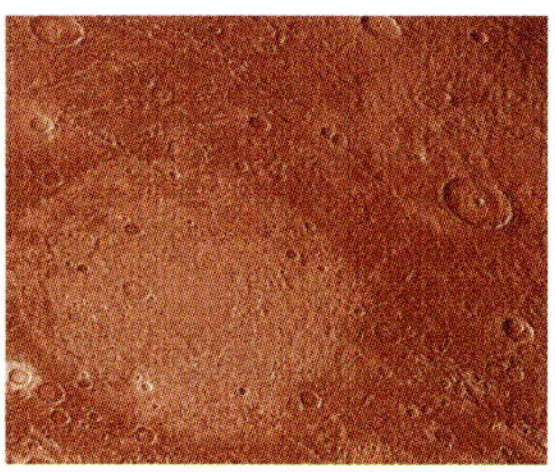

Jupiter mit Europa und Kallisto (links unten), aufgenommen von der Raumsonde *Cassini*.

Ganymed

Mit einem Durchmesser von 5262 km ist Ganymed der größte Mond im Sonnensystem; er umrundet seinen Zentralplaneten alle 7,16 Tage in einer Entfernung von rund 1 070 000 km. Seine Oberfläche trägt die Spuren einer bewegten Vergangenheit: Man erkennt Berge und Täler, Krater und Lavaströme. Großräumig kann zwischen helleren und dunkleren Gebieten unterschieden werden; da die dunkleren Bereiche stärker von Kratern zernarbt sind, gelten sie allgemein als älter. In den helleren Regionen fallen großräumige Streifenmuster auf, die von einem überdimensionalen Pflug stammen könnten; allerdings sind die einzelnen Furchen einige hundert Meter tief und erstrecken sich zum Teil über eine Länge von mehreren tausend Kilometern. Vermutlich sind sie auf Dehnungsprozesse innerhalb der Eiskruste des Mondes zurückzuführen.

Die geringe mittlere Dichte lässt auf einen insgesamt recht hohen Eisgehalt schließen. Man nimmt inzwischen an, dass sich etwa 150 km unter der dicken Eiskruste ein rund 50 km tiefer Ozean aus Salzwasser befindet: Zum einen deuten Infrarotmessungen auf salzhaltige Rückstände an der Oberfläche des Mondes hin, zum anderen könnten Strömungen innerhalb dieses Ozeans das schwache, eigene Magnetfeld des Mondes erzeugen, das von den *Galileo*-Instrumenten bei den Vorbeiflügen an Ganymed registriert wurde. Tief im Innern wird ein Kern aus Gestein und Eisen vermutet, der etwa 50 Prozent des Monddurchmessers erfüllt. Auch bei Ganymed konnte schließlich eine dünne Atmosphäre beobachtet werden, die ähnlich wie die von Europa entstehen dürfte.

Kallisto

Der entfernteste große Jupitermond (Durchmesser 4820 km), der den Planeten alle 16,69 Tage in einer Entfernung von 1 883 000 km umrundet, präsentiert uns die am stärksten von Kratern zernarbte Oberfläche im Sonnensystem; entsprechend geht man davon aus, dass zumindest die Oberfläche dieses Mondes vermutlich seit vier Milliarden Jahren keine grundlegenden Umwandlungen mehr erfahren hat. Die dunkle, eintönige Landschaft zeigt neben zahllosen Kratern zwei große, von mehreren Ringen umgebene Einschlagbecken: Valhalla besitzt einen etwa 600 km großen Zentralkrater, und seine Ringgebirge erstrecken sich über rund 3000 km im Durchmesser; die Ringe um Asgard, das zweite Becken, sind etwa halb so groß.

Aufgrund der geringen mittleren Dichte kann Kallisto keine großen Mengen an schwereren Elementen enthalten; vermutlich besteht sie weitgehend aus Eis und Gestein, wobei der Anteil an Gestein nach innen zunimmt – lediglich die äußeren 200 km scheinen frei von Gestein zu sein. Zwischen dieser Eiskruste und dem „Kern" vermuten die Forscher aufgrund der *Galileo*-Daten einen gut 10 Kilometer dicken Ozean aus Salzwasser, der als Quelle für das schwache Magnetfeld des Mondes herhalten könnte. Dass bei Kallisto keine Anzeichen für eine Atmosphäre gefunden wurden, ist nicht weiter verwunderlich, denn der Mond wird wegen seines großen Abstandes zu Jupiter von dessen Strahlungsgürteln nicht mehr erfasst.

Eine Kette von Einschlagkratern auf dem Jupitermond Kallisto.

Weitere Monde

Bevor die ersten Raumsonden den Planeten erreichten, waren insgesamt zwölf Jupitermonde bekannt – neben den vier von Galilei gefundenen großen Monden noch acht weitere Trabanten, die aber allesamt wesentlich kleiner sein mussten; allenfalls **Amalthea** galt als Objekt von einigen hundert Kilometern Durchmesser. Zwischen 1974 und 1980 kamen noch vier weitere Monde hinzu, und seit 1999 konnte die Zahl der entdeckten Jupitermonde vor allem mit Hilfe neuer Großteleskope auf mittlerweile über 60 geschraubt werden (Stand Frühjahr 2004). Die meisten dieser – oft nur wenige Kilometer großen – Objekte bewegen sich in recht großem Abstand auf zum Teil ziemlich elliptischen Bahnen um den Planeten, und das auch noch rückläufig, also entgegen der „allgemeinen" Drehrichtung im Sonnensystem. All dies spricht dafür, dass es sich bei ihnen um nachträglich, vielleicht sogar nur vorübergehend eingefangene Asteroiden oder Kometenkerne handelt.

Aber auch Amalthea ist innerhalb der vier großen Jupitermonde nicht alleine – auf den *Voyager*-Aufnahmen wurden noch drei weitere kleine Jupitermonde gefunden, von denen zwei (**Metis** und **Adrastea**) den Planeten im Bereich der Jupiterringe umrunden und entsprechend als Nachschubquelle für neue Ringpartikel gelten. **Thebe**, dessen Durchmesser etwa 100 km beträgt, zeigt auf der jupiterabgewandten Seite einen etwa 40 km großen Einschlagkrater. Mindestens zwei ähnlich große Krater konnte *Galileo* auf Amalthea erkennen, die sich auf den Bildern als ziemlich längliches Objekt von 250 x 170 km Größe präsentiert.

Die vier inneren Jupitermonde, die als Nachschubquelle für die Jupiterringe gelten. Von oben nach unten sind dies: Thebe, Amalthea, Adrastea (links) und Metis.

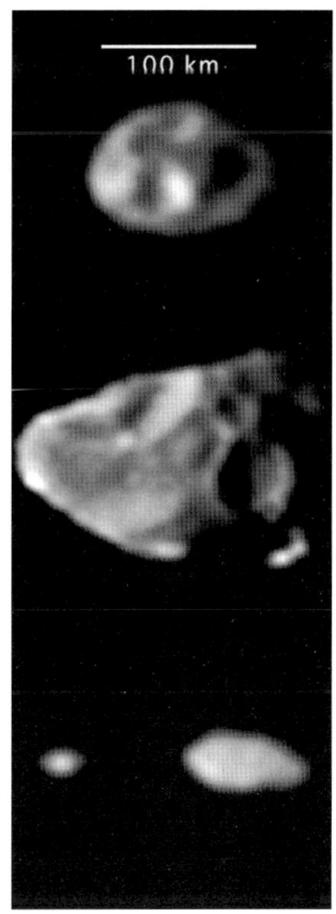

Die Ringe

Bereits 1979 lieferten die beiden *Voyager*-Sonden erste Bilder von einem schmalen Ring, der nach außen scharf begrenzt erschien und offenbar in Zusammenhang mit den dort umlaufenden Jupitermonden Metis und Adrastea steht; nach innen war dagegen kein Rand zu erkennen. Die Auswertung zahlreicher *Galileo*-Aufnahmen zeigte dann 1998 noch zwei weitere „Gossamer-Ringe" (engl., wörtlich: Spinnfäden-Ringe), die mit den weiter außen umlaufenden Monden Amalthea und Thebe in Verbindung gebracht werden können.

Der Hauptring erscheint nicht zuletzt deshalb vergleichsweise hell, weil die Bahnen der beiden Ursprungsmonde genau in der Äquatorebene des Jupiter liegen und damit auch der von ihrer Oberfläche durch Mikrometeorite und das ständige Strahlungsbombarde-

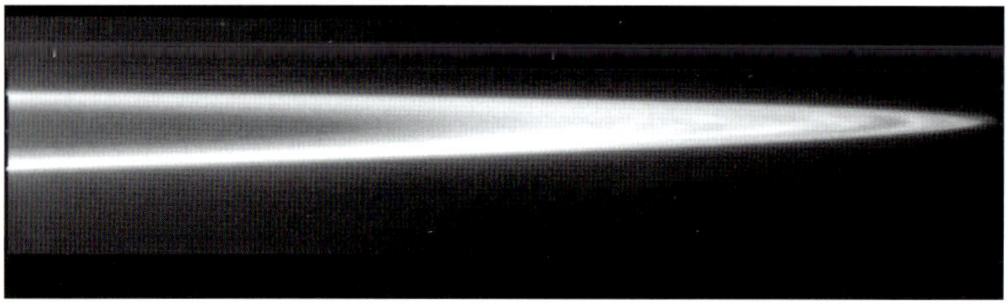

Nur im Gegenlicht treten die Jupiterringe so deutlich hervor.

ment abgeschlagene Staub nur in dieser Ebene langsam auf Spiralbahnen nach innen sinkt und schließlich in der Jupiteratmosphäre verglüht. Da im Gegensatz dazu die Bahnen der beiden anderen Monde leicht gegen die Ebene des Jupiteräquators geneigt sind (Amalthea: 0,4°, Thebe: 1,1°), verteilen diese ihren Staub über einen jeweils entsprechend breiten Streifen beidseits der Äquatorebene. Die Tatsache, dass diese Ringe nur „im Gegenlicht" sichtbar werden, verweist auf die Winzigkeit der Staubpartikel.

SATURN

STECKBRIEF SATURN	
Äquatordurchmesser	120 000 km (etwa 9,4 Erddurchmesser)
Masse	5,68 · 10^{26} kg (etwa 95 Erdmassen)
Siderische Rotationsdauer (Sterntag)	10 Std., 39 Min., 22 Sek.
Äquatorneigung zur Bahnebene	26,74°
Umlaufzeit um die Sonne	29,46 Jahre
Mittlerer Abstand zur Sonne	1432 Millionen km (9,58 AE)
Bahnneigung zur Ekliptik	2,49°
Temperatur der oberen Atmosphärenschichten	95 K (–178 °C)
Monde	über 30

Stellung im Sonnensystem

Saturn galt bis in die Neuzeit hinein als der äußerste Planet im Sonnensystem. Er bewegt sich innerhalb von fast 30 Jahren auf einer leicht elliptischen Bahn um die Sonne; dabei schwankt seine Sonnenentfernung zwischen 1,34 und 1,51 Milliarden km (8,98–10,1 AE). Die Saturnbahn ist um etwa 2,5 Grad gegen die Ekliptikebene geneigt.

Als äußerer Planet wird er regelmäßig (im Mittel etwa alle 378 Tage) von der Erde auf der Innenbahn überholt und steht dann der Sonne am Himmel gegenüber: Er steht in Opposition. Während dieser Phase schrumpft der Abstand Erde – Saturn auf ein Minimum, während die scheinbare Helligkeit von Saturn ihr Maximum erreicht.

Das äußere Erscheinungsbild

Mit einem Durchmesser von 120 000 km ist Saturn der zweitgrößte Planet im Sonnensystem. Schon in einem kleinen Fernrohr erkennt man einen deutlich abgeplattet erscheinenden Himmelskörper; markante Strukturen, die eine Bestimmung der Rotationsdauer ermöglichen, sind auf der Planetenkugel allerdings nur selten zu finden. Trotzdem gelang es, anhand gelegentlich auftretender heller Flecken die Rotationsdauer des Planeten zu etwa 10 Stunden und 15 Minuten zu bestimmen. Allerdings ist diese „Tageslänge" offenbar nur durch starke atmosphärische Strömungen vorgetäuscht worden, denn die beiden *Voyager*-Sonden zu Beginn der 1980er Jahre registrierten mit ihren Magnetfeld-Sensoren eine Rotationsperiode von 10 Stunden, 39 Minuten und 22,4 Sekunden.

Voyager 2 übermittelte diese Ansicht von Saturn und seinen Monden Tethys (mit Schatten), Dione und Rhea am 4. August 1981.

ZEITTAFEL DER SATURNBEOBACHTUNGEN

1610	Gleich die ersten Fernrohrbeobachter bemerken ein ungewöhnliches Aussehen des Planeten.
1655	Christiaan Huygens entdeckt den ersten Saturnmond: Titan, zugleich der größte der mittlerweile mehr als 30 bekannten Saturnmonde.
1659	Christiaan Huygens beschreibt die „Ansätze" des Saturn als frei schwebendes Ringsystem.
1675	Giovanni Domenico Cassini (1625–1712) erkennt die Trennung zwi schen dem äußeren A- und dem inneren B-Ring (Cassini-Teilung).
1876	Asaph Hall (1829–1907) bestimmt die Rotationsdauer des Planeten zu 10 Std., 14,4 Minuten. Der Wert muss erst durch die Messung von Raumsonden korrigiert werden.
1944	Gerard Peter Kuiper (1905–1973) kann Methan in der Atmosphäre des Saturnmondes Titan nachweisen.
1973	Radarbeobachtungen zeigen, dass die Größe der Ringpartikel von einigen Zentimetern bis zu einigen 10 m reicht.
1979	Die Raumsonde *Pioneer 11* erreicht den Ringplaneten; in den beiden Jahren darauf folgen *Voyager 1* und *Voyager 2*.
2004	Die Raumsonde *Cassini* schwenkt in eine Umlaufbahn um Saturn ein und entsendet im Januar 2005 eine Messsonde zur Erforschung der Titanatmosphäre.

Bereits die ersten Fernrohrbeobachter bemerkten, dass Saturn eine ungewöhnliche Form zeigt; einige sprachen von einem „Planet mit Henkeln", andere glaubten, zwei Monde seien rechts und links neben Saturn zu sehen. Erst der niederländische Astronom Christiaan Huygens erkannte die wahre Natur dieser „Ansätze" und beschrieb sie als Ringsystem, das den Planeten frei schwebend umgibt. Darüber hinaus fand Huygens einen ersten Saturnmond, der den Namen Titan erhielt.

Da sich die Saturnringe in der Äquatorebene des Planeten befinden und mit dieser um knapp 27 Grad gegen die Bahnebene geneigt sind, erscheinen sie im Laufe eines Saturnjahres unter einem ständig wechselnden Öffnungswinkel: Zweimal in dieser Zeit schauen wir genau auf die Kante des Ringsystems, das dann vorübergehend fast unsichtbar wird. Dazwischen können wir unter einem Winkel von bis zu rund 27 Grad auf die Nord- beziehungsweise Südhalbkugel des Planeten blicken. Von den inzwischen mehr als 30 bekannten Saturnmonden sind in einem Amateurfernrohr mittlerer Größe bis zu fünf zu erkennen; Titan, der größte Saturntrabant, kann bereits mit einem Feldstecher beobachtet werden.

Christiaan Huygens (1629–1695)

Die Atmosphäre

Im Gegensatz zur reich strukturierten Jupiteratmosphäre verrät die Gashülle von Saturn nur wenig über die dort herrschenden Strömungsverhältnisse. Ursache dafür ist die größere Sonnenentfernung, die zu einer geringeren Erwärmung der Atmosphäre führt: Dadurch kondensieren die Wolken bildenden Bestandteile in größerer Tiefe, und darüber liegende Dunstschichten können die Kontraste verwischen; schon bei den *Galileo*-Beobachtungen in der Jupiteratmosphäre war eine solche, wenngleich dünne, Dunstglocke aufgefallen.

So zeigten erst kontrastverstärkte Filteraufnahmen der *Voyager*-Sonden, dass auch die Saturnatmosphäre viele Wolkenstrukturen enthält und äußerst stürmisch ist; damals wurden im Äquatorbereich Windgeschwindigkeiten von bis zu 1500 km/h gemessen. Anders als bei Jupiter lassen die einzelnen Wolkenbänder allerdings keine klare Übereinstimmung zu den Windsystemen erkennen, denn der kräftige äquatoriale Jetstream reicht ohne deutliche Gegenströmung bis weit in mittlere Breiten hinein. Fünfzehn Jahre oder einen halben Saturnumlauf später, zwischen 1996 und 2001, konnten Wissenschaftler aus hochauflösenden Bildern des *Hubble*-Weltraumteleskops dagegen nur noch Spitzengeschwindigkeiten von etwa 900 km/h ableiten. Die Ursache für diese Entwicklung ist noch unklar – möglicherweise beziehen sich die neueren Daten auf Wolken in größeren Höhen, in denen die Windgeschwindigkeit allmählich abnimmt. Unklar ist auch, welche Rolle jahreszeitlich bedingte Schwankungen der Sonneneinstrahlung spielen, die durch den Schattenwurf der Ringe auf die Atmosphäre noch verstärkt werden. Für die Beantwortung solcher Fragen wird die *Cassini*-Sonde aus der Umlaufbahn um den Ringplaneten wichtige Daten liefern.

Oben: Unter einer trübenden Dunstschicht erfassten die Kameras der *Voyager*-Sonden auch bei Saturn zahlreiche Wolkenwirbel.

Unten: Von 1996 bis 2000 hat das *Hubble*-Weltraumteleskop die stetig zunehmende Öffnung des Saturnringsystems dokumentiert.

DIE RAUMSONDE *CASSINI*

Die beim Start im Oktober 1997 fast 6 Tonnen schwere amerikanische Raumsonde *Cassini* führt insgesamt 12 Experimente sowie – als Tochtersonde – die knapp 350 kg schwere europäische Sonde *Huygens* zur Erforschung des Saturnmondes Titan mit. Zu ihren Aufgaben gehört unter anderem die Bestimmung von Temperatur, Wolkeneigenschaften und Zusammensetzung der Saturnatmosphäre, die Messung der globalen Windströmungen sowie eine Langzeitbeobachtung von Wolkenbildung und -entwicklung, die Bestimmung des Aufbaus und der Rotationsverhältnisse der tiefen Atmosphäre, die Untersuchung der Wechselwirkungen zwischen Ionosphäre und planetarem Magnetfeld und die Suche nach Blitzen in der Atmosphäre und eine Klärung der damit verbundenen Prozesse; ferner eine Untersuchung der Ringstrukturen und der dynamischen Prozesse, die zu ihrer Entstehung führen, die Bestimmung der Zusammensetzung und der Größenverteilung der Ringpartikel, die Erkundung der Wechselbeziehungen zwischen Ringen und Monden (einschließlich der „Ringmonde"), eine Bestimmung der Verteilung von Staub und Meteoroiden in der Umgebung der Ringe sowie eine Untersuchung der Wechselwirkungen zwischen den Ringen und der Magnetosphäre, Ionosphäre und Atmosphäre des Planeten.
Die Nutzlast der europäischen Tochtersonde *Huygens* umfasst sechs Experimente, die zur Bestimmung der häufigsten Atmosphärenbestandteile und relativer Häufigkeiten einzelner Bestandteile dienen, die Verteilung von Spurengasen analysieren, die Suche nach komplexen Molekülen und möglichen Energiequellen für die Atmosphärenchemie betreiben und die Einflüsse des Sonnenlichtes auf die Stratosphäre und die Bildung und Zusammensetzung von Aerosolen bestimmen sollen; darüber hinaus sollen Wind- und Temperaturmessungen eine Rekonstruktion der Strömungsverhältnisse sowie jahreszeitlicher Effekte ermöglichen und man will die Festigkeit und Topografie der Titanoberfläche ermitteln sowie Rückschlüsse auf den inneren Aufbau des Mondes gewinnen.

Grundsätzlich werden in der Saturnatmosphäre die gleichen Wolkenschichten erwartet wie bei Jupiter, also Wolken aus Ammoniakeis, aus gefrorenem Ammoniumhydrosulfid und aus Wassereis; sie befinden sich aber nicht nur tiefer in der Atmosphäre, sondern dürften auch mehr als doppelt so „dick" sein, weil die Anziehungskraft von Saturn schwächer ist und damit der Atmosphärendruck nach außen langsamer abnimmt als bei Jupiter. Auch hinsichtlich der übrigen Zusammensetzung gibt es keine großen Unterschiede zwischen den beiden Atmosphären – bis auf den Anteil an Helium, der bei Saturn nicht einmal halb so groß ist wie bei Jupiter.

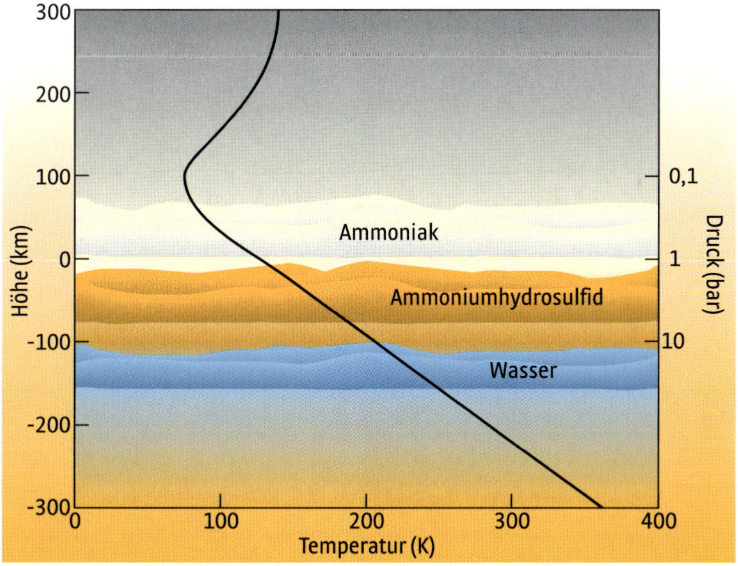

Druck- und Temperaturverlauf in der oberen Saturnatmosphäre.

Der innere Aufbau

Saturn erscheint nicht nur rein äußerlich als ein „kleiner Bruder" von Jupiter, sondern zeigt auch einen vergleichbaren inneren Aufbau, allerdings mit einer etwas anderen Verteilung. Zunächst ist der Unterschied noch gering: Wasserstoff und Helium, die beiden Hauptbestandteile, werden in einer Tiefe von rund 1000 km flüssig. Dann aber macht sich die geringere Anziehungskraft von Saturn bemerkbar, und die Grenze zum metallischen Wasserstoff wird erst jenseits von 30 000 km Tiefe bei einer Temperatur von etwa 9000 Kelvin erreicht. Entsprechend bleibt für diese Zone, die für den Aufbau des Magnetfeldes in Frage kommt, deutlich weniger Platz als bei Jupiter,

Linke Seite: EIn erster detaillierter Blick der Raumsonde *Cassini* auf die Atmosphäre von Saturn.

Unten: Der innere Aufbau von Saturn und Erde im Größenvergleich. Der Saturnaufbau von innen nach außen: Gesteinskern, Eiskruste des Kerns, Mantel aus metallischem Wasserstoff, Atmosphäre in flüssigem Zustand, gasförmige Atmosphäre.

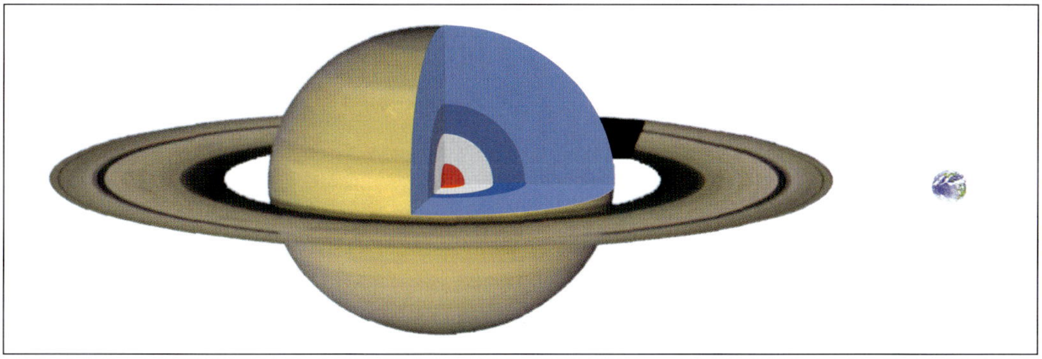

denn spätestens nach weiteren 13 000 km dürfte der zweigeteilte Kern des Planeten beginnen, der vermutlich eine mindestens 10 000 km dicke Eiskruste und einen etwa erdgroßen Gesteinskern umfasst.

Saturn strahlt im Verhältnis noch deutlich mehr Wärme an den umgebenden Weltraum ab als Jupiter, und das, obwohl er kleiner ist und vor allem weniger Materie enthält als jener, also eigentlich schon stärker abgekühlt sein sollte – offenbar verfügt er über eine zusätzliche Energiequelle. Modellrechnungen zeigten, dass hierfür eine Art Heliumregen am Außenrand der Zone des metallischen Wasserstoffs verantwortlich gemacht werden kann: Dort reicht die Temperatur in einer rund 5000 km dicken Schicht nicht mehr aus, um den ursprünglichen Gehalt an Helium in der Atmosphäre aufzunehmen – die relative Heliumkonzentration beträgt 100 Prozent, und jede weitere Abkühlung führt unmittelbar zu Niederschlag. Bei diesem Heliumregen wird dann offenbar genügend Gravitationsenergie freigesetzt, um den Wärmeverlust im Innern zu kompensieren.

Die Magnetosphäre

Das Magnetfeld des Saturn präsentierte sich den beiden *Voyager*-Sonden überraschend einfach und klar strukturiert: Die magnetische Achse fällt mit der Rotationsachse des Planeten zusammen, und das Feld ähnelt mehr dem eines klassischen Dipols. Zumindest dieser zweite Unterschied zum Magnetfeld des „großen Bruders" dürfte zum einen durch die wesentlich kleinere Zone metallischen Wasserstoffs im Innern des Planeten bedingt sein, zum anderen aber auch durch das Fehlen eines „Vulkanmondes", der im Fall von Jupiter ständig Materie zum Auffüllen einer Stromscheibe freisetzt, die die Magnetosphäre weit aufbläht. Zwar verliert auch Titan, der größte Saturnmond, gelegentlich Material an die Magnetosphäre, aber seine Bahn fällt in die äußeren Randbereiche dieser Region und verläuft daher oft genug außerhalb des unmittelbaren Einflussbereiches.

Auch in der Saturnatmosphäre kommt es regelmäßig zu Polarlichterscheinungen, wie diese Aufnahme des *Hubble*-Weltraumteleskops zeigt.

Auch der Einfluss der Saturnringe auf die Magnetosphäre ist „unübersehbar", denn sie erweisen sich als wirksame Fallen für die in den Strahlungsgürteln gefangenen energiereichen Teilchen: Innerhalb des äußeren Ringrandes ist die Umgebung des Saturn eine nahezu strahlungsfreie Zone.

Die Ringe

Schon die ersten Fernrohrbeobachter hatten bei Saturn eine Besonderheit bemerkt, deren wahre Natur aber zunächst nicht erkannt: Saturn wird von einem auffälligen Ringsystem umgeben. Es erstreckt

sich über eine Breite von rund 127 000 km und reicht am Außenrand bis zu einer Entfernung von knapp 272 500 km oder etwa 70 Prozent der Distanz Erde – Mond, es befindet sich also vollständig innerhalb der so genannten Rocheschen Grenze, innerhalb der ein größeres Objekt von den Gezeitenkräften des nahen Planeten zerrissen würde.

Schon mit einem Amateurfernrohr fällt eine deutliche Zweiteilung der Saturnringe auf: Der äußere „A-Ring" erscheint dunkler als der innere „B-Ring", und zwischen beiden verläuft eine schmale Lücke („Cassini-Teilung"); 1850 wurde noch näher zu Saturn noch ein dritter Bereich („C-Ring") gefunden, der wegen seiner zarten Struktur den Beinamen Flor-Ring erhielt.

Vor diesem Hintergrund lieferten die Fotos und Daten von *Pioneer 11* (Vorbeiflug im September 1979) sowie der beiden *Voyager*-Sonden (November 1980 und August 1981) ein überraschend anderes Bild der Saturnringe.

Pioneer 11 flog unterhalb der Ringebene an Saturn vorbei und blickte daher auf die dunkle Schattenseite, wo er gleichsam ein Negativbild der Saturnringe registrierte – allerdings mit auffälligen Abweichungen: So präsentierte sich der äußere A-Ring reichlich ungleichförmig strukturiert, und auch im Bereich der vermeintlich leeren

ZERSTÖRERISCHE GEZEITEN

Kommt ein kleiner Himmelskörper einem größeren zu nahe, so kann er von dessen Gezeitenkraft zerrissen werden. Darauf hat der französische Astronom und Mathematiker Édouard Albert Roche (1820–1883) bereits 1848 hingewiesen und eine Formel zur Berechnung der kritischen Entfernung aufgestellt. Die nach ihm benannte Rochesche Grenze liegt bei Saturn für einen hypothetischen Eismond bei etwa 130 000 km.

Die kontrastverstärkte Falschfarben-Aufnahme des B-Ringes von *Voyager 2* lässt auf eine unterschiedliche Zusammensetzung der Ringpartikel schließen.

Cassini-Teilung waren einzelne Dunkelzonen zu erkennen, in denen das Sonnenlicht offenbar doch nicht ungehindert bis zur Schattenseite vordringen konnte.

Vor den Augen der wesentlich leistungsfähigeren *Voyager*-Kameras „zerfielen“ die Saturnringe dann in mehrere tausend Einzelstrukturen, aber auch sie werden letzten Endes nur vorgetäuscht: Radarbeobachtungen von der Erde aus haben längst ergeben, dass die „Ringe“ in Wirklichkeit aus unzähligen Brocken und Bröckchen bestehen, die alle gemeinsam, aber jeder für sich, den Saturn umrunden. Die Größe der Teilchen reicht von winzigen Körnern bis hin zu kleinen Einfamilienhäusern, wobei der Löwenanteil offenbar von kieselsteingroßen Objekten gestellt wird, denn im Bereich der Zentimeterwellen sind die Radarechos besonders stark. Das Reflexionsverhalten im nahen Infrarot lässt auf eine starke Beteiligung von Wassereis schließen; dazu passt, dass die *Voyager*-Sonden eine Wolke aus atomarem Wasserstoff fanden, die sich bis zu 60 000 km oberhalb und unterhalb des A-Rings sowie über dessen äußeren Rand hinaus erstreckt.

Die ungleiche Verteilung dieser Ringpartikel innerhalb der klassischen Ringzonen kann mehrere Ursachen haben. So gibt es zum Beispiel Bahnresonanzen mit Monden außerhalb des Ringbereichs, die Teilchen aus bestimmten Bahnen abdrängen; dadurch kommt es in benachbarten Regionen zu Dichtewellen, die ihrerseits nicht ohne Auswirkung auf die Umgebung bleiben und so die Feinstruktur weiter aufgliedern. Denkbar sind auch Gravitationsstörungen, die von einzelnen größeren Brocken (Mini-Monden) innerhalb der Ringe selbst ausgehen – das begrenzte Auflösungsvermögen auch der

RÄTSELHAFTE SPEICHEN

Rätselraten lösten dunkle, radial nach außen verlaufende Strukturen in den Saturnringen aus: Diese als Speichen bezeichneten Gebilde wurden auf der Morgenseite der Ringe sichtbar und lösten sich nach einigen Stunden wieder auf; im Gegenlicht erschienen sie dagegen heller als die normalen Ringpartikel. Vor allem dieses Verhalten zeigt, dass die beteiligte Materie aus extrem kleinen Partikeln bestehen muss, denn nur sie erscheinen „gegen Licht“ betrachtet hell. Eigentlich müssten sich radiale Strukturen innerhalb der Ringe sehr viel schneller verformen, denn am Innenrand des C-Ringes beträgt die Umlaufzeit eines Ringpartikels nur etwa sechs Stunden, am Außenrand des A-Ringes mit etwa 14 Stunden jedoch mehr als doppelt so lange. Dagegen zeigen die Speichen vorübergehend eine starre Rotation, die nahezu synchron zur Umdrehung des Magnetfeldes verläuft. Dies deutet darauf hin, dass hier elektrostatische Kräfte am Werk sind und elektrisch aufgeladene Staubpartikel zunächst aus der Ringebene herausgehoben und anschließend für eine Zeit lang von der Magnetosphäre des Planeten mitgerissen werden. Möglicherweise wird dieser Staub durch Plasmawolken aufgewirbelt, die beim Zusammenstoß von Meteoriten mit Ringteilchen freigesetzt werden. Eigentlich hatten die Planetenforscher gehofft, mit *Cassini* das Rätsel der Saturnspeichen lösen zu können, doch mussten sie dann – zumindest während der Annäherungsphase von *Cassini* im Frühjahr 2004 – überrascht feststellen, dass die Erscheinung offenbar nur vorübergehender Natur gewesen war und 2004 nicht mehr auftrat.

Voyager-Kameras konnte Objekte unterhalb von einigen Kilometern Größe allerdings nicht mehr erfassen.

Neben den bekannten Ringzonen wurden noch weitere, zuvor unbekannte Ringe gefunden: ein diffuser D-Ring noch innerhalb des C-Rings, ein scharf begrenzter, teilweise geknickt beziehungsweise verdrillt erscheinender F-Ring, der sich außen um den A-Ring legt, sowie noch weiter außen der G-Ring und – im Bereich der Umlaufbahn des Saturnmondes Enceladus – ein breiter, diffuser E-Ring. Dabei wird das bizarre Aussehen des schmalen F-Ringes auf die Störeinflüsse von zwei kleinen Monden in unmittelbarer „Nähe" zum Ring zurückgeführt: Der etwa 800 km weiter innen etwas schneller umlaufende Prometheus treibt nach innen abdriftende Ringpartikel wieder nach außen, während die etwa 1500 km weiter draußen etwas langsamer daherziehende Pandora nach außen fliehende Teilchen wieder zurückdrängt; diese Kontrollfunktion hat den beiden zwischen 100 und 130 km großen – selbst erst von den *Voyager*-Kameras erspähten – Trabanten den Beinamen „Schäferhundmonde" eingebracht.

Das Auftreten dunkler Ringspeichen verblüffte die Wissenschaftler zu Beginn der 1980er Jahre.

Klarheit erhofft man sich von der Raumsonde *Cassini* über Ursprung und Alter der Saturnringe, nachdem Zweifel an der Beständigkeit dieser in ihrer Komplexität einmaligen Struktur im Sonnensystem aufgekommen sind: Nach Ansicht einiger Forscher werden die Teilchen durch ständige Kollisionen untereinander allmählich zerrieben und in elektrisch geladene Partikel umgewandelt, die schließlich vom Magnetfeld des Planeten abgebremst und in die Atmosphäre geleitet werden. Sollte sich diese Vermutung bestätigen, wird man die Ringe als eine vergleichsweise „kurzfristige" Erscheinung ansehen und neu über ihren Ursprung nachdenken müssen. Vielleicht sind ja in der Vergangenheit des Öfteren ein paar Kometenkerne zu nah an Saturn herangekommen und – ähnlich wie Shoemaker-Levy 9 bei Jupiter – von seinem Schwerefeld zerrissen worden. Die Gesamtmasse der Ringmaterie dürfte der eines Eismondes von einigen hundert Kilometern Durchmesser entsprechen.

Das erste *Cassini*-Bild der Saturnringe im Ultravioletten. Nach außen hin werden die Ringe dichter und enthalten mehr Eis (türkise Regionen).

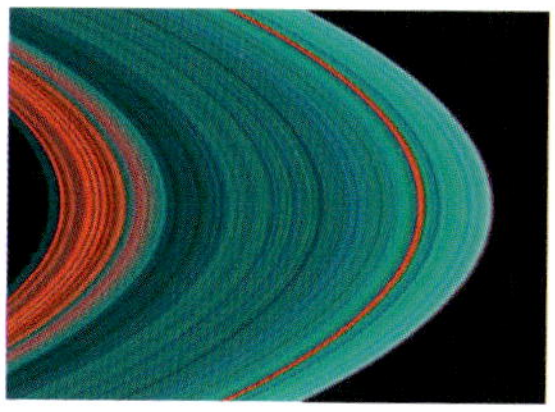

Die Monde

Vor 1980 kannte man bei Saturn zehn Monde, die bis auf einen bereits seit dem 19. Jahrhundert bekannt waren. Unter ihnen ist

Titan mit einem Durchmesser von 5150 km der größte und vermutlich auch interessanteste, denn er besitzt als einziger Mond im Sonnensystem eine dichte Atmosphäre; vier weitere Monde sind zwischen 1050 km und 1530 km groß, während die übrigen kleiner als 500 km bleiben.

Titan

Der größte Saturnmond, Titan, umrundet Saturn innerhalb von knapp 16 Tagen in einer Entfernung von 1,2 Milliarden km. Er bewegt sich damit unweit der Außengrenze der Saturn-Magnetosphäre und gerät wegen deren variabler Ausdehnung immer wieder „zwischen die Fronten“. Bereits zu Beginn des 20. Jahrhunderts gab es erste Hinweise auf die Existenz einer Atmosphäre, und 1943/44 konnte Gerard Peter Kuiper Methan als einen Bestandteil spektroskopisch nachweisen.

Bei seinem Vorbeiflug an Titan im November 1980 fand *Voyager 1* eine überraschend dichte Stickstoffatmosphäre, deren Bodendruck um etwa 50 Prozent über dem irdischen Luftdruck liegt; zugleich konnte die Oberflächentemperatur zu etwa –178 °Celsius bestimmt werden. In einer solchen Umgebung spielt Methan eine ähnliche Rolle wie das Wasser auf der Erde: Die als Grubengas bekannte Verbindung aus Wasserstoff und Kohlenstoff kann in allen drei Aggregatzuständen vorkommen: als feste, flüssige oder auch gasförmige Substanz. Hinzu kommt, dass in dieser Atmosphäre unter dem Einfluss des ultravioletten Sonnenlichtes fotochemische Reaktio-

Oben: Der Saturnmond Titan ist von einer dichten Atmosphäre umgeben, die den Blick auf die Oberfläche erschwert.

Unten: Eintritt der europäischen *Huygens*-Sonde in die Titan-Atmosphäre.

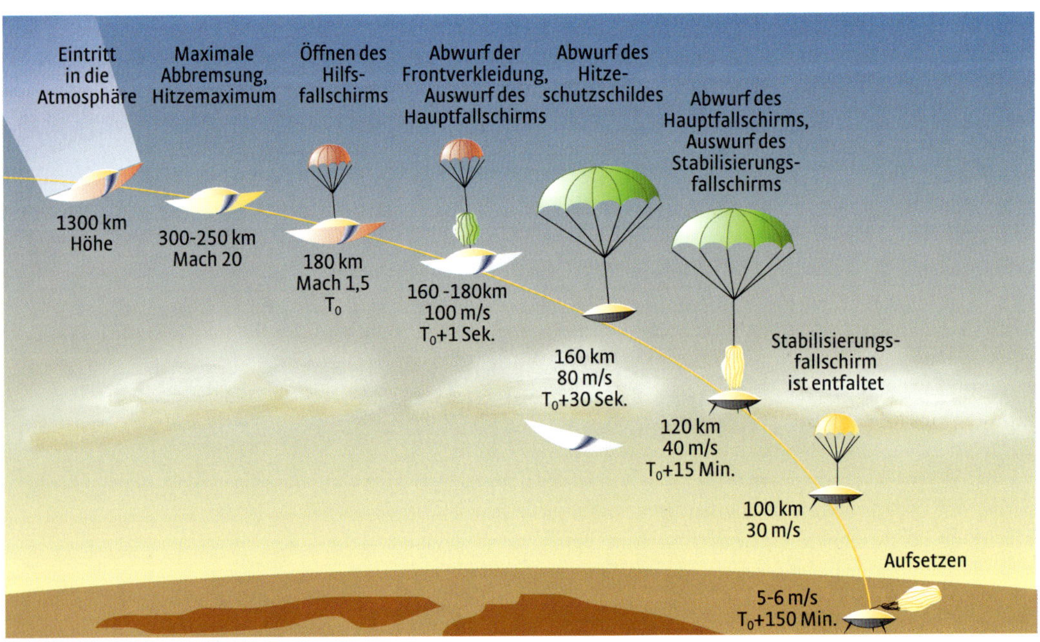

ABSTIEG ZUR TITANOBERFLÄCHE

Endgültige Klarheit über Titan soll die europäische Forschungssonde *Huygens* bringen, die im Januar 2005 an Fallschirmen durch die Titan-Atmosphäre sinken und innerhalb von 2,5 Stunden bis zur Oberfläche des Mondes vordringen soll. Während dieser Zeit werden fünf wissenschaftliche Instrumente Daten über Temperatur- und Druckverlauf sowie Windgeschwindigkeiten, die Zusammensetzung der Atmosphäre, mögliche Wolkenstrukturen und das Auftreten von elektrischen Entladungen sowie Bilder der horizontalen Umgebung und in Blickrichtung nach unten zur *Cassini*-Sonde übertragen. Darüber hinaus soll dokumentiert werden, wie sehr die in der Atmosphäre vorhandenen Aerosole das von außen eindringende Sonnenlicht streuen.
Wenn alles planmäßig verläuft, könnte die Sonde am Ende noch für weitere 30 Minuten funktionstüchtig bleiben und weitere Daten vom „Landeplatz" aufnehmen und übermitteln, ehe der Kontakt zur Muttersonde abreißt: Angaben über die Heftigkeit des Aufpralls werden etwas über den Aggegratzustand (fest oder flüssig) verraten, während Daten über Temperatur, die Wärmeleitfähigkeit, die Schallgeschwindigkeit, die elektrische Leitfähigkeit und die Lichtbrechung weitere Rückschlüsse auf Zusammensetzung und Zustand des Materials ermöglichen sollen.
Am Ende werden die Forscher hoffentlich ein wesentlich detailreicheres Bild von Titan entwerfen können, das vielleicht sogar Rückschlüsse auf die frühe Geschichte unserer Erde erlaubt.

nen ablaufen, die zur Produktion komplexerer Kohlenwasserstoff-Verbindungen und vielleicht sogar einfachster Lebensbausteine führen können – spektroskopische Beobachtungen im Infrarotbereich wiesen neben Ethan und Acetylen auch Propan, Ethylen und Cyanwasserstoff nach sowie geringe Spuren von Kohlenmonoxid und Kohlendioxid. Falls solche Substanzen „ausregnen" und sich in „Gewässern" auf der Titanoberfläche sammeln, könnten diese Seen ein fast ideales Labor für die Entstehung von Lebensformen darstellen, wenn – ja wenn es nicht so kalt wäre auf Titan: Unter den dortigen extremen Minustemperaturen würden ähnliche Reaktionen, wie sie vor fast 4 Milliarden Jahren auf der Erde zur Entstehung von Leben geführt haben, vermutlich höchstens sehr viel langsamer ablaufen als damals bei uns.

Die Kameras der *Voyager*-Sonden „sahen" einen orangefarbenen Himmelskörper, der aber keinerlei Strukturen erkennen ließ: Offenbar wurde der Blick nach unten bereits in großen Höhen durch eine Art Smogschicht versperrt, die zugleich auch für die rötliche Färbung verantwortlich ist. So blieb es zunächst radioastronomischen Beobachtungen und später dem *Hubble*-Weltraumteleskop sowie erdgebundenen Hochleistungsteleskopen vorbehalten, nach Strukturen auf der vor unseren Blicken verborgenen Titan-Oberfläche zu suchen. Zwar reichte das Auflösungsvermögen nicht, um einzelne Strukturen zu erkennen, aber insgesamt scheint die Oberfläche mehr jener des eisbedeckten Jupitermondes Ganymed zu ähneln als einem „Sumpf" aus komplexen Kohlenwasserstoff-Molekülen, der von einigen Forschern auch für möglich gehalten wurde. Auch der innere Aufbau von Titan könnte dem von Ganymed ähneln: Seine mittlere Dichte lässt annehmen, dass er je zur Hälfte aus Gestein und Wassereis

Oberes Bild: Titan-Aufnahme von *Voyager 2*.

Unteres Bild: So sah *Cassini* den Saturnmond Titan Anfang Juli 2004, kurz nach dem Erreichen der Umlaufbahn um Saturn.

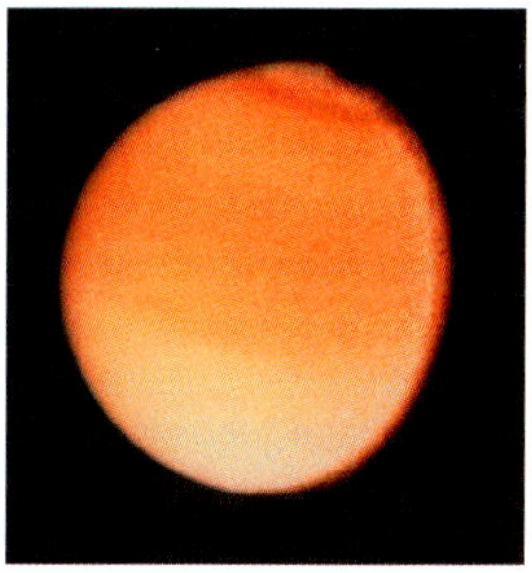

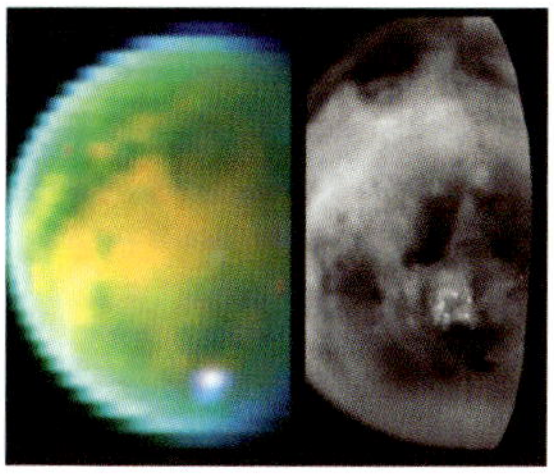

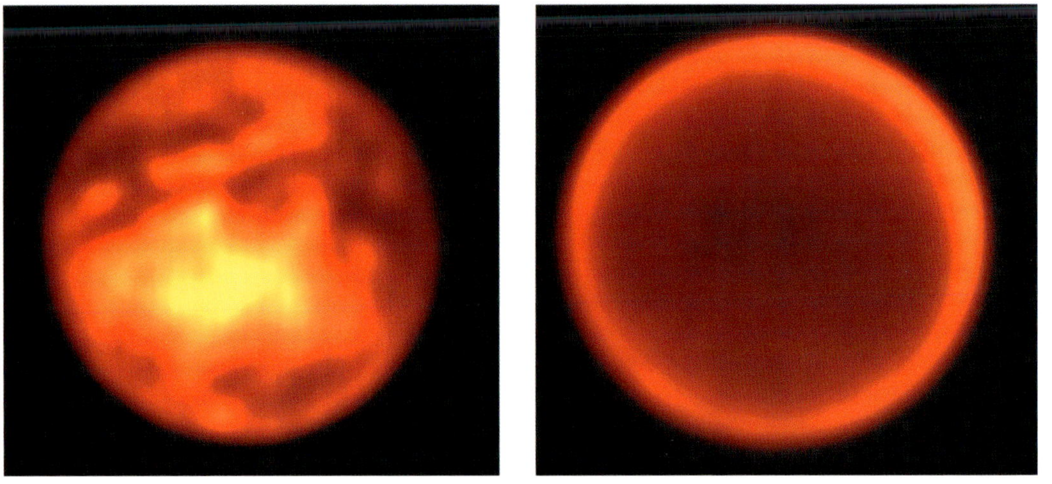

Diese erdgebundenen Infrarotaufnahmen des ESO-*Very Large Telescope* von der Titanoberfläche und seiner Atmosphäre lassen helle (wärmere) und dunkle (kältere) Regionen erkennen. Ob es sich dabei um „Land-" und „Meeresoberflächen" handelt, wird man wohl erst nach der Erkundung des Titan durch die europäische Raumsonde *Huygens* klären können.

besteht. Eigentlich sollte Titan anfangs auch warm genug gewesen sein, um eine Trennung dieser Bestandteile zu ermöglichen. Ob die Temperatur aber heute noch ausreicht, um wie bei seinem größeren „Vetter" tief unter der Oberfläche eine Zone aus flüssigem Wasser bereitzuhalten, lässt sich nicht mit Bestimmtheit sagen – zumindest haben die *Voyager*-Instrumente keinen Hinweis auf ein eigenes Magnetfeld entdeckt.

Die anderen „klassischen" Monde

Während Titan groß genug wäre, um als eigenständiger Planet durchzugehen, bilden die übrigen „klassischen" Saturnmonde eine Größenklasse für sich: Ihre Durchmesser liegen im Bereich zwischen etwa 100 und 1500 km und überdecken damit auch jene Grenze, unterhalb derer man vermutlich keine kugelförmige Gestalt mehr erwarten darf. Wo diese – sicher auch vom jeweiligen Material abhängige – Grenze lag, war allerdings vor der Erkundung des Saturnsystems durch die *Voyager*-Sonden noch offen.

Besonderes Augenmerk galt in diesem Zusammenhang **Mimas**, dem innersten und mit einem Durchmesser von knapp 400 km zugleich kleinsten der klassischen Trabanten (die 1898 entdeckte Phoebe ist zwar nur etwa halb so groß wie Mimas, gilt aber schon allein aufgrund ihrer Bahn als nachträglich eingefangenes Objekt). Mimas (Saturnentfernung 186 000 km, Umlaufzeit 0,94 Tage) erwies sich aber als ebenso „kugelrund" wie seine größeren Geschwister Enceladus, Tethys, Dione, Rhea und Japetus. Ein gewaltiger Einschlagkrater („Herschel") prägt das Aussehen des Mondes: Bei einem Durchmesser von 130 km ist er etwa 10 km tief und hat einen 6 km hohen Zentralberg – übertragen auf die Erde entspräche dies einem „Loch" von der Größe der USA. Unklar ist, ob die anfängliche Erwärmung von Mimas ausgereicht hat, um Gestein und Eis voneinander zu trennen.

Das Aussehen des knapp 400 km großen Saturnmondes Mimas wird von einem etwa 130 km großen Krater („Herschel") dominiert.

Saturn mit sechs seiner größeren Monde: Von rechts oben sind dies im Uhrzeigersinn Titan, Mimas, Enceladus, Dione, Tethys und Rhea.

Enceladus, der äußere Nachbar von Mimas, ist mit 500 km Durchmesser nur wenig größer, blickt aber offenbar auf eine ganz andere Vergangenheit zurück, denn seine Oberfläche zeigt neben kraterübersäten Gebieten auch weite Ebenen sowie lange Täler und Bergrücken (s. Abb. S. 158). Dies deutet darauf hin, dass weite Teile der Landschaft neu gestaltet wurden, und das setzt eine innere Erwärmung voraus. Die Quelle für eine solche spätere Aufheizung könnte wie beim Jupitermond Io in Bahnresonanzen und Gezeitenkräften zu suchen sein – immerhin umrundet Enceladus Saturn in der Hälfte der Zeit, die Dione für einen Umlauf benötigt (Saturnentfernung: 238 000 km, Umlaufzeit: 1,37 Tage). Vielleicht liefert dieser Kryovulkanismus (Kälte- oder Eisvulkanismus) auf Enceladus auch den Nachschub an Ringpartikeln für den E-Ring, der in Höhe der Enceladusbahn ein ausgeprägtes Helligkeitsmaximum aufweist. Die weitgehend glatte Eisoberfläche wird auch für das hohe Rückstrahlvermögen von Enceladus verantwortlich gemacht, das bei fast 100 Prozent liegt und im Sonnensystem unübertroffen ist.

Die Oberfläche von Enceladus wurde – vermutlich durch so genannten Kryovulkanismus – teilweise neu gestaltet.

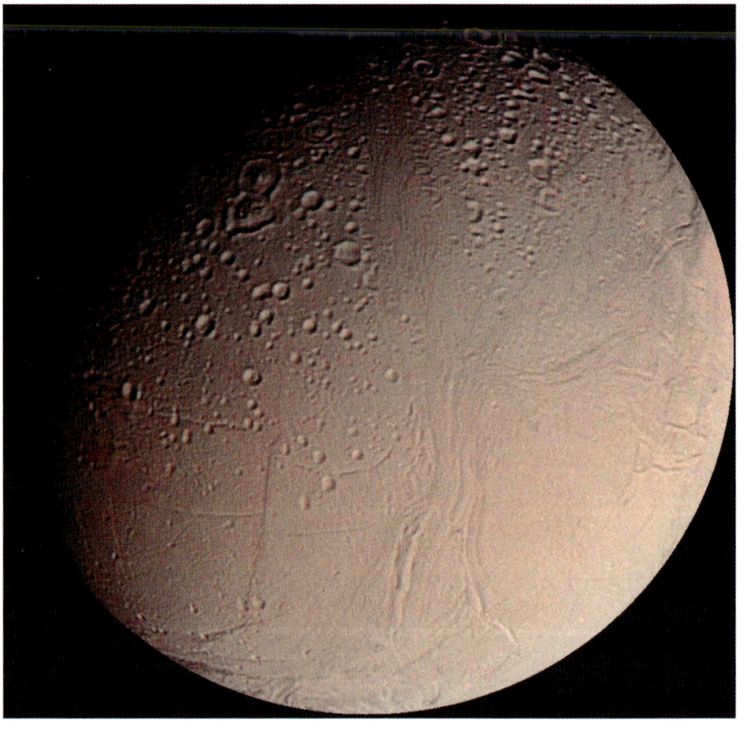

Tethys ist etwa doppelt so groß wie Enceladus und umrundet Saturn alle 45,3 Stunden in einem Abstand von knapp 295 000 km; Größe und Abstand zum Planeten reichen aus, um ihn in einem Amateurfernrohr mittlerer Größe sichtbar werden zu lassen. Die Oberfläche ist von vielen Kratern zernarbt, von denen einer („Odysseus") einen Durchmesser von 400 km besitzt. Da dieser Krater trotz seiner enormen Größe ein flacheres Relief aufweist als Herschel auf Mimas, hat sich vermutlich Eislava aus dem Innern des Mondes in den Krater ergossen. Auffällig ist daneben noch ein mehr als 2000 km langes und über 100 km breites Grabensystem, das sich auf der dem Saturn zugewandten Seite fast von Pol zu Pol erstreckt („Ithaca Chasma"). Möglicherweise handelt es sich dabei um eine Art Platzwunde, die aufriss, als das Wasser in einem ursprünglich teilweise flüssigen Mantel im Innern des Mondes gefror. Jedenfalls dürfte Tethys weitgehend aus Wassereis bestehen, da die mittlere Dichte keinen nennenswerten Gesteinsanteil erwarten lässt. Tethys teilt ihre Bahn mit zwei kleinen Monden, die erst von den beiden *Voyager*-Sonden bemerkt wurden: Telesto und Calypso bewegen sich etwa 60 Grad vor beziehungsweise hinter Tethys auf quasistabilen Bahnen, die eine spezielle Lösung des himmelsmechanischen Dreikörper-Problems darstellen; sie zeigen damit ein ähnliches Verhalten wie die so genannten Trojaner entlang der Jupiterbahn.

Viele Krater und ein mehr als 2000 km langes Grabensystem prägen die Oberfläche von Tethys.

Dione, mit einem Durchmesser von 1120 km nur wenig größer als Tethys, ist von Saturn ähnlich weit entfernt wie der Mond von der Erde; dennoch braucht sie nur 65,7 Stunden oder knapp ein Zehntel seiner Umlaufzeit für eine Umrundung des Planeten, da Saturn fast 100 Erdmassen in sich vereint. Ihre über weite Teile von Kratern zernarbte Oberfläche weist starke Helligkeitsunterschiede auf: So erscheint die in Bewegungsrichtung „hintere“ (nachfolgende) Hälfte ziemlich dunkel und weniger von Kratern besetzt als die hellere „vordere“ Hemisphäre. Allerdings ist ein Teil der dunklen Fläche von auffallend hellen Strukturen eingerahmt, bei denen es sich möglicherweise um Spalten und Bergrücken handelt, die mit frischem Eis aufgefüllt wurden. Demnach müsste Dione zumindest zeitweise über eine innere Wärmequelle verfügt haben, was durch eine von den übrigen Saturnmonden unerreichte mittlere Dichte (etwa 40 Prozent höher als die von Wasser) gestützt wird: Offenbar enthält Dione einen ausreichend hohen Anteil an Gestein und radioaktiven Elementen. Auch Dione teilt sich ihre Bahn mit einem etwa 35 km kleinen Mond (Helene), der etwa 60 Grad vorauseilend auf den *Voyager*-Bildern gefunden wurde.

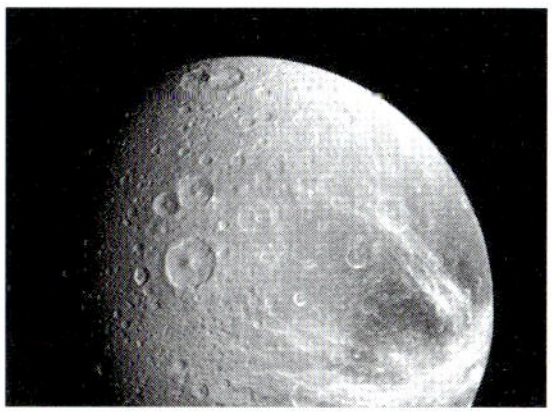

Die Oberfläche von Dione ist erkennbar zweigeteilt.

Rhea, die Saturn alle 4,52 Tage in einer Entfernung von rund 527 000 km umrundet, zeigte den *Voyager*-Kameras ebenfalls zwei unterschiedlich helle Seiten; mit einem Durchmesser von 1530 km ist sie der größte Eismond des Saturn. Die Oberfläche ist von vielen Kratern zernarbt und zeigt mancherorts große Ähnlichkeit zu den Hochlandgebieten des Erdmondes; allerdings fällt auf, dass etliche dieser Krater nicht rund, sondern eher eckig wirken. Wie bei Dione dürfte das dunkle Material nahe der Oberfläche von innen aufgestiegen sein, als das Eis dort noch flüssig oder zumindest plastisch war,

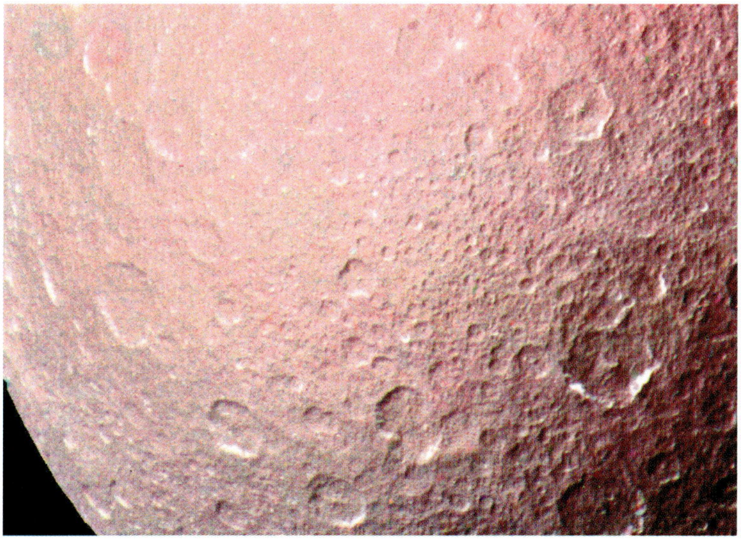

Rheas Oberfläche ist von zahllosen Kratern zernarbt.

zumal die mittlere Dichte des Mondes einen erhöhten Anteil an Gestein vermuten lässt.

Jenseits von Titan umrundet **Hyperion** Saturn alle 21,27 Tage auf einer etwas elliptischen Bahn (Saturnentfernung 1,5 Millionen km); obwohl nur wenig kleiner als Mimas, ist Hyperion unregelmäßig geformt und vollführt eine chaotische Taumelrotation, die möglicherweise durch die Kollision mit einem anderen Objekt angestoßen wurde. Alles dies rückt ihn bereits verdächtig nahe an die Kategorie der irregulären Monde heran, die sich aus nachträglich eingefangenen Asteroiden oder Kometenkernen zusammensetzt; hinzu kommt, dass seine Umlaufzeit etwa im Verhältnis 4:3 zu der von Titan steht.

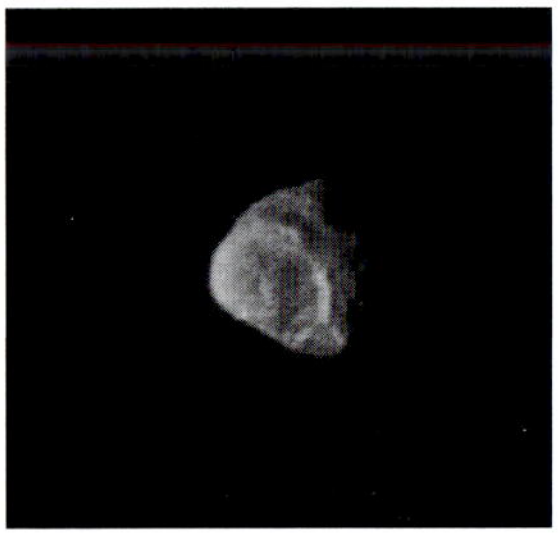

Oben: Hyperion (ganz oben) und Japetus umrunden den Saturn außerhalb der Bahn von Titan.

Japetus ist der letzte (und mit einem Durchmesser von 1436 km zweitgrößte) der großen Eismonde – er umrundet Saturn alle 79,3 Tage auf einer deutlich gegen die Ringebene geneigten Bahn in einer Entfernung von mehr als 3,5 Millionen km. Seine in Bewegungsrichtung „vordere" Hälfte erscheint deutlich dunkler als die nachfolgende Hemisphäre; das hat zur Folge, dass die Helligkeit von Japetus in östlicher Elongation um fast zwei Größenklassen hinter der Maximalhelligkeit zurückbleibt. Die Ursache für diese Zweiteilung ist noch unklar. Gegen die Überlegung, Japetus sei wiederholt durch eine Wolke aus dunklem Material geflogen, die von dem noch weiter außen kreisenden Mond Phoebe stammt, spricht die Tatsache, dass dieses dunkle Material auch am Boden größerer Krater auf der hellen Mondseite zu finden ist. Vielleicht stammt es aber aus dem Innern des Mondes, das möglicherweise auch Methaneis enthält; diese Eisvariante könnte sich unter dem Einfluss solarer UV-Strahlung in dunklere Kohlenwasserstoff-Moleküle umwandeln, wie die Beobachtungen am Kometen Halley gezeigt haben.

Unten: Die Raumsonde *Cassini* flog bereits vor dem Einschwenken in eine Umlaufbahn um Saturn erstmals an Phoebe vorbei und entlarvte ihn als vermutlich eingefangenen Zentauren, ein ins innere Sonnensystem umgelenktes Trans-Neptun-Objekt.

Irreguläre Monde

Die nur etwa 220 km große **Phoebe** schließlich gehört zweifelsfrei zur Gruppe der irregulären, nachträglich eingefangenen Monde: Ihre Bahn ist nicht nur auffallend elliptisch, sondern auch so sehr gegen die Ringebene des Planeten geneigt, dass dieser Mond den Saturn rückläufig, also entgegen dem allgemeinen Drehsinn, alle 1,5 Jahre einmal in einer mittleren Entfernung von fast 13 Millionen km umrundet.

Zusätzlich zu den bereits erwähnten Schäferhundmonden des F-Ringes wurden auf den Fotos der beiden *Voyager*-Sonden noch vier weitere Trabanten gefunden, die den Planeten weit innen – teilweise innerhalb des Ringsystems – begleiten. Während **Pan** die Encke-Teilung innerhalb des A-Ringes weitgehend materiefrei hält und **Atlas** den A-Ring als Schäferhundmond nach außen begrenzt, tauschen **Janus** und **Epimetheus**, deren Bahnen nur etwa 50 km auseinander liegen, in regelmäßigen Abständen ihre Rollen auf der Innen- bzw. Außenbahn. Eigentlich sollte der innere der beiden Monde, der ja geringfügig schneller umläuft, seinen äußeren Mitläufer immer

wieder überholen, müsste dabei dann aber mit ihm zusammenstoßen, weil beide Monde in die jeweils andere Bahn hineinragen, doch dazu kommt es nicht: Wenn sich der innere „von hinten" dem äußeren nähert, wird er durch dessen schwache Anziehungskraft etwas beschleunigt und seine Bahn dadurch angehoben, während der zuvor äußere Mond etwas an Bahnenergie verliert und entsprechend auf die ursprünglich innere Bahn absinkt, so dass er „als Sieger" davoneilen kann.

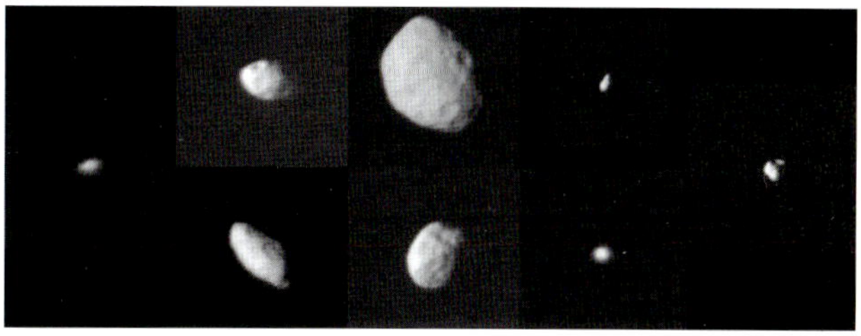

Parade eines Teils der kleineren Saturnmonde (von links im Uhrzeigersinn: Atlas, Pandora, Janus, Calypso, Helene, Telesto, Epimetheus und Prometheus).

Seit Anfang 2000 konnten – ähnlich wie bei Jupiter – mit den mittlerweile verfügbaren Riesenteleskopen mehr als ein Dutzend weiterer Saturnmonde gefunden werden, so dass deren Zahl vor der Ankunft von *Cassini* bereits bei 31 lag – Tendenz: weiter steigend.

URANUS

STECKBRIEF URANUS

Äquatordurchmesser	51 118 km (etwa 4 Erddurchmesser)
Masse	$8{,}685 \cdot 10^{25}$ kg (etwa 14,54 Erdmassen)
Siderische Rotationsdauer (Sterntag)	17 Std., 14 Min.
Äquatorneigung zur Bahnebene	97,8°
Umlaufzeit um die Sonne	84,67 Jahre
Mittlerer Abstand zur Sonne	2,884 Milliarden km (19,28 AE)
Bahnneigung zur Ekliptik	0,77°
Temperatur der oberen Atmosphärenschichten	58 K (–215 °C)
Monde	27

Friedrich Wilhelm Herschel (1738–1822)

Stellung im Sonnensystem

Mit der Entdeckung des Planeten Uranus am 13. März 1781 durch Friedrich Wilhelm Herschel (1738–1822) jenseits der Saturnbahn wurde das seit der Antike bekannte Planetensystem erstmals erweitert. Dabei musste Herschel zunächst von der irrigen Meinung abgebracht werden, er habe lediglich einen Kometen gefunden. Erst der finnische Astronom Anders Lexell (1740–1784) konnte zeigen, dass der neue Sonnenbegleiter wirklich ein „richtiger" Planet war, der sich auf einer leicht elliptischen Bahn etwa alle 84 Jahre einmal um

die Sonne bewegt und dabei im Mittel etwa doppelt so weit von ihr entfernt ist wie Saturn, der alte „Grenzpfosten“: Seine Sonnenentfernung liegt zwischen 2,735 und 2,884 Milliarden km (18,28–19,28 AE). Die Uranusbahn ist um etwa 0,77 Grad gegen die Ekliptikebene geneigt.

Als äußerer Planet wird er regelmäßig (im Mittel etwa alle 369,6 Tage) von der Erde auf der Innenbahn überholt und steht dann der Sonne am Himmel gegenüber: Er steht in Opposition. Während dieser Phase schrumpft der Abstand Erde – Uranus auf ein Minimum, während die scheinbare Helligkeit von Uranus ihr Maximum erreicht – unter günstigen Bedingungen kann Uranus dann sogar mit bloßem Auge gefunden werden. Entsprechend erstaunlich ist seine späte Entdeckung fast 175 Jahre nach der Erfindung des Fernrohrs, aber die geringe Helligkeit und die nur sehr langsame Bewegung vor den Hintergrundsternen lassen ihn nicht gerade sehr auffällig erscheinen. Tatsächlich fand Johann Elert Bode (1746–1826), Direktor der Berliner Sternwarte und Gründer des „Berliner Astronomischen Jahrbuches“, in den Aufzeichnungen von John Flamsteed (1646–1719), dem ersten Direktor der Sternwarte Greenwich, und von Tobias Mayer (1723–1762), einem Direktor der Göttinger Sternwarte, dass beide Astronomen den Planeten als vermeintlichen Fixstern im Jahr 1690 im Sternbild Stier beziehungsweise 1756 im Sternbild Wassermann beobachtet hatten. Auf Vorschlag Bodes erhielt der neue Planet den Namen Uranus, der nach der griechischen Mythologie der Vater von Kronos/Saturn und Großvater von Zeus/Jupiter war.

Das äußere Erscheinungsbild

Im Fernrohr erscheint Uranus als ein winziges, bläulich grünes Scheibchen von etwa vier Bogensekunden Durchmesser, auf dem selbst mit größeren Amateurteleskopen keine Einzelheiten zu erkennen sind. Trotzdem wurde schon wenige Jahre nach der Entdeckung des neuen Planeten deutlich, dass er ein ungewöhnliches Rotationsverhalten zeigt: Als Herschel 1787 zwei Uranusmonde fand, konnte er verfolgen, wie sie gleichsam im Uhrzeigersinn um das winzige

ZEITTAFEL DER URANUSBEOBACHTUNGEN

1690	John Flamsteed (1646–1719), Direktor der Sternwarte Greenwich, trägt Uranus irrtümlich als Fixstern in eine Sternkarte ein und „verpasst“ damit seine Entdeckung.
1781	Wilhelm Herschel entdeckt Uranus im Sternbild Zwillinge.
1787	Wilhelm Herschel findet die beiden ersten Uranusmonde; mittlerweile sind 27 Monde bekannt.
1930	Die Rotationsdauer des Planeten wird zu 10 Std. und 50 Min. bestimmt; der Wert muss später korrigiert werden.
1977	Während einer Sternbedeckung durch Uranus werden die lichtschwachen Ringe des Planeten entdeckt.
1986	Die Raumsonde *Voyager 2* passiert Uranus.

Während *Voyager 2* bei seinem Vorbeiflug im Januar 1986 wenig Details in der Uranusatmosphäre erfasste (links), zeigt die Infrarot-Aufnahme des *Hubble*-Weltraumteleskops aus dem Jahr 1997 ein deutliches Streifenmuster.

Planetenscheibchen herumzogen; elf Jahre später dagegen bewegten sie sich scheinbar nur noch auf und nieder. Offenbar war der Äquator des Planeten sehr stark (um mehr als 90 Grad) gegen die Bahnebene geneigt, so dass die Rotationsachse mal fast zur Sonne zeigen konnte, ein viertel „Uranusjahr" später dagegen quer zur Sichtlinie verlief und mit der Himmelsebene zusammenfiel.

Wegen der Kleinheit des Planetenscheibchens ließ sich der Durchmesser nur mit begrenzter Genauigkeit bestimmen; lange Zeit hindurch gebräuchlich war ein Wert von rund 48 000 km. Im Jahr 1972 konnte man dann mit Hilfe eines ballongetragenen Teleskops Uranusbilder aus einer Höhe von 24 km aufnehmen und vermessen, und vier Jahre später nahm die Internationale Astronomische Union auf ihrer Tagung in Grenoble für den Durchmesser des Planeten einen neuen Wert von 50 800 km an. Zusammen mit der Masse des Planeten, die man aus der Umlaufbewegung der Monde ermitteln konnte, ergab sich daraus eine mittlere Dichte von etwa 1,2 Gramm pro Kubikzentimeter.

Aufgrund der Detailarmut des Uranusscheibchens hatten die Astronomen auch keine Anhaltspunkte zur Bestimmung der Tageslänge, und so suchten sie nach Hinweisen in spektroskopischen Beobachtungen. 1930 war auf diese Weise eine Rotationsdauer von etwa 11 Stunden ermittelt worden, 1977 führten neue Beobachtungen dagegen zu einem Wert von rund 22,5 Stunden (heutiger Wert: 17 Std., 14 Min.). Im gleichen Jahr wurden erste Hinweise auf die Existenz mehrerer schmaler Ringe gefunden, die aber offenbar so wenig Sonnenlicht reflektierten, dass sie zunächst nicht direkt, also als leuchtende Strukturen, beobachtet werden konnten.

Die Atmosphäre

Im Januar 1986 erhielt Uranus Besuch von der amerikanischen Raumsonde *Voyager 2*. Zu diesem Zeitpunkt lag die „Sommersonnenwende" gerade etwa vier Monate zurück, daher zeigte die Südpolregion des Planeten noch nahezu in Richtung Sonne, und so blickten auch die Kameras der Sonde, die sich dem Planeten ja aus Richtung Sonne kommend näherte, auf diese Region. Kaum jemand rechnete ernsthaft damit, viele Details in der Uranusatmosphäre entdecken zu können, denn Uranus war noch deutlich weiter von der Sonne entfernt als Saturn. Daher sollte seine Atmosphäre noch kälter sein, so dass sich Wolken aus Methan, Ammoniak und vielleicht auch Wasser noch tiefer, unter einer noch dichteren Dunstschicht als bei Saturn, bilden würden. Allerdings hatten Radioastronomen im Vorfeld eine deutliche Zunahme der kurzwelligen Strahlung registriert, die aus wärmeren und daher tieferen Schichten zu kommen schien, und damit Hoffnungen auf ein Aufreißen der Dunstschicht genährt; normalerweise würde diese Strahlung nämlich durch die erwarteten Ammoniakwolken in der Uranusatmosphäre absorbiert. Doch die Hoffnung trog, denn zumindest über der Polkappe versperrte eine smogähnliche Schicht etwa 40 km über den Wolken weitgehend den Blick in tiefere Atmosphäreschichten. Lediglich vier hellere Wolkenflecken konnten verfolgt werden, die mit unterschiedlichen Geschwindigkeiten um den Südpol herumgeführt wurden: Auf 27 Grad uranografischer Breite innerhalb von 16,9 Stunden, bei 40 Grad dagegen in nur 16 Stunden. Als später die Rotationsperiode des Planeten zu 17 Stunden und 14 Minuten bestimmt werden konnte, ergaben sich daraus Windgeschwindigkeiten von etwa 170 beziehungsweise 550 km/h parallel zum Äquator – unerwartet hohe Werte, da man eigentlich eine großräumige Strömung vom derzeit „aufgeheizten" Südpol in Richtung kühlerer Äquatorregion und darüber hinaus auf die polare Nachtseite erwartet hatte. Am Äquator selber schließlich kehrt sich die Strömungsrichtung wie in der Erdatmosphäre gegen die Drehrichtung des Planeten. Offenbar spielt die Rotation des Planeten für die Windströmungen innerhalb der Atmosphäre eine wesentlich größere Rolle als die – in dieser Entfernung ohnehin nicht mehr sehr effektive – Sonneneinstrahlung.

Die Uranusatmosphäre besteht zum größten Teil (83 Prozent) aus Wasserstoff; an zweiter Stelle folgt Helium (15 Prozent), das hier – anders als bei Jupiter und Saturn – noch nicht „abgereichert" und zumindest teilweise nach innen gesunken ist. Methan schließlich sorgt trotz eines Gehaltes von nur etwa 2 Prozent durch seine starke Absorption im nahen Infrarot für die Blaufärbung des Planeten. Während der Heliumgehalt also „sonnenähnlich" ist, liegt der Gehalt an Kohlenstoff deutlich höher als im Sonnenspektrum. Entsprechendes sollte auch für die Elemente Sauerstoff, Stickstoff und Schwefel gelten, doch sind diese offenbar größtenteils in tiefer liegenden Schich-

DIAMANTENHAGEL AUF URANUS?

In den dichten Atmosphären von Uranus und Neptun könnte es Diamanten regnen. Zu dieser überraschenden Erkenntnis kamen Forscher der Universität von Berkeley, als sie untersuchten, was passiert, wenn Methan einem extremen Druck und hohen Temperaturen ausgesetzt wird. Unter Bedingungen, wie sie auf Uranus in einigen tausend Kilometern Tiefe erreicht werden, „erstarrt" das Methan zu winzigen Diamanten, die in den Laborexperimenten zwar nur einige Mikrometer groß wurden, in der Natur aber vielleicht auch weiter wachsen könnten. Schon vorher hatten Theoretiker spekuliert, dass in den Zentren von Uranus und Neptun größere Mengen an Diamanten existieren könnten.

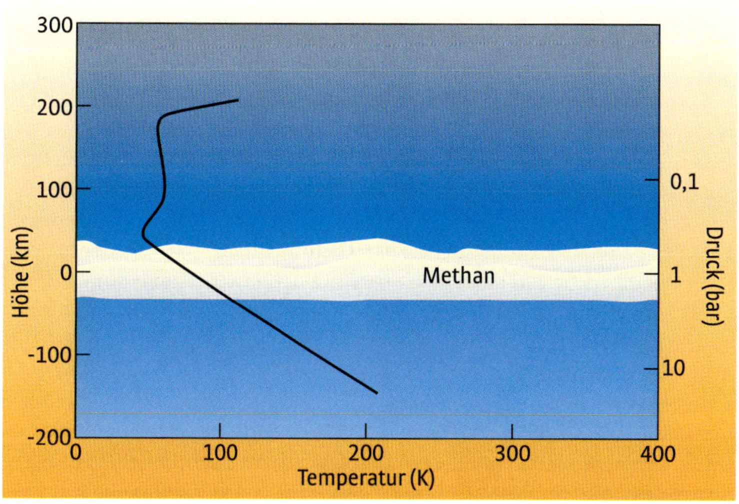

Druck- und Temperaturverlauf in der oberen Uranusatmosphäre.

ten in Wasser-, Ammoniak- und Schwefelwasserstoffwolken eingebunden.

Große Temperaturunterschiede zwischen der sonnenbeschienenen und der dunklen Hemisphäre des Planeten wurden nicht gefunden. Möglicherweise erfolgt der Wärmeaustausch über die tiefere Atmosphäre des Planeten. Unklar ist allerdings auch, warum die Windströmungen im Äquatorbereich entgegen der Rotationsrichtung verlaufen und nicht – wie bei Jupiter und Saturn – im Sinn der allgemeinen Drehrichtung.

Der innere Aufbau

Da Uranus im Vergleich zu Jupiter eine wesentlich kleinere Masse besitzt, können Wasserstoff und Helium in seinem Innern bei weitem nicht so stark verdichtet werden wie bei dem „großen Onkel“; wenn seine mittlere Dichte trotzdem kaum geringer ist als die von Jupiter, muss er also einen größeren Anteil an schwereren Elementen enthalten. Ursprünglich nahm man daher an, dass Uranus einen vergleichsweise großen Gesteinskern besitzt, der von einem Mantel aus verschiedenen Eis-Arten umgeben ist, die allerdings wegen der hohen Druck- und Temperaturwerte eher als flüssig zu bezeichnen wären. Die vergleichsweise starke Abplattung deutet jedoch darauf hin, dass das Material im Innern ziemlich gut durchmischt ist und keine klare Schalenstruktur aufweist; allenfalls ein kleiner, zusätzlicher Gesteinskern ist denkbar.

Anders als die übrigen Gasriesen strahlt Uranus nur unwesentlich mehr Energie in den Weltraum ab, als er vom ankommenden

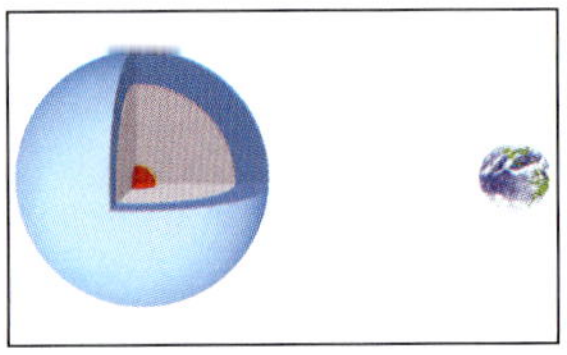

Der innere Aufbau von Uranus und Erde im Größenvergleich. Der Uranusaufbau von innen nach außen: Kern, flüssiger Eismantel, Atmosphäre in flüssigem Zustand, Gasatmosphäre. Vermutlich weist Uranus allerdings keine klare Schalenstruktur auf.

Sonnenlicht aufnimmt. Dabei ist unklar, ob Uranus von Anfang an über weniger innere Energie verfügte als die anderen Gasriesen oder ob er – etwa durch ein besonderes Ereignis – einen Teil seiner Energie zu einem frühen Zeitpunkt schneller verloren hat. Denkbar wäre, dass der Planet durch ein katastrophales Ereignis noch einmal „aufgemischt" und dabei so weit abgekühlt wurde, dass keine neuerliche schwerkraftmäßige Differenzierung mehr stattfinden konnte. Ob diese Katastrophe identisch mit einem Kollisionsereignis ist, das für die auffällige Schieflage der Rotationsachse verantwortlich gemacht wird, bleibt vorerst unbekannt.

Die Magnetosphäre

Acht Stunden vor der größten Annäherung passierte *Voyager 2* die Bugstoßwelle der Uranus-Magnetosphäre; danach übermittelten die Instrumente stark schwankende Messwerte, die auf eine – relativ zur Drehachse des Planeten – stark geneigte Magnetfeldachse schließen ließen. Eine genaue Auswertung der Daten förderte schließlich eine eigenartige Konfiguration des Magnetfeldes zu Tage: Die Achse ist mit knapp 59 Grad wesentlich stärker zur Rotationsachse gekippt als bei den übrigen Planeten, und der „Schnittpunkt" zwischen Drehachse und magnetischer Achse liegt auf der Rotationsachse etwa 7500 km oder 0,3 Planetenradien von der Mitte nach Norden versetzt. Darüber hinaus zeigt das Magnetfeld starke „lokale Schwankungen", die auf eine Entstehung des Feldes in nur geringer Tiefe schließen lassen. Das passt zu den Vorstellungen über die Zusammensetzung des Planeten, da Wasser und Ammoniak sich bereits bei vergleichsweise niedrigen Temperatur- und Druckwerten – und damit nahe der Oberfläche – in positive und negative Ladungsträger aufspalten. Aus der periodischen Wiederkehr bestimmter Charakteristika konnte man die „magnetische" Rotationsdauer zu 17 Stunden und 14,4 Minuten bestimmen.

Die Magnetosphäre enthält vorwiegend Protonen und Elektronen, die aus der Hochatmosphäre des Planeten stammen; Heliumatome aus dem Sonnenwind und schwere Ionen, die von den Uranusmonden stammen könnten, wurden nicht gefunden.

Die Ringe

Die Entdeckung der Uranusringe im März 1977 gelang eher zufällig bei dem Versuch, während einer Sternbedeckung den Durchmesser des Planeten sowie den Dichteverlauf der Atmosphäre zu bestimmen. Da dieses Ereignis nur über dem südlichen Indischen Ozean zu ver-

folgen war, mussten die Wissenschaftler auf das *Kuiper Airborne Observatory* zurückgreifen, das an Bord eines umgebauten C-141-Düsenflugzeuges einen 91-cm-Spiegel bereithielt. Etwa 35 Minuten vor der vorausberechneten Zeit registrierte der Detektor zunächst einen und im weiteren Verlauf noch vier neuerliche Helligkeitseinbrüche von jeweils etwa einer Sekunde Dauer, bis sich der Planet schließlich 26 Minuten später selbst vor den lichtschwachen Stern schob und ihn bedeckte. Nachdem eine Kontrollmessung nach dem Ende der eigentlichen Bedeckung zeitlich symmetrisch fünf gleiche Tiefpunkte erfassen konnte, stand für die Forscher fest, dass Uranus im Abstand zwischen 44 000 und 51 000 km von fünf schmalen Ringen umgeben wurde. Da das Sternlicht von keinem dieser Ringe vollständig abgeblockt worden war, konnten die Ringpartikel nicht sehr groß und die Ringe nicht sehr breit sein – eine Abschätzung führte zu einer Obergrenze von rund 6 km. Später fand man in den Daten noch Hinweise auf einen sechsten Ring, und 1978 kamen bei einer neuerlichen Sternbedeckung noch drei weitere hinzu, so dass die For-

Diese Infrarot-Aufnahme mit dem 8,2-Meter-Teleskop *ANTU* des ESO-*Very Large Telescope* zeigt den „Ringplaneten“ Uranus und sieben Monde (von links oben nach rechts unten: Titania, Umbriel, Portia [unmittelbar neben dem Ring], Miranda, Puck [winzig], Ariel und Oberon). Der Punkt am linken Bildrand ist ein Hintergrundstern.

scher vor dem Vorbeiflug von *Voyager* insgesamt neun schmale Uranusringe erwarteten.

Die *Voyager*-Kameras fanden dann noch zwei zusätzliche Ringe, entdeckten geringe Farbnuancen und damit mögliche Unterschiede in der Zusammensetzung der Ringpartikel, stöberten zwei Schäferhundmonde auf und registrierten – anders als bei Saturn und vor allem bei Jupiter – auffallend wenig Streulicht von winzigen Staubteilchen. Solche nur wenige tausendstel Millimeter kleinen Partikel werden aus den Uranusringen offenbar sehr effizient entfernt, entweder durch die obersten Schichten der Atmosphäre oder aber durch die wegen der Schieflage des Magnetfeldes ständig wechselnden magnetischen Störwirkungen.

Der äußerste und hellste Ring (ε-Ring) wird von zwei Schäferhundmonden (Ophelia und Cordelia) gebündelt und zeigte – möglicherweise dadurch bedingt – eine veränderliche Breite zwischen etwa 20 und 100 km; die übrigen Ringe erwiesen sich dagegen allesamt als deutlich schmaler, mit einer Ausnahme leicht elliptisch und etwas gegen die Äquatorebene des Planeten geneigt. Wegen der hohen „Verlustrate“ können die Ringe in ihrer heutigen Form nicht sehr alt sein – Schätzungen liegen bei weniger als 100 Millionen Jahren. Ob sie ihren Ursprung einem zerstörerischen Meteoriten- oder Kometeneinschlag auf einem früheren Uranusmond verdanken, lässt sich aus den vorliegenden Daten nicht beurteilen.

Die Monde

Vor dem Vorbeiflug von *Voyager 2* an Uranus waren fünf Monde bekannt. Ähnlich wie die großen Saturnmonde dürften sie hauptsächlich aus gefrorenem Wasser und Gesteinseinlagerungen bestehen. Die durchweg etwas höhere mittlere Dichte lässt darüber hinaus eine Beimengung aus Methaneis vermuten. Da *Voyager 2* die Äquatorebene des Planeten (und damit die Bahnebene dieser Monde) nahezu senkrecht von Süden nach Norden durchquerte und außerdem ziemlich nahe am Planeten vorbeifliegen musste, um von dessen Schwerefeld in Richtung Neptun umgelenkt zu werden, hatte es wenig Möglichkeiten zur Optimierung der Beobachtungsbedingungen gegeben.

Die Oberfläche Mirandas erscheint aus mehreren Teilen zusammengesetzt.

Die meisten Details waren bei **Miranda** zu erwarten, dem innersten und zugleich kleinsten der fünf „klassischen“ Uranusmonde, der erst 1948 von Gerard Peter Kuiper entdeckt worden war: Immerhin kam *Voyager 2* bis auf 29 000 km an diesen etwa 480 km großen Mond heran, der den Planeten in knapp 34 Stunden auf einer leicht elliptischen Bahn in rund 129 400 km Abstand umrundet. Tatsächlich zeigten die Nahaufnahmen eine bizarre, vielgestaltige Landschaft, die im übrigen Sonnensystem ohnegleichen war: Kraterübersäte Ebenen wechseln mit gewelltem, fast wie frisch gepflügt aussehendem Gelände, hohe Steilhänge grenzen an schmale Gräben, und teilweise losgelöst von diesen Formationen durchziehen helle und dunkle Bänder den Boden. Eine helle Struktur erschien schon aus weiter Ferne wie ein rechtwinkliger Haken. Offenbar muss der vorwiegend aus Eis bestehende Mond im Lauf seiner Geschichte einmal oder mehrfach stark erwärmt worden sein, um solch verschiedenartige Landschaften schaffen zu können. Manche Forscher wollen nicht ausschließen, dass er im Laufe der Geschichte wenigstens einmal durch den Aufprall eines großen Brockens zumindest teilweise zerstört wurde und aus den Trümmerstücken neu zusammenwuchs, so dass manche Bruchzonen von innen nach außen gekehrt wurden. Andere gehen davon aus, dass dichtere Gesteinsbrocken durch die zähflüssigen Oberflächenschichten nach innen sanken und durch ihre Bewegung Teile der Kruste mitrissen, so dass diese zu den beobachteten Furchen komprimiert wurde. Denkbar wäre aber auch eine Entstehung ähnlich der vergleichbarer Furchen an der Oberfläche des Jupitermondes Ganymed, wo aus Rissen und Spalten Wassereis austrat und zu Hügelkämmen heranwuchs; die erkennbare Parallelität der Gräben und Höhenrücken wäre dann auf eine großräumige Krustenbewegung zurückzuführen. Als mögliche Energiequelle für diesen Kryovulkanismus kämen wechselnde Gezeitenkräfte des nahen Uranus in Frage – zwar lassen sich derzeit keine anregenden Bahnresonanzen feststellen, aber das kann ja früher anders gewesen sein.

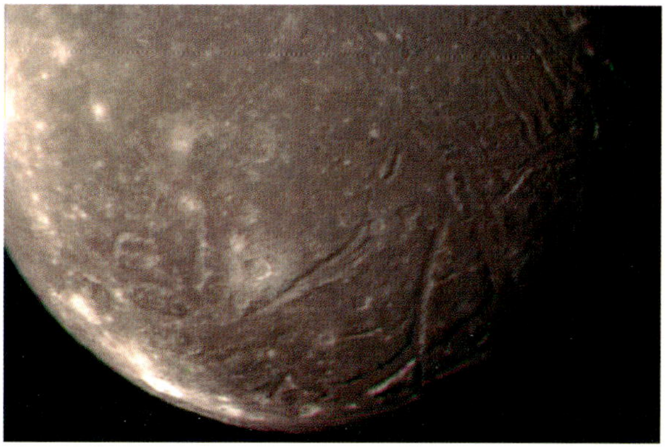

Zahlreiche Gräben und Furchen prägen weite Teile der Oberfläche von Ariel.

Die beiden nächstinneren Monde, **Ariel** und **Umbriel**, wurden 1851 von William Lassell entdeckt; mit einem Durchmesser von jeweils rund 1170 km sind sie nur wenig größer als die Saturnmonde Dione und Tethys. Auch die Oberfläche von Ariel, der Uranus etwa alle 2,52 Tage auf einer leicht elliptischen Bahn in rund 191 000 km umrundet, zeigt Anzeichen einer großräumigen geologischen Aktivität: Gräben und Furchen ziehen sich über weite Strecken, Spuren von Eislava sind an vielen Stellen zu erkennen, und große Einschlagkrater sind gegenüber den zahlreichen kleineren Kratern deutlich in der Unterzahl, so dass sie nachträglich „eingeebnet“ oder zugedeckt worden sein müssen. Dagegen wirkt die Oberfläche von Umbriel, der für einen Umlauf um Uranus in etwa 266 300 km Abstand knapp

Viele Krater, aber auch ausgedehnte Ebenen, sind auf Umbriel zu erkennen.

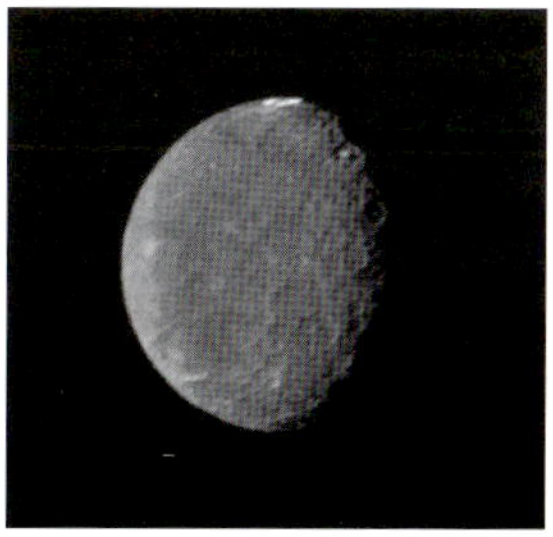

4,15 Tage benötigt, ziemlich gleichförmig, auffallend dunkel und seit dem anfänglichen Bombardement, das die üblichen Krater hinterließ, weitgehend unverändert. Nahe der damaligen Licht-Schatten-Grenze (und damit unweit des Äquators) erkennt man eine helle Ringstruktur, die den Boden eines etwa 40 km großen Kraters erfüllt; dies scheint eine vergleichsweise junge Formation zu sein, deren Ursprung aber unklar ist: Ein später Einschlag dieser Größe ist ebenso unwahrscheinlich wie eine kryovulkanische Entstehung auf einer ansonsten „tot" erscheinenden Oberfläche; allerdings haben die *Voyager*-Kameras lediglich etwa ein Drittel der Oberfläche von Umbriel erfassen können.

Eislava scheint Teile der Oberfläche von Titania neu gestaltet zu haben.

Titania, mit einem Durchmesser von 1580 km der größte Uranusmond, umrundet den Planeten in 8,706 Tagen in einem Abstand von 435 910 km. Auf dem erkennbaren Teil der Oberfläche findet man viele Krater mit Durchmessern zwischen 10 und 50 km, aber nur wenig größere – mit Ausnahme eines alten, etwa 300 km großen Einschlagbeckens nahe der augenblicklichen Hell-Dunkel-Grenze. Möglicherweise sind andere größere Krater durch aus dem Innern aufsteigende Eislava überflutet worden. Ein System aus tiefen Gräben, das sich unweit des Äquators über viele hundert Kilometer weit erstreckt, könnte entstanden sein, als Wasser im Innern von Titania gefror und sich dabei ausdehnte, so dass die ebenfalls aus Eis bestehende Kruste auseinander gerissen und teilweise „überschwemmt" wurde.

Auf Oberon sind mehrere helle Strahlenkrater zu erkennen.

Oberon, mit einem Durchmesser von 1524 km nur wenig kleiner, umrundet Uranus in 13,575 Tagen in einem Abstand von 583 520 km auf einer nahezu kreisförmigen Bahn. Seine Oberfläche ist von vielen Kratern zernarbt, von denen etliche mehr als 100 km groß und entsprechend alt sind. Einige Krater weisen einen dunklen Boden auf, der an die dunklen Mareböden des Erdmondes erinnert – sie könnten durch „schmutziges" Eis von unten aufgefüllt worden sein. Daneben gibt es auffallend helle Flächen, bei denen es sich um vergleichsweise frische Eismassen handeln könnte, die beim Aufprall größerer Brocken ausgeworfen wurden.

Neben diesen fünf „klassischen" Uranusmonden sind mittlerweile (Frühjahr 2004) noch 22 weitere Trabanten bekannt: Zehn wurden während des Vorbeifluges von *Voyager 2* entdeckt, ein elfter 1999 auf den mittlerweile 13 Jahre alten *Voyager*-Bildern (bis auf einen – Cordelia – alle außerhalb der Uranusringe und noch innerhalb der Bahn von Miranda). Zwei zuvor unbekannte innere Monde konnten 2003 mit dem *Hubble*-Weltraumteleskop aufgespürt werden, während die übrigen seit 1997 mit großen irdischen Teleskopen weit jenseits der Bahn von Oberon gefunden wurden. Diese äußeren, irregulären Monde umrunden den Planeten auf zum Teil recht elliptischen Bahnen, die sie bis nahe an den Rand des Einflussbereiches von Uranus führen – bei ihnen dürfte es sich entsprechend um eingefangene Asteroiden oder Kometenkerne handeln.

NEPTUN

STECKBRIEF NEPTUN	
Äquatordurchmesser	49 424 km (etwa 3,87 Erddurchmesser)
Masse	$1{,}028 \cdot 10^{26}$ kg (etwa 17,2 Erdmassen)
Siderische Rotationsdauer (Sterntag)	16 Std., 7 Min.
Äquatorneigung zur Bahnebene	29,6°
Umlaufzeit um die Sonne	165,49 Jahre
Mittlerer Abstand zur Sonne	4,509 Milliarden km (30,14 AE)
Bahnneigung zur Ekliptik	1,77°
Temperatur der oberen Atmosphärenschichten	56 K (–217 °C)
Monde	13

Stellung im Sonnensystem

Neptun wurde am 23. September 1846 an der Königlichen Sternwarte zu Berlin von Johann Galle (1812–1910) im Sternbild Wassermann gefunden, nachdem der französische Mathematiker Urbain Jean Joseph Leverrier (1811–1877) seine Position aus ansonsten unerklärlichen Abweichungen des Planeten Uranus von einer reinen Ellipsenbahn errechnet hatte. 88 Jahre nach der vorhergesagten Wiederkehr des Kometen Halley war dies ein neuerlicher Triumph für die Himmelsmechanik, die sich auf das Newtonsche Gravitationsgesetz stützte.

Neptun bewegt sich innerhalb von fast 165 Jahren auf einer nahezu kreisförmigen Bahn um die Sonne; dabei schwankt seine Sonnenentfernung zwischen 4,456 und 4,537 Milliarden km (29,79–30,33 AE). Die Neptunbahn ist um etwa 1,77 Grad gegen die Ekliptikebene geneigt.

Als äußerer Planet wird er regelmäßig (im Mittel etwa alle 367,5 Tage) von der Erde auf der Innenbahn überholt und steht dann der Sonne am Himmel gegenüber: Er steht in Opposition. Während dieser Phase schrumpft der Abstand Erde – Neptun auf ein Minimum, während die scheinbare Helligkeit von Neptun ihr Maximum erreicht.

Auch Neptun muss schon viele Jahre vor der eigentlichen Entdeckung beobachtet worden sein: Als Sternchen achter Größenklasse war er in einem Fernrohr leicht zu erkennen; problematisch dürfte allenfalls die nur extrem langsame Bewegung gewesen sein, die ihn nicht deutlich genug von einem Fixstern unterschied. Die beste Gelegenheit für eine Beobachtung dürfte der Jahreswechsel 1612/13 geboten haben, als Jupiter sich dem Planeten näherte und ihn am Abend des 3. Januar 1613 sogar für einige Stunden bedeckte. Tatsächlich

Johann Galle (1812–1910)

ZEITTAFEL DER NEPTUNBEOBACHTUNGEN

1613	Galileo Galilei (1564–1642) beobachtet und skizziert einen Stern unweit von Jupiter, der über 350 Jahre später (nachträglich) als Planet Neptun identifiziert wird.
1846	Johann Galle (1812–1910) entdeckt am 23. September den achten Planeten unweit der von Leverrier vorausberechneten Position im Sternbild Wassermann; drei Wochen später findet William Lassell einen ersten Neptunmond.
1968	Bei der Beobachtung einer Sternbedeckung durch Neptun kann der Durchmesser des Planeten zu 49 500 km bestimmt werden.
1989	Die Raumsonde *Voyager 2* erreicht den Planeten.

scheint Galileo Galilei den Lichtpunkt damals bemerkt zu haben: In zwei Beobachtungsskizzen aus dieser Zeit hat er einen Hintergrundstern an einer Stelle eingetragen, wo heute keiner zu finden ist; allerdings entspricht diese Position nicht exakt dem theoretisch erwarteten Ort des Planeten.

Das äußere Erscheinungsbild

Mit einem Durchmesser von 49 424 km ist Neptun der viertgrößte Planet im Sonnensystem. Wegen der großen Entfernung sieht man aber selbst in einem großen Fernrohr nur ein winziges, bläulich grünes Scheibchen ohne erkennbare Details. Bereits drei Wochen nach der ungewöhnlichen Entdeckung des Planeten fand der Engländer William Lassell einen ersten Mond, der Triton genannt wurde, nach einem Sohn des griechischen Meeresgottes Poseidon. Aus seinen Bahndaten konnte man schon bald die Masse Neptuns zu etwa 17 Erdmassen bestimmen und daraus die mittlere Dichte zu rund 1,65 Gramm pro Kubikzentimeter. Neptun muss also einen größeren Anteil an schwereren Elementen enthalten als die übrigen Gasriesen. Hermann Struve (1854–1920) erkannte außerdem die rückläufige Bewegung Tritons.

Alle Versuche, die Rotationsdauer des Planeten zuverlässig zu bestimmen, scheiterten an seiner großen Entfernung; in den 1930er Jahren war auf spektroskopischem Wege ein Wert von knapp 16 Stunden ermittelt worden, doch vor dem Start der *Voyager*-Sonden schienen neue Messdaten einen Wert von etwa 23 Stunden zu favorisieren (heutiger Wert: 16 Std., 7 Min.).

Die Atmosphäre

Voyager 2, die nach dem Vorbeiflug an Saturn im August 1981 zunächst zu Uranus weitergeleitet worden war, erfuhr in dessen Schwerefeld noch eine weitere Ablenkung und erreichte schließlich im Sommer 1989 die Umgebung von Neptun. Schon aus der Ferne waren überraschend deutliche Unterschiede zum Erscheinungsbild

Links: Diese Neptunaufnahme von *Voyager 2* zeigt den Großen Dunklen Fleck nahe der Bildmitte sowie den kleinen, dreieckig erscheinenden Scooter am linken Rand.

Unten: Im Gefolge des Großen Dunklen Flecks wurden lange, hochfliegende Wolkenstreifen beobachtet. Der Große Dunkle Fleck (ganz unten) selbst war meist von hellen, höher gelegenen Wolken umrahmt.

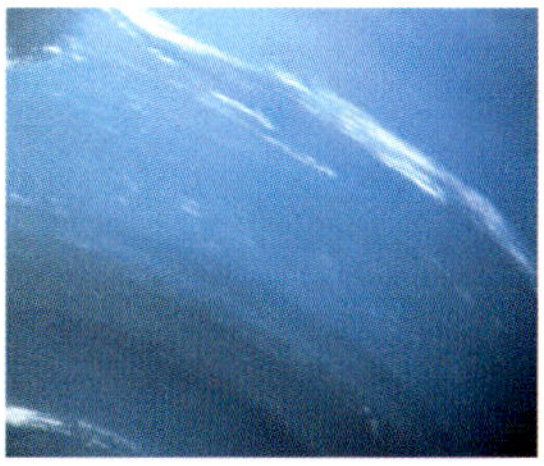

von Uranus festzustellen: Vor allem konnte man in der Atmosphäre helle und dunkle Strukturen erkennen, die später als Wolken identifiziert wurden; darüber hinaus zog ein dunkler Fleck etwa alle 18 Stunden über die Neptunkugel hinweg.

Aus geringerer Distanz erschien Neptun auf den Falschfarbenaufnahmen dann als ein tiefblauer Planet mit einigen dunklen, fast schwarzen Bänderstrukturen sowie langen, weißlich erscheinenden Wolkenstreifen. „Falsch“ waren die Farben deswegen, weil der Rotanteil der Bilder fehlte und stattdessen der Anblick im nahen Ultraviolett verwendet wurde. Mit diesem „Trick“ verrieten die Bilder gleich auch etwas über die Wolkenhöhe, denn die methanhaltige Atmosphäre verschluckt das ankommende UV-Licht der Sonne, so dass tiefer liegende Wolken in diesem Spektralbereich dunkel erscheinen und helle Wolken über der absorbierenden Methanschicht liegen.

Neben den Bänderstrukturen gab es einzelne kleinere helle und dunkle Flecken – und den „Großen Dunklen Fleck“ bei etwa 22 Grad südlicher Breite, der während des *Voyager-2*-Vorbeiflugs sehr auffällig war. In absoluten Maßen war er zwar kleiner als der Große Rote Fleck in der Jupiteratmosphäre, aber relativ zum Planetendurchmesser stand er ihm nicht nach; dagegen fiel die gemessene Windgeschwindigkeit mit rund 130 km/h deutlich kleiner aus als beim „großen Onkel“. Außerdem zeigte er eine stärkere Eigenbewegung relativ zur Umdrehung des Planeten: Bezogen auf die aus den Magnetfeldmes-

Druck- und Temperaturverlauf in der oberen Neptunatmosphäre.

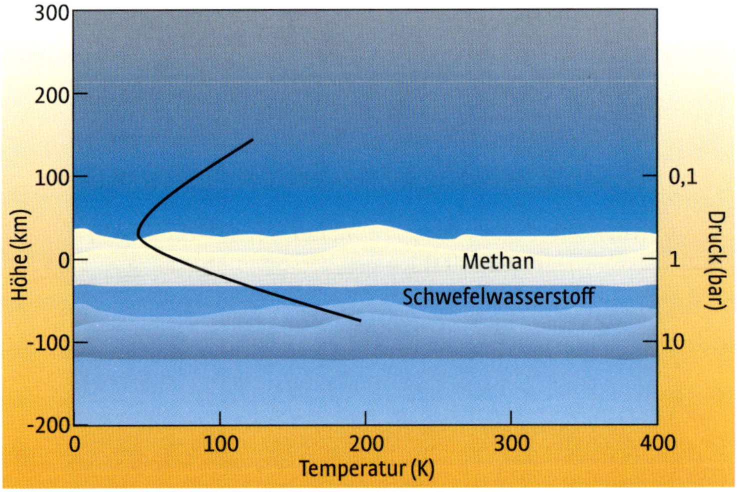

sungen abgeleitete Rotationsdauer trieb er mit einer Geschwindigkeit von fast 1200 km/h westwärts, blieb also hinter der allgemeinen Drehung des Neptun zurück. Anders als der GRF des Jupiter erschien der GDF auf Infrarotbildern auch nicht als „Kältepol", konnte also keine höher aufragende Wolkenformation sein. Dafür tauchten in der Umgebung des GDF immer wieder helle, also hoch fliegende Wolken auf, die mitunter an Leewolken im Windschatten eines Berges erinnerten. Vermutlich handelte es sich dabei um Methaneiswolken, die am Rande des Hochdruckgebietes aufgrund ihrer erhöhten „Feuchte" nach oben getrieben wurden. Der Schattenwurf dieser Wolken auf die darunter liegenden Wolkenschichten zeigte, dass sie über die Umgebung aufragten.

Während der Wind in der Äquatorgegend offenbar sehr stark in westlicher Richtung bläst und die Strömung dabei fast Schallgeschwindigkeit erreicht, wurde in größeren Breiten eine wesentlich geringere, ostwärts gerichtete Strömung ermittelt: Ein als Scooter bezeichneter kleiner, heller Fleck bei etwa 40 Grad südlicher Breite (s. Abb. S. 173) trudelte mit lediglich etwa 70 km/h in östlicher Richtung durch die Atmosphäre.

Als das *Hubble*-Weltraumteleskop nach der Behebung seiner Fehlsichtigkeit Mitte der 1990er Jahre den Planeten Neptun erstmals ins Visier nahm, war der Große Dunkle Fleck zur Überraschung der Wissenschaftler verschwunden. Stattdessen fanden sie auf der Nordhalbkugel des Planeten einen länglichen dunklen Fleck, der allerdings in den folgenden Jahren immer schwieriger zu verfolgen war, weil er durch die „jahreszeitlich" bedingte langsame Drift der schräg stehenden Rotationsachse zunehmend hinter dem Rand der sichtbaren Neptunhälfte verschwand – auf Neptuns Nordhalbkugel schreitet der Herbst „zügig" voran, und entsprechend hat die Polarnacht all-

mählich ihre maximale Ausdehnung erreicht. Dafür tauchten auf der Südhalbkugel, die gleichzeitig immer mehr in Richtung Sonne gedreht wurde (hier hält derzeit der Frühling Einzug), verstärkt Wolkenstreifen und einzelne helle Flecken auf, wie man sie aus der Saturnatmosphäre kennt. Einen solch starken jahreszeitlichen Effekt hatte man angesichts der nur noch sehr schwachen Sonneneinstrahlung nicht erwartet – immerhin kommt bei Neptun nur noch etwa ein Neunhundertstel der Wärmestrahlung an, die die Erdoberfläche aufheizt und das irdische Wetter antreibt; und seine Wärmebilanz weist Neptun als starken Eigenstrahler aus, dessen Energieabgabe rund 2,6-mal so groß ist wie der absorbierte Anteil aus der Sonneneinstrahlung. Die Ursache für dieses „Überangebot" an Wärme ist noch unklar, denn die Zusammensetzung der Neptunatmosphäre entspricht – vor allem beim Verhältnis Wasserstoff zu Helium – im Wesentlichen der solaren Mixtur, so dass ein Heliumregen wie bei Saturn nicht in Frage kommt.

Der innere Aufbau

Unter den Wolken vermuten die Wissenschaftler eine dichte und mehrere tausend Kilometer dicke Atmosphäre; unter ihrem Druck dürfte sich zumindest der äußere Teil des anschließenden Eismantels „verflüssigen" und jene Konvektionsströmungen ermöglichen, die das planeteneigene Magnetfeld aufbauen können. Die im Vergleich zu Uranus größere Masse von Neptun deutet auf einen größeren Gehalt an Gesteinsmaterial hin, das bei Neptun weitgehend im Zentrum konzentriert sein dürfte. Dadurch ist der Planet trotz seiner größeren Masse etwas kleiner als Uranus.

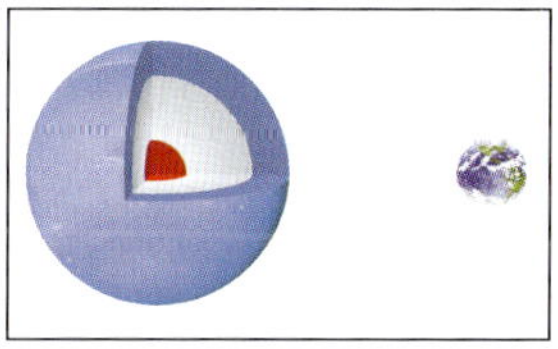

Der innere Aufbau von Neptun und Erde im Größenvergleich. Der Neptunaufbau von innen nach außen: Kern, Eismantel (teilweise flüssig), Atmosphäre.

Die Magnetosphäre

Auch während der Annäherung an Neptun registrierten die Magnetometer auf *Voyager 2* zunächst eine Stoßfront und anschließend periodische Schwankungen, die einer Rotationsdauer des eigentlichen Planetenkörpers von 16 Stunden und 7 Minuten entsprachen. Die Datenauswertung enthüllte ein Magnetfeld, dessen Achse um fast 47 Grad gegen die Drehachse des Planeten geneigt ist und mehr als 13 000 km am Zentrum des Planeten vorbeiführt – die Quelle des Magnetfeldes ist also noch stärker nach außen verschoben als bei Uranus. Darüber hinaus scheint die Struktur des Magnetfeldes wesentlich komplexer zu sein als die bei Uranus oder der Erde.

Die Kombination von Rotations- und Magnetachsenneigung führte dazu, dass zum Zeitpunkt des *Voyager-2*-Vorbeifluges der mag-

netische Südpol bei seiner Drehung auch in Richtung Sonne geführt wurde und der anströmende Sonnenwind daher nicht – wie etwa bei der Erde oder auch bei Jupiter und Saturn – nahezu senkrecht auf die Magnetfeldlinien traf, sondern gleichsam an ihnen entlang direkt in den „magnetischen Trichter“ eindringen konnte. Die dadurch ausgelösten Polarlichter sind wegen der stark geneigten magnetischen Achse allerdings nicht auf die Polgebiete beschränkt.

Die Ringe

Nach mehreren „Fehlversuchen“ fanden Astronomen im Juli 1984 während einer Sternbedeckung erstmals auch Hinweise auf einen Ring bei Neptun. Da sich dieser bei vergleichbaren Ereignissen zuvor nicht bemerkbar gemacht hatte, entstand die Vorstellung so genannter Ringbögen, die immer nur einen Teil des Vollkreises ausfüllten und daher nicht in jedem Fall zu einer zusätzlichen Verfinsterung des Sternlichtes führen konnten.

Entsprechend wurden die *Voyager*-Aufnahmen mit großer Spannung erwartet, zumal man eigens für den fotografischen Nachweis der Ringe die Belichtungszeiten der Kameras verlängert hatte und mit einem zusätzlichen Steuerprogramm für die Nachführung der Kameras die ansonsten unvermeidliche Bewegungsunschärfe vermeiden wollte. Am Ende erwiesen sich die Neptunringe dann allerdings doch als vollständig geschlossen, wenngleich auch unterschiedlich dicht besetzt.

Insgesamt fand *Voyager 2* vier Ringe, die aber – wie schon die Jupiterringe – nur aus der Gegenlicht-Perspektive halbwegs deutlich zu erkennen waren; entsprechend winzig müssen die beteiligten Staubpartikel sein. Drei der Ringe wurden nach jenen Astronomen benannt, die an der Entdeckung des Neptun beteiligt waren: Der innerste der vier Ringe (zwischen 41 900 und 49 000 km Abstand) erinnert an Johann Galle, der zweitinnerste (bei 53 200 km) an Urbain Jean Joseph Leverrier, während der äußere Ring (bei 62 900 km Abstand) seinen unglücklichen „Entdeckerkonkurrenten“ John Couch Adams ehrt; der breite, kaum erkennbare Ring zwischen 53 200 und 59 000 km wird dagegen lediglich als Plateau bezeichnet. Innerhalb des Adams-Ringes zeichneten sich drei Verdichtungsbereiche ab, so genannte Ringbögen, die – in Anlehnung an die drei Losungsworte der französischen Revolution – die Namen Liberté, Égalité und Fraternité erhielten. Später wurde noch ein vierter, deutlich schwächerer Teilbogen gefunden, der den Beinamen Courage erhielt.

In der Folgezeit versuchten die Theoretiker, eine Erklärung für die seltsame Verteilung der Materie innerhalb des Adams-Ringes zu finden: Ohne irgendeinen steuernden Einfluss von außen sollten sich die Ringteilchen nämlich innerhalb weniger Monate bis höchstens

DIE PLANETEN STANDEN GÜNSTIG

Damit *Voyager 2* überhaupt alle vier Gasplaneten in so kurzer Zeit nacheinander erforschen konnte, mussten die Planeten in einer ganz bestimmten Weise zueinander stehen. *Pioneer 11* hatte an Jupiter noch nahezu eine Kehrtwende machen und anschließend quer durch das halbe Sonnensystem fliegen müssen, so dass er entsprechend fast fünf Jahre für die Strecke von Jupiter zu Saturn benötigte. *Voyager 2* dagegen brauchte jeweils nur mehr oder weniger stark „links abzubiegen“ und erreichte Saturn 15 Monate nach Jupiter. Eine solche Konstellation, die auch Uranus und Neptun einschließt, wiederholt sich erst nach etwa 173 Jahren, wenn die beiden letztgenannten Planeten wieder eine ähnliche Ausrichtung zueinander erreichen wie in den 1980er Jahren, denn aufgrund der fast resonanten Umlaufzeiten – sie verhalten sich annähernd wie 1 zu 2 oder wie 26 zu 51 – überholt Uranus seinen äußeren Nachbarn nur etwa alle 173 Jahre. Dann aber öffnet sich jedes Mal ein längeres „Zeitfenster“, in dessen Verlauf auch Jupiter und Saturn entsprechend günstig zueinander stehen.

weniger Jahre mehr oder minder gleichmäßig über die gesamte Ringlänge verteilt haben. Am meisten Zustimmung fand ein Modell, nach dem der mitentdeckte Mond Galatea, der sich knapp innerhalb des Adams-Ringes bewegt, aufgrund seiner „passenden" Umlaufzeit für diese „Einkesselung" der Staubteilchen in bestimmte Ringbereiche verantwortlich schien. Der zugrundeliegende Effekt wird als korotierende 42:43-Resonanz bezeichnet, weil 42 Umläufe der Ringteilchen so lange dauern wie 43 Umläufe von Galatea.

Gegenlichtaufnahme der Neptunringe (der alles überstrahlende Planet wurde bei dieser Aufnahme ausgeblendet).

Neun Jahre nach dem Vorbeiflug von *Voyager 2* gelang es, die aktuellen Positionen sowohl der Ringbögen als auch der inneren Neptunmonde unabhängig voneinander mit einem irdischen Teleskop und mit dem *Hubble*-Weltraumteleskop zu vermessen und mit den Vorhersagen aus diesem Modell zu vergleichen. Dabei zeigte sich allerdings, dass die 42:43-Resonanz nur fast erfüllt ist und die Ringbögen gegenüber den erwarteten Positionen um etwa 14 Grad versetzt waren – zu viel, um die Vorhersagen des Modells zu stützen. Es scheint also, dass die Erklärung der Besonderheiten der Neptunringe noch auf sich warten lässt.

Die Monde

Triton

Vor dem *Voyager-2*-Vorbeiflug waren lediglich zwei Neptunmonde bekannt: der rund 2700 km große Triton, der den Planeten in einer Entfernung von rund 355 000 km alle 5,877 Tage rückläufig (also dem Drehsinn von Neptun entgegengesetzt) umkreist, und die nur etwa 340 km große **Nereide**, die erst 1949 von Gerard Peter Kuiper entdeckt wurde und den Planeten in 360,136 Tagen auf einer stark elliptischen Bahn zwischen 1,39 und 9,64 Millionen km umrundet. Triton galt wegen seiner rückläufigen Bewegung als vorrangiges Beobachtungsobjekt, da dieses Verhalten bei einem Mond seiner Größe auf eine interessante Vergangenheit schließen ließ; entsprechend wurde *Voyager 2* bis auf knapp 40 000 km an Triton herangeführt.

Blick auf die Südpolregion von Triton, dem größten Neptunmond.

Die Nahaufnahmen enthüllten eine sehr abwechslungsreich gestaltete Oberfläche, was durch unterschiedliche Farbtönungen noch verstärkt wurde. Besonders auffällig war die ausgedehnte Südpolkappe, die das auftreffende Sonnenlicht zu fast 90 Prozent reflektiert. Dieser hohe Reflexionsgrad verhindert, dass das Material verdampft oder verdunstet – allenfalls in den Randgebieten sind gewisse Auflösungserscheinungen zu erkennen. Im Bereich dieser Polkappe, die von vielen Kratern gezeichnet ist und daher als ältester Teil der Tritonoberfläche gilt, erkennt man zahlreiche dunkle Streifen, die an Staubfahnen im Leebereich größerer Hindernisse erinnern. Sie zeigen alle in die gleiche Richtung, nämlich nach Nordosten, gerade so, als seien hier Winde mit einer konstanten Richtung am Werk. Solche

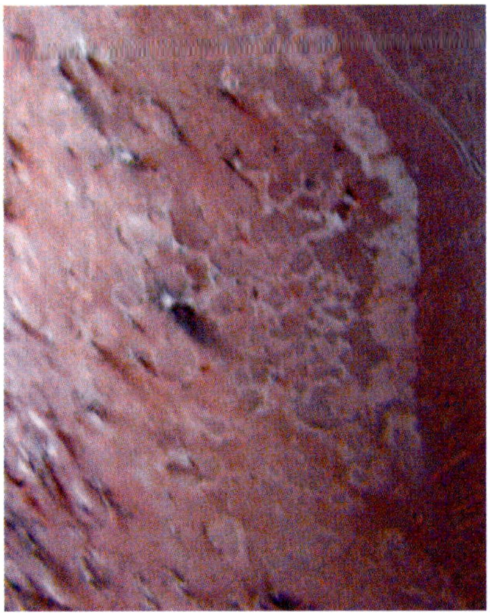

Im Randbereich der Südpolkappe von Triton fallen zahlreiche, nahezu parallel verlaufende dunkle Streifen auf, die als Staubfahnen in der Umgebung von Eisvulkanen gedeutet werden können.

Winde aber setzen eine Atmosphäre voraus, und tatsächlich fanden die Wissenschaftler in den *Voyager-2*-Daten Hinweise auf eine solche, wenngleich extrem dünne Gashülle, die hauptsächlich aus Stickstoff und einem kleinen Anteil an Methan besteht.

Damit wurde auch verständlich, warum die Eisoberfläche von Triton im Laufe seiner langen Geschichte nicht nachgedunkelt ist: Offenbar wird zumindest die oberste Eisschicht im Zuge der extremen Jahreszeiten auf Triton immer wieder erneuert, wenn Teile des Oberflächeneises während des rund 80 Jahre dauernden Polartages unter der andauernden Sonneneinstrahlung verdampfen und eine dünne Atmosphäre entstehen lassen, die dann später auf der Nachtseite wieder ausfriert.

Tatsächlich fand man auf den Bildern auch einige seltsame Rauchsäulen, die in einer Höhe von mehreren Kilometern horizontal abknicken und dann über größere Entfernungen verfolgt werden konnten. Möglicherweise handelt es sich dabei um Geysire der besonderen Art, ausgelöst durch eine Erwärmung tiefer liegender Stickstoffeisschichten, die zu einer teilweisen Verflüssigung des Stickstoffgases und dem Aufbau eines Überdrucks führt, der sich dann durch Bruchzonen und Spalten bis zur Oberfläche entspannen kann.

Daneben muss es in der Vergangenheit auch Phasen gegeben haben, in denen weite Teile der Oberfläche von Lavaflüssen neu gestaltet wurden – jedenfalls ist die Kraterhäufigkeit in einzelnen Gebieten sehr unterschiedlich. Allerdings wird dies keine Gesteinslava gewesen sein, wie wir sie von irdischen Vulkanen her kennen, denn dafür reicht die mittlere Dichte von etwa 2,1 Gramm pro Kubikzentimeter nicht aus: Zwar ist der Anteil an Gestein (und Metall?) von Triton deutlich höher als bei den Uranus- oder auch den Saturnmonden, doch dürfte dieses Gestein bei diesem auch wesentlich größeren Mond im Laufe der Zeit nach innen gesunken sein und dort einen großen Gesteinskern gebildet haben, der nun von einem dicken Eispanzer aus Wassereis sowie aus gefrorenem Methan und Ammoniak umgeben ist. Dieses Material kann auch bei vergleichsweise niedrigen Temperaturen noch teilweise plastisch sein. Als Wärmequelle für diesen Kryovulkanismus kommen wahrscheinlich jene Gezeitenkräfte infrage, die auch die Bahn des „falsch" herum laufenden Mondes in einer frühen Phase zirkularisiert haben dürften. Geht man nämlich davon aus, dass Triton, dessen Zusammensetzung nicht zu seinem heutigen Ort passt, an anderer Stelle im Sonnensystem entstanden ist und nachträglich von Neptun eingefangen wurde, so dürfte er den Planeten anfangs auf einer stark elliptischen Bahn umrundet haben.

Näher zum Äquator hin erscheint die Landschaft in unterschiedlichen Farbtönen, die auf eine fotochemische Umwandlung

(eine teilweise Polymerisation des Methaneises) zurückgeführt werden. Hier erscheint die Oberfläche wie von einem dichten Netz aus von Furchen durchsetzten Hügelkämmen überzogen, die an entsprechende Formationen auf dem Jupitermond Europa erinnern und wahrscheinlich auch ähnlich entstanden sind. Wegen ihrer Ähnlichkeit mit dem Aussehen einer bestimmten Melonenart erhielt diese Landschaft den Beinamen Cantaloupe-Formation.

Da Triton im Gegensatz zu Neptun nicht über eine eigene Energiequelle verfügt und darüber hinaus den größten Teil des auftreffenden Sonnenlichtes reflektiert, gilt er unter den Planeten und Monden als das kälteste Objekt im Sonnensystem: Die *Voyager-2*-Instrumente registrierten eine Oberflächentemperatur von –235 Grad Celsius.

Die anderen Monde

Leider befand sich **Nereide** zum Zeitpunkt des *Voyager-2*-Vorbeifluges mehr als 4,5 Millionen km von Neptun entfernt und damit in einer ungünstigen Beobachtungsposition. Entsprechend wenig ist auf den Bildern des mit rund 340 km Durchmesser drittgrößten Neptunmondes zu erkennen; über diese Entfernung wurde nur ein Auflösungsvermögen von etwa 43 km erreicht. Die Oberfläche erscheint vergleichsweise hell, was auf die Präsenz von Wassereis schließen lässt, das mit einem dunkleren Material durchsetzt ist. Vermutlich hat Nereide Neptun nicht von Anfang an auf ihrer stark elliptischen Bahn umrundet – nicht zuletzt wegen ihrer Ähnlichkeit mit dem Saturnmond Phoebe neigen viele Wissenschaftler dazu, sie als einen eingefangenen Asteroiden oder Kometenkern zu betrachten. Sie könnte aber auch bei dem Ereignis, das zum Einfang von Triton geführt hat, auf ihre heutige Bahn gebracht worden sein.

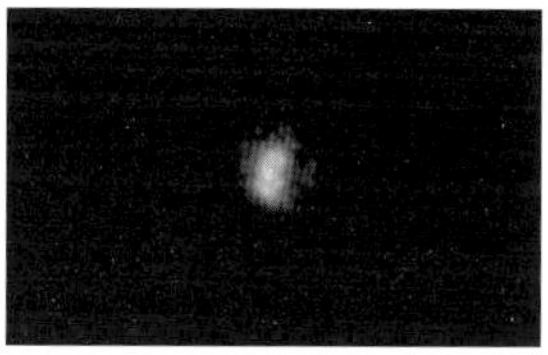

Der einzige Anblick, den *Voyager 2* von Nereide erhaschte: ein kleines Lichtfleckchen.

Auf den Bildern von *Voyager 2* fanden die Forscher sechs weitere Neptunmonde, die den Planeten in Abständen zwischen 48 200 km und 117 600 km umrunden; vier von ihnen (**Naiad**, **Thalassa**, **Despina** und **Galatea**) bewegen sich dabei im Bereich der Ringe und fungieren dort teilweise als Schäferhundmonde, aber auch die beiden übrigen (**Larissa** und **Proteus**) befinden sich noch innerhalb der Tritonbahn. Proteus ist mit rund 415 km Durchmesser sogar größer als Nereide und vor dem *Voyager-2*-Vorbeiflug wohl nur wegen seiner Nähe zu Neptun „übersehen“ worden. Allerdings wird er nachträglich für eine kurzzeitige Sternfinsternis verantwortlich gemacht, die im Mai 1981 im Zusammenhang mit einer zwar erwarteten, dann aber doch ausgebliebenen streifenden Sternbedeckung durch Neptun beobachtet wurde.

Seit 2002 wurden darüber hinaus (bis Frühjahr 2004) mit irdischen Teleskopen fünf weitere Neptunmonde gefunden, die den Planeten allerdings allesamt auf ziemlich elliptischen Bahnen weit außerhalb der Bahn von Nereide umrunden und entsprechend als eingefangene oder sogar nur vorübergehende Trabanten angesehen werden müssen.

JENSEITS VON NEPTUN

Jenseits von Neptun ist das Sonnensystem noch lange nicht zu Ende. Schon bald nach dem Auffinden von Neptun begann die Suche nach weiteren Begleitern der Sonne, die 1930 zur Entdeckung des Pluto führte. Mitte des 20. Jahrhunderts avancierte dieser „Hinterhof des Sonnensystems“ zum potenziellen Nachschublager für neue Kometen, und inzwischen sind dort bereits mehr als 850 „Trans-Neptun-Objekte“ gefunden worden.

PLUTO

STECKBRIEF PLUTO	
Äquatordurchmesser	2300 km (etwa 0,18 Erddurchmesser)
Masse	$1{,}5 \cdot 10^{22}$ kg (etwa 1/400 Erdmassen)
Siderische Rotationsdauer (Sterntag)	6 Tage, 9 Std., 18 Min.
Äquatorneigung zur Bahnebene	29,6°
Umlaufzeit um die Sonne	247,7 Jahre
Mittlerer Abstand zur Sonne	5,966 Milliarden km (39,88 AE)
Bahnneigung zur Ekliptik	17,15°
Oberflächentemperatur	53 K (–220 °C)
Monde	1

Stellung im Sonnensystem

Nachdem mehrere Astronomen vergeblich nach einem neunten Planeten gesucht hatten, stieß der Amerikaner Clyde Tombaugh Anfang 1930 auf ein lichtschwaches Objekt, das sich offenbar jenseits der Neptunbahn bewegte. Die Entdeckung von Pluto wurde am 13. März, dem Jahrestag der Uranusentdeckung, bekannt gegeben.

Pluto benötigt knapp 248 Jahre für einen Sonnenumlauf. Seine Bahn ist für einen Planeten ziemlich ungewöhnlich, denn sie ist zum einen um mehr als 17 Grad gegen die Ekliptik geneigt und kreuzt zum anderen die Neptunbahn, so dass Neptun dann jeweils für etwa 20 Jahre die Rolle des sonnenfernsten Planeten übernimmt; zuletzt war dies zwischen 1979 und 1999 der Fall. Im sonnenfernsten Bahnteil rückt Pluto dagegen bis auf 49,3 AE von der Sonne ab. Eine auffällige 2:3-Bahnresonanz mit Neptun (zwei „Plutojahre“ entsprechen 3 „Neptunjahren“) verhindert ein gleichzeitiges Passieren der „Kreuzungspunkte“, die aber wegen der starken Neigung der Plutobahn ohnehin nicht auf gleicher heliozentrischer Breite durchlaufen werden: Selbst bei einer gleichzeitigen Passage kämen sich die beiden Objekte nicht näher als etwa 5 AE.

Clyde W. Tombaugh (1906–1997)

Das äußere Erscheinungsbild des „Doppelsystems“ Pluto – Charon

Pluto ist derzeit noch als Objekt der 14. Größenklasse in größeren Amateurteleskopen zu erkennen; wenn er in etwa 120 Jahren den sonnenfernsten Punkt seiner Bahn erreicht, wird er zwei Größenklassen schwächer leuchten. Die geringe Helligkeit und – mehr noch – der geringe Durchmesser lassen keine Details erkennen: Pluto erscheint derzeit unter einem Winkel von 0,11 Bogensekunden.

Trotzdem konnte die Rotationsdauer von Pluto schon früh anhand von Helligkeitsschwankungen zu 6,39 Tagen bestimmt werden. Dagegen nahm man für Pluto ursprünglich einen viel zu großen Durchmesser an, weil man ihn für vermeintliche Reststörungen in der Bewegung von Uranus und Neptun verantwortlich machte. Im Laufe der Zeit zeigte sich aber, dass Pluto nicht einmal halb so groß wie die Erde sein konnte. Mitte der 1970er Jahre schließlich gelang der spektroskopische Nachweis von Methaneis an der Oberfläche, und das bedeutete, dass die vergleichsweise geringe Plutohelligkeit sogar durch eine recht gut reflektierende Oberfläche erzielt wurde, wodurch diese noch kleiner sein musste als erwartet – heute wird ein Durchmesser von 2300 km zugrunde gelegt.

1978 wurde ein Plutomond gefunden, der den Planeten in einem Abstand von knapp 20 000 km in der gleichen Zeit umläuft, die dieser für eine Umdrehung um die eigene Achse benötigt. Der Mond, der den Namen Charon erhielt, scheint also wie ein geostationärer Satellit über der Oberfläche von Pluto still zu stehen. Aus seinen Bahndaten konnte die Plutomasse zu einem Vierhundertstel der Erdmasse bestimmt werden. Geht man von einer vergleichbaren Zusammensetzung wie bei Pluto – und damit einer ähnlichen Oberflächenreflektivität – aus, lässt sich auch der Charondurchmesser ableiten: Charon dürfte mit rund 1180 km mehr als halb so groß sein wie Pluto und sollte dann etwa ein Zwanzigstel der Plutomasse besitzen. Pluto und Charon könnten damit zu Recht als „Doppelplanet“ bezeichnet werden.

Pluto (links) und Charon, aufgenommen mit dem *Hubble*-Weltraumteleskop.

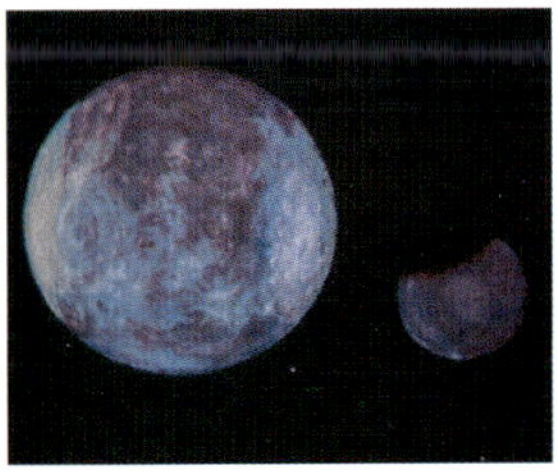

So könnte ein Austritt Charons aus dem Schatten von Pluto ausgesehen haben.

Bald nach der Entdeckung von Charon stellte sich heraus, dass man in den 1980er Jahren nahezu auf die Kante der Charonbahn blicken würde. Während dieser Zeit konnte man beobachten, wie der Mond über Pluto hinwegzog und seinen Schatten über den Planeten wandern ließ; in gleicher Weise verschwand er hinter Pluto und tauchte in dessen Schatten ein. Aus den jeweiligen Helligkeitsverläufen der einzelnen Ereignisse konnten weitere Rückschlüsse auf die Ausmaße der beiden Objekte sowie die Verteilung von helleren und dunkleren Gebieten gezogen werden. Mitte der 1990er Jahre lieferten Beobachtungen mit dem *Hubble*-Weltraumteleskop eine grobe „Karte" der Helligkeitsunterschiede, die dann ebenfalls für eine modellmäßige Rekonstruktion der Plutokugel genutzt wurde.

Mittlerweile weiß man auch, dass die Bahnebene des Plutomondes nur wenig gegen die Äquatorebene geneigt ist, diese Äquatorebene aber relativ zur Bahnebene des Planeten um rund 122,5 Grad gekippt ist – damit ist dieser Wert noch größer als bei Uranus. Auf Pluto geht die Sonne daher im Westen auf und im Osten unter, und die extreme Achsneigung sorgt für ebenso extreme „Jahreszeiten": Irgendwann im Sommer 2008 wird für einen Ort auf 50 Grad nördlicher Breite auf Pluto die dort rund 50 Jahre (!) dauernde Polarnacht beginnen.

Die Atmosphäre

Infrarot-Beobachtungen zeigten, dass Pluto offenbar eine sehr dünne Atmosphäre besitzt. Zum gleichen Ergebnis kamen die Forscher, als Pluto 1988 einen Stern bedeckte und dabei dessen Licht nicht schlagartig verschwand, sondern über einen Zeitraum von etwa 20 Sekunden langsam schwächer und später auch in gleicher Weise wieder stärker wurde. Allerdings ist die Dichte dieser Gashülle nicht sehr hoch: Sie reicht nur für einen Luftdruck von gerade einmal einem Hunderttausendstel des irdischen Bodenluftdrucks; neben Methan scheint die Atmosphäre auch noch schwerere Moleküle zu enthalten, zum Beispiel Kohlenmonoxid oder molekularen Stickstoff. Man geht davon aus, dass es sich um Gase handelt, die durch die in Sonnennähe stärkere Sonneneinstrahlung aus der Eiskruste sublimiert sind und die dünne Gashülle daher allmählich wieder ausfriert, wenn Pluto sich in den kommenden Jahrzehnten zunehmend von der Sonne entfernt und seine Oberflächentemperatur von derzeit rund –215 °C auf Werte unter –235 °C sinkt. Entsprechend enttäuscht waren die Wissenschaftler, als noch vor der Jahrtausendwende eine Raumsonden-Mission der amerikanischen Weltraumbehörde NASA zu Pluto zunächst ersatzlos gestrichen wurde.

Bei zwei neuerlichen Sternbedeckungen im August 2002 wurde dann jedoch deutlich, dass die Plutoatmosphäre gegenüber

1988 keineswegs bereits geschrumpft ist, sondern im Gegenteil der Luftdruck sich seither verdoppelt hat. Dies entspricht etwa dem Effekt, der bei einer Zunahme der Eistemperatur um rund 1 Grad zu erwarten wäre. Eine solche Zunahme in der Zeit nach dem Durchgang durch den sonnennächsten Bahnpunkt kann entweder auf die thermische „Trägheit" des Oberflächenmaterials zurückgeführt werden oder aber auf „jahreszeitliche" Effekte, durch die zuvor vorwiegend im Dunkel der Südpolarnacht liegende dunklere Regionen, die das Sonnenlicht stärker absorbieren, zunehmend der Sonneneinstrahlung ausgesetzt werden. Immerhin hat die Plutohelligkeit seit Mitte der 1950er Jahre erkennbar weniger zugenommen als aufgrund der Annäherung Plutos an die Sonne bei einer gleichmäßig reflektierenden Oberfläche zu erwarten gewesen wäre.

Die Oberfläche

Die große Entfernung und die geringe Größe erschweren erdgebundenen Teleskopen eine detailreiche Erfassung der Plutooberfläche. Selbst das *Hubble*-Weltraumteleskop konnte Mitte der 1990er Jahre nur einige großräumige Helligkeitsunterschiede erahnen, die dann mit Bildverarbeitungsmethoden zu einer „Albedokarte" von Pluto hochgerechnet wurden. Man wird aber davon ausgehen dürfen, dass die Plutooberfläche von etlichen Kratern zernarbt ist und eine gewisse Ähnlichkeit mit der Oberfläche des Jupitermondes Kallisto aufweist.

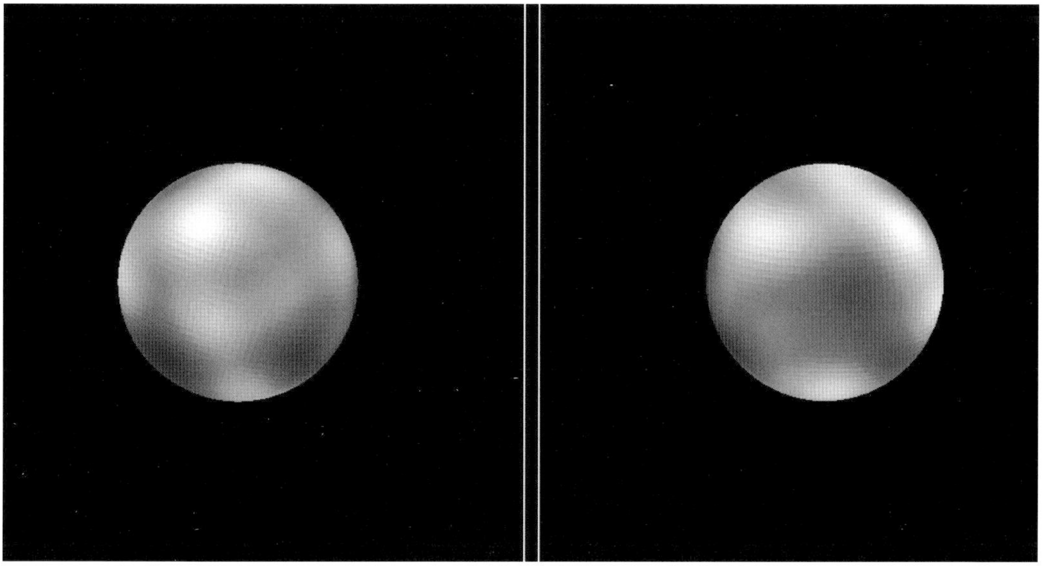

Diese Verteilung der Helligkeitswerte der Plutooberfläche wurde aus Beobachtungen des *Hubble*-Weltraumteleskops erstellt.

Der innere Aufbau

Die aus den Bahndaten des Plutomondes abgeleitete mittlere Dichte von etwa 2 Gramm pro Kubikzentimeter lässt erwarten, dass Pluto zu einem nicht unerheblichen Teil (etwa 75 Prozent) aus felsigem Material besteht, das offenbar weitgehend in einem zentralen Kernbereich gesammelt ist. Wäre dies nicht so, müsste bei jedem Durchgang durch den sonnennahen Bahnteil, wenn ein Teil der Eiskruste in die Atmosphäre entweicht, mancherorts dunkleres Gestein an der Oberfläche zurückbleiben, das sich stärker erwärmt und so ein späteres Wiederausfrieren der atmosphärischen Gase in diesen Gebieten erschwert. Dadurch hätte im Laufe der Zeit – ähnlich wie bei den Kometen – eine isolierende Schicht entstehen müssen, die ein weiteres Ausgasen erschwert.

Pluto muss also während seiner Frühphase zumindest so weit aufgeheizt worden sein, dass der Gesteinsanteil nach innen sinken konnte; dies spricht für eine eigenständige Entstehung aus der Zusammenlagerung größerer Brocken. Entsprechend gehen die Wissenschaftler von einem etwa 1700 km großen Gesteinskern aus, der von einem 290 km dicken Eismantel umgeben ist. Die äußere, nur wenige Kilometer dicke Kruste dürfte dann vorwiegend aus Methan- und Stickstoffeis bestehen.

Eine Raumsonde zu Pluto und darüber hinaus

Die vorerst letzte Chance, einigermaßen günstig – und vor allem rechtzeitig vor dem befürchteten Ausfrieren der Plutoatmosphäre – zu Pluto zu gelangen, bietet sich im Januar 2006: Dann könnte eine Raumsonde zunächst auf den Weg zu Jupiter gebracht und etwa 14 Monate später von dessen Schwerefeld so umgelenkt werden, dass sie bereits 2016 ihr Ziel erreicht. Ein entsprechendes Projekt ist unter

Pluto und Erde im Größenvergleich.

dem Namen *New Horizons* der NASA vorgeschlagen und zunächst auch unterstützt worden, doch im Sommer 2003 zeichneten sich ernsthafte Finanzierungsprobleme ab. Durch einen Beschluss des US-Senats im September 2003 scheint die Mission zwar derzeit gesichert, doch lehrt die Erfahrung, dass man erst nach dem Start von einer weitgehend endgültigen Realisierung ausgehen kann.

Vorgesehen ist eine Erkundung des Systems Pluto/Charon mit sechs wissenschaftlichen Experimenten. Sie umfassen neben einer hochauflösenden Kamera, die Einzelheiten bis herunter zu einer Größe von 50 m aufnehmen soll, zwei abbildende Spektrometer zur Untersuchung der Atmosphäre und zur Fernerkundung der chemisch/mineralogischen Zusammensetzung der Oberflächen von Pluto und Charon, einen Strahlungsmesser zur Bestimmung der Temperatur an den Oberflächen und in der Atmosphäre sowie Neutralgas- und Plasmadetektoren zur Messung der atmosphärischen „Verlustraten". Außerdem wird ein von Studenten entwickelter Staubdetektor während des ganzen Fluges die Zahl der Partikeleinschläge ermitteln. Nach ihrem Vorbeiflug an Pluto und Charon könnte die Sonde noch eines oder mehrere Mitglieder des Kuiper-Gürtels (siehe unten) anfliegen und auf ähnliche Weise erkunden.

DER KUIPER-GÜRTEL

Schon bald nach der Entdeckung von Pluto vermutete der amerikanische Astronom Frederick Charles Leonard (1896–1960), dass Pluto lediglich der Erste von einer ganzen Gruppe (von ihm so genannter) Ultra-Neptun-Körper sei, deren übrige Mitglieder aufgrund ihrer zu geringen Helligkeit noch unbemerkt blieben, aber eines Tages gewiss aufgespürt würden. Sein irischer Kollege Kenneth Essex Edgeworth (1880–1972) entwickelte in den 1940er Jahren im Zusammenhang mit Überlegungen zur Entstehung des Sonnensystems die Vorstellung, dass jenseits der Neptunbahn noch immer eine große Zahl kleinerer Materiekondensationen existiere, die als riesiges Nachschublager für „neue" Kometen angesehen werden könnten.

Vor diesem Hintergrund erscheint es schon seltsam, dass die Objekte jenseits der Neptunbahn einem so genannten Kuiper-Gürtel zugerechnet werden; zwar hat auch Gerard Peter Kuiper 1951 diese Region als möglichen Entstehungsort von Kometen in der Frühphase des Sonnensystems angesehen (ohne dabei übrigens die Arbeiten von Edgeworth zu zitieren), zugleich aber auch Zweifel daran geäußert, dass dort heute noch eine größere Zahl von Objekten anzutreffen sei. Zahlreiche Planetenforscher verwenden daher inzwischen zunehmend eine „neutrale", etwas allgemeinere Bezeichnung und sprechen von den Trans-Neptun-Objekten, kurz TNOs.

Kenneth Essex Edgeworth (1880–1972) und Gerard Peter Kuiper (1905–1973)

Stellung im Sonnensystem

Seit 1992 wurden über 850 Objekte jenseits der Neptunbahn gefunden (Stand Frühjahr 2004). Ein Teil (etwa 150) bewegt sich auf plutoähnlichen Bahnen mit Umlaufzeiten nahe der 2:3-Resonanz mit Neptun, eine kleinere Gruppe (22) auf anderen, neptun-resonanten Bahnen. Rund 60 Prozent der TNOs brauchen für einen Umlauf um die Sonne zwischen 250 und 330 Jahre und ziehen auf nur leicht elliptischen Bahnen einher. Sie werden nach dem ersten Objekt dieser Art, das die vorläufige Bezeichnung 1992 QB1 erhielt, gelegentlich „cubewanos" (sinngemäß übersetzt: QB-Einser) genannt. Etwa 90 weitere, als Scattered Disc Objects (SDO) bezeichnet, kommen

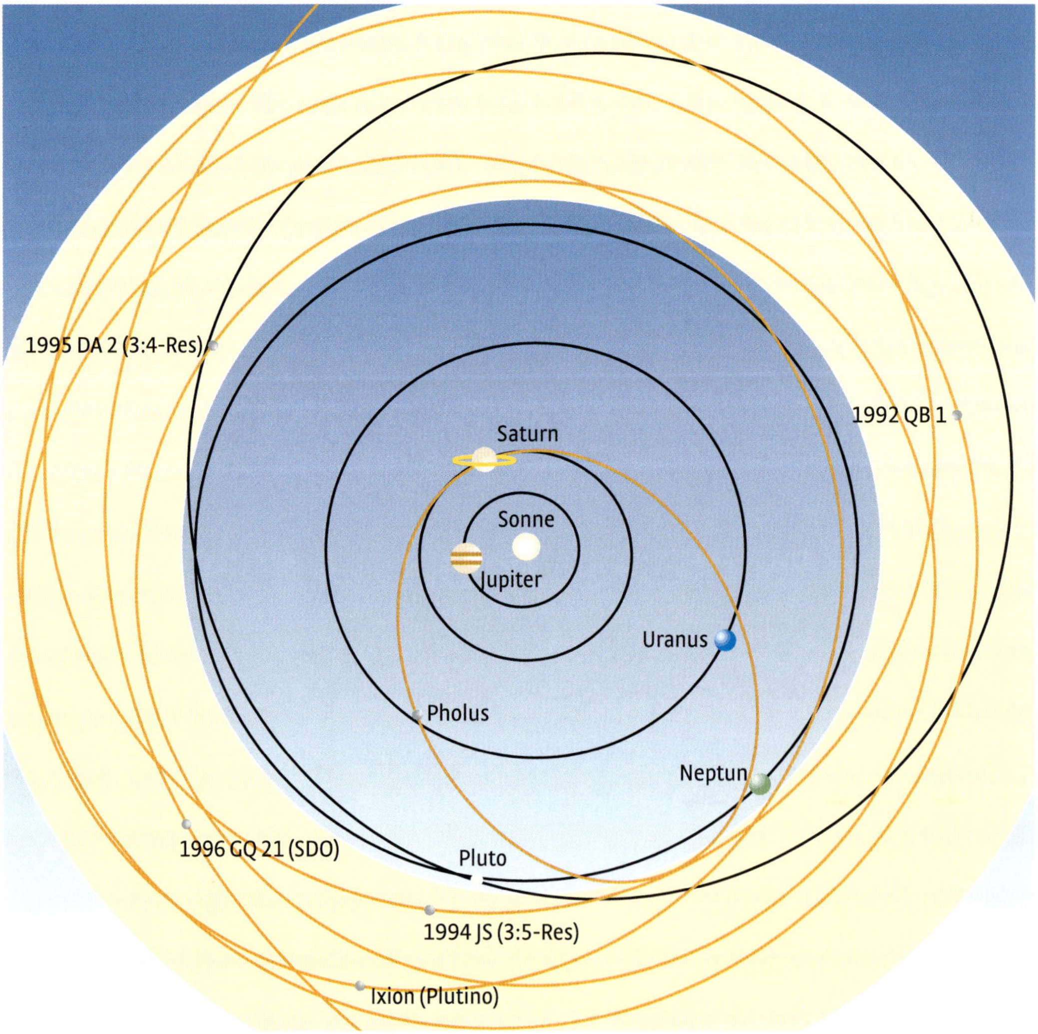

Die Bahnen einiger typischer Trans-Neptun-Objekte; die eingezeichneten Positionen gelten für den 1. Januar 2005.

zwar im sonnennächsten Punkt bis an die Neptunbahn heran, benötigen aber mehr als 350 Jahre für einen Umlauf, und etwa ebenso viele lassen sich in keine der anderen Gruppen einordnen.

Das äußere Erscheinungsbild

Von den bislang gefundenen TNOs sind nur wenige heller als 20. Größenklasse; als gegenwärtiger Rekordhalter bringt es das im Juni 2002 entdeckte Objekt **Quaoar** auf die 18. Größenklasse. Entsprechend erscheinen die fernen Sonnenbegleiter auf den Aufnahmen lediglich als winzige Lichtpunkte ohne erkennbare Ausdehnung. Angaben zum Durchmesser einzelner Objekte lassen sich nur aus dem Reflexionsvermögen in unterschiedlichen Wellenlängenbereichen herleiten, das Rückschlüsse auf die Beschaffenheit und Zusammensetzung der Oberfläche und damit das allgemeine Rückstrahlvermögen im sichtbaren Licht erlaubt. Dabei zeigt sich, dass die Objekte höchstens wenige Prozent des auftreffenden Sonnenlichtes reflektieren und zudem auffallend „rot" erscheinen, also den langwelligen Teil des Spektrums deutlich besser zurückwerfen als den kurzwelligen. Dies spricht nicht gerade für eine eisbedeckte Oberfläche, wie man sie bei potenziellen Kometenkernen erwarten würde – das Rückstrahlvermögen von Pluto liegt oberflächenbedingt zwischen 0,49 und 0,66, während Charon immerhin noch zwischen 36 und 39 Prozent des auftreffenden Sonnenlichtes reflektiert. Andererseits liegt auch das Rückstrahlvermögen von 1P/Halley nicht höher, obwohl er – zumindest unter einer im Wesentlichen dunklen Kruste – über große Mengen an Eis verfügt.

Quaoar ist das bislang hellste Trans-Neptun-Objekt. Das Bild oben ist eine Aufnahme des *Hubble*-Weltraumteleskops, das Bild darunter zeigt die Bewegung von Quaoar während einer halben Stunde.

Künstlerische Darstellung von Quaoar.

Ist Pluto (k)ein Planet?

Schon bald nach der Entdeckung der ersten Trans-Neptun-Objekte entbrannte die Diskussion um den Planetenstatus von Pluto neu. Hatte sie sich in den 1970er Jahren an der Hypothese von Pluto als einem entlaufenen Neptunmond entzündet, so war es nun die sich abzeichnende Möglichkeit, weitere ähnlich große Objekte wie Pluto zu finden und dann möglicherweise in Definitionsschwierigkeiten zu kommen – entweder hinsichtlich der wachsenden Zahl der „akzeptierten" Planeten oder hinsichtlich einer konsensfähigen, vielleicht sogar sinnvoll erscheinenden Grenze, jenseits derer ein Sonnenbegleiter nicht mehr als Planet eingestuft werden kann. Und alles dies auch noch vor dem Hintergrund zunehmender Kenntnisse über Planeten bei anderen Sternen ...

Vor Jahrtausenden war der Planetenstatus an die Beweglichkeit vor den Sternen im Hintergrund und das sternähnliche Aussehen gebunden, das dem Objekt eine Zugehörigkeit zur translunaren Welt des Himmels unterstellte. Kometen dagegen galten damals vor allem wegen ihres anderen Aussehens und ihres veränderlichen Erscheinungsbildes als irdischer Natur, wie übrigens (in gewisser Weise berechtigt) auch die Meteore, deren Name den gleichen Wortstamm beinhaltet wie die Meteorologie, die Atmosphären- und Wetterkunde.

Ein erster Bruch wurde durch die Kopernikanische Revolution erzwungen, die die Sonne aus dem Planetenreigen herausholte und ihr mit einem Mal eine (vermeintlich) ruhende, zentrale Stellung zubilligte und damit in gewisser Weise auch der Vorstellung von einer anderen Objektqualität den Weg ebnete. Auch der Mond verlor damals seinen „Planetenstatus" und wurde – unter bahnhierarchischen Aspekten – eine Ebene tiefer angesiedelt. Fortan gab es einen zentralen Stern als selbst leuchtenden Himmelskörper sowie nicht leuchtende Körper auf zwei Hierarchie-Ebenen: die Planeten, die auf direktem Wege oder unmittelbar die Sonne umrunden, und die Planetenmonde, die die Sonne nur mittelbar, das heißt, gemeinsam mit „ihrem" Planeten umrunden.

Allerdings erwies sich diese rein hierarchische Gliederung schon bald darauf als unzureichend, denn mit der Einsicht Edmond Halleys, dass auch die Kometen zur Gruppe der unmittelbaren Sonnenbegleiter gehören, und dem modernen Wissen um die Natur der Kometen erscheint eine Unterscheidung zu den Planeten sinnvoll. Entsprechendes gilt – nicht nur aus „ökonomischen" Gründen – auch für die Kleinplaneten, die nach dem heutigen Wissen um die Entstehung des Sonnensystems (wie übrigens auch die Kometen) als planetare Bausteine angesehen werden, als Vorstufen auf dem Wege zu den „echten" Planeten.

Nimmt man diesen Entwicklungsgedanken ernst, dann könnte sich vielleicht in Zukunft ein neues, übergreifendes Klassifizierungsmodell ergeben, das Gemeinsamkeiten innerhalb eines Systems ebenso berücksichtigt wie individuelle Unterschiede zwischen einzelnen Planetensystemen: Danach würde ein Planetensystem aus einem Zentralstern (oder mehreren) bestehen, der nur noch von Planeten und interplanetaren Objekten umrundet wird. Die Gruppe der Planeten umfasst dann alle „großen" Objekte, die den Zentralstern umrunden, während die Gruppe der interplanetaren Objekte alle kleineren Körper, also Monde, Asteroiden, Kometen und Meteoroide einschließt. Natürlich muss man dann auch bei den interplanetaren Objekten zwischen vorwiegend gesteinshaltigen Körpern einerseits (den Gesteinsmonden, Asteroiden und Meteoriden) und vorwiegend eishaltigen andererseits (den Eismonden und Kometen) unterscheiden, aber diese Trennlinie ziehen wir heute bereits zwischen den Gesteinsplaneten und den Gasplaneten.

Fehlt nur noch die Festlegung der Grenze zwischen den Planeten und den interplanetaren Gruppen, die sich aber auch recht deutlich ziehen lässt: Sie könnte für jedes einzelne Planetensystem durch die Größe des kleinsten singulär auftretenden Objektes aus der Gruppe der Planeten individuell vorgegeben werden. Vermutlich besteht nämlich nicht nur in unserem Planetensystem ein deutlicher Grö-

Ein Größenvergleich zwischen Erde, Mond, Pluto, Quaoar und Sedna (im Uhrzeigersinn).

ßenunterschied zwischen dem dann kleinsten Planeten (dem Merkur) und dem größten freien (das heißt, nicht als Mond an einen Planeten gebundenen) interplanetaren Objekt (dem Pluto), denn schließlich sind die Planeten aus den interplanetaren Objekten durch Zusammenlagerung entstanden. Eine Trennung also zwischen den Planeten und ihren „Bausteinen“, erscheint vor allem auch entwicklungsmäßig sinnvoll, denn jede weitere Kollision eines Planeten mit einem solchen Baustein (einem freien interplanetaren Objekt) würde das kleinere Objekt stärker in Mitleidenschaft ziehen als das größere.

Eine solche entwicklungsbezogene Trennung – und es sind sicher auch andere Konzepte denkbar – würde jedenfalls Pluto ein-

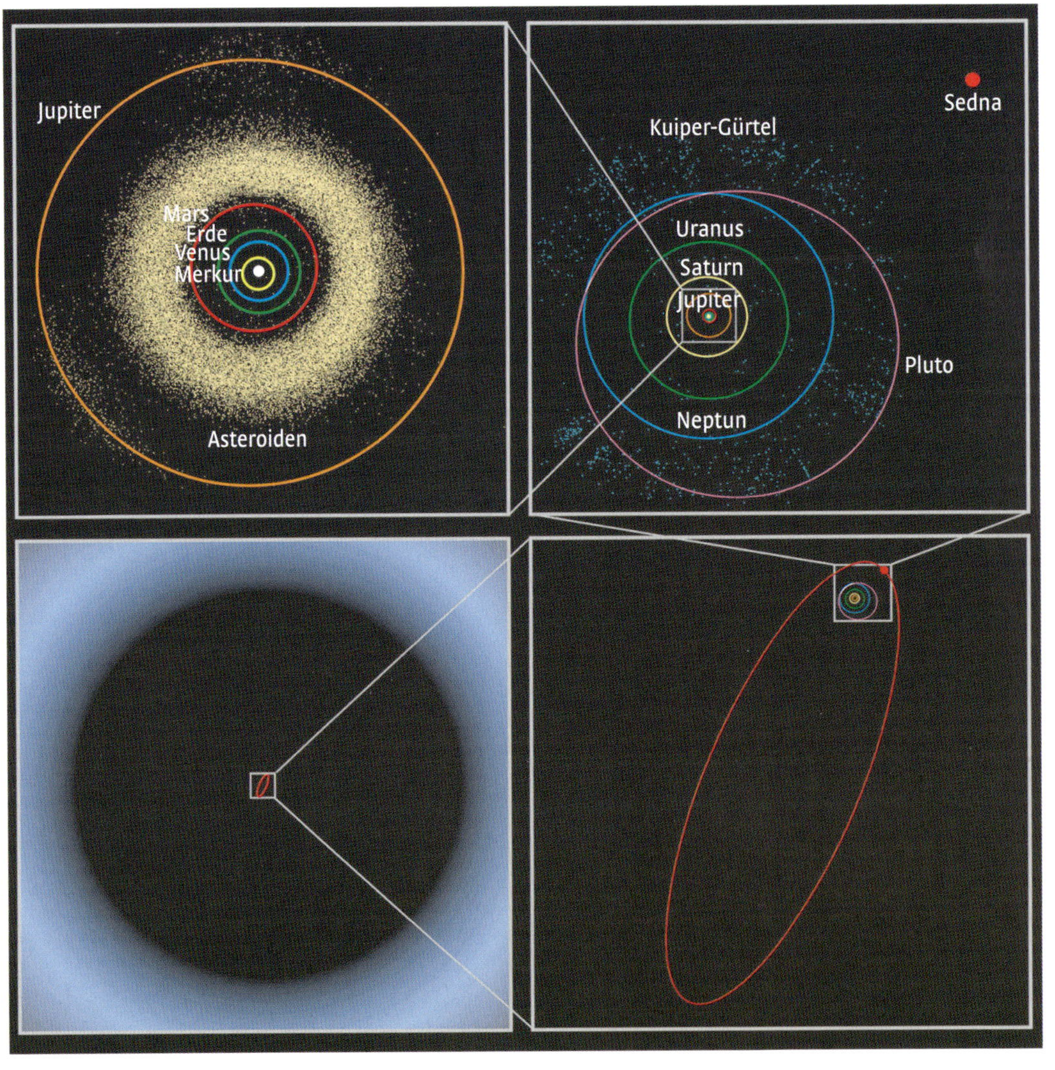

Die Bahn von Sedna (Bilder unten) im Vergleich zu den Planetenbahnen und des Kuiper-Gürtels (oben) sowie zur Oortschen Wolke (links unten).

deutig der Gruppe der interplanetaren Objekte zuordnen, weil es neben ihm noch etliche andere, zum Teil ähnlich große Körper auf vergleichbaren Bahnen gibt. Die Internationale Astronomische Union (IAU) jedoch hat Pluto den Planetenstatus bislang noch nicht aberkannt – aufgrund einer noch ausstehenden, befriedigenden Definition für einen Planeten, aber auch aufgrund eines erheblichen öffentlichen Drucks.

Ein zehnter Planet?

Noch ist unklar, wie das Objekt 2003 VB12 einzuordnen ist, das im November 2003 in etwa 90facher Erdentfernung gefunden wurde. Sicher scheint nur, dass **Sedna**, wie das etwa 1700 km große Objekt von seinem Entdecker nach der Meeresgöttin der Inuit genannt wurde, nicht als „zehnter Planet" eingestuft werden kann. Nachdem Sedna mit Hilfe der vorläufigen Bahndaten nachträglich auf Aufnahmen aus dem September 2001 identifiziert und vermessen werden konnte, ist ihre Bahn recht gut bekannt: Sie umrundet die Sonne innerhalb von etwa 12 260 Jahren auf einer stark elliptischen Bahn zwischen 76 und 990 AE, kommt also – anders als die übrigen bislang bekannten TNOs – gar nicht in die Nähe der klassischen Planetenbahnen. Damit stellt sich die Frage, wie das Objekt überhaupt auf diese Bahn gelangt ist, da die Entstehung eines solch großen Brockens „vor Ort" ziemlich unwahrscheinlich ist. Vielleicht hat ja doch ein noch unentdeckt gebliebener zehnter Planet noch weiter draußen seine „Hand im Spiel", wie Brett Gladman vom Observatoire de la Côte d'Azur in Nizza bereits im Zusammenhang mit einem ähnlichen Objekt vermutete, das im Februar 2000 gefunden wurde: 2000 CR105, dessen Durchmesser auf etwa 400 km geschätzt wird, pendelt alle 3420 Jahre zwischen rund 44 und 410 AE hin und her, bewegt sich also ebenfalls vollständig außerhalb des dynamischen Einflussbereiches der großen Planeten. Ob allerdings – wie von Gladman vorgeschlagen – ein etwa marsgroßer Eisplanet in rund 100 AE wirklich des Rätsels Lösung ist, muss vorerst offen bleiben; große Zustimmung bei seinen Kollegen findet er mit diesem Vorschlag jedenfalls nicht ...

DIE OORTSCHE WOLKE

Auf der Suche nach einer geeigneten „Nachschubquelle" für frische Kometen fiel dem niederländischen Astronomen Jan Hendrik Oort (1900 – 1992) bei einer Analyse von Kometenbahnen auf, dass die

Jan Hendrik Oort (1900–1992)

Bahnhalbachsen der extrem langperiodischen Kometen sich in einem Bereich zwischen 20 000 und 30 000 Astronomischen Einheiten „häufen“. Dies konnte nur bedeuten, dass es dort „draußen“ in der doppelten Distanz, also zwischen rund 40 000 und 60 000 AE (oder etwa einem Viertel des Weges bis zu den nächsten Nachbarsternen), besonders viele Kometen geben musste. Zwar würde man auch bei einer gleichmäßigen Verteilung der Kometen über den Raumbereich des gesamten Sonnensystems mehr langperiodische Kometen mit extrem großen Bahnhalbachsen erwarten als solche mit kleineren Bahnhalbachsen, doch sollte die Zahl dann gleichmäßig mit wachsender Bahnhalbachse zunehmen und nicht sprunghaft.

Stellung im Sonnensystem

Ausgehend von den Überlegungen zur Entstehung des Sonnensystems – und gestützt durch Beobachtungen von Staubscheiben um andere Sterne – kann man davon ausgehen, dass die so genannte protoplanetare Scheibe, aus der sich Planeten und die übrigen Mitglieder der Sonnenfamilie gebildet haben, in ihrer Ausdehnung auf mehrere Dutzend Astronomische Einheiten begrenzt war; weiter draußen kann die Materiedichte kaum ausgereicht haben, um größere Objekte wie etwa Kometenkerne heranwachsen zu lassen. Man darf also annehmen, dass die Kometen der Oortschen Wolke ursprünglich viel näher zur Sonne (irgendwo jenseits der „Frostgrenze“) entstanden sind und erst nachträglich – wenngleich auch in einem sehr frühen Stadium – auf hochelliptische Bahnen gebracht wurden.

Da dieser Prozess der „Ausbürgerung“ kaum gezielt abgelaufen ist und den Kometenkernen genau jene zusätzliche Geschwindigkeit vermittelte, die für Bahnen zwischen vielleicht 10 oder 20 und etwa 20- bis 30 000 AE erforderlich waren, sind viele Kometenkerne damals vermutlich entweder auf kleinere Bahnen mit kürzeren Umlaufzeiten überführt oder ganz aus dem Sonnensystem geschleudert worden. Dynamisch „machbar“ sind solche Umleitungen durch enge Begegnungen mit Jupiter oder Saturn ohne weiteres, denn dazu sind – ausgehend von einer nicht allzu elliptischen Kollisionsbahn – lediglich Geschwindigkeitsänderungen von etwa 3,5 Kilometer pro Sekunde notwendig: Als der Komet 81P/Wild 2 im September 1974 bis auf etwa 1 Million km an Jupiter herankam, wurde seine Geschwindigkeit um rund 4 km/s verringert!

Im Gegenzug rückten die Planeten im Laufe der Zeit langsam näher an die Sonne heran, da sie durch ungezählte Umlenkprozesse einen Teil ihrer eigenen Bewegungsenergie verloren. Dadurch sind eventuell zurückkehrende Kometen ihnen nie mehr so nahe gekommen wie beim ersten Mal, so dass weitere Bahnänderungen, wenn überhaupt, wesentlich moderater ausfielen. Bei den ursprünglich ent-

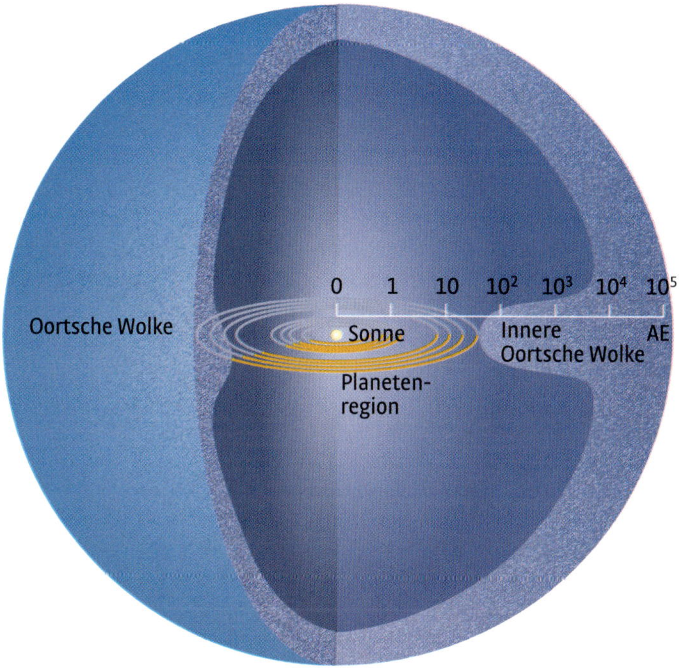

Die Oortsche Wolke aus (geschätzt) vielen hundert Milliarden schlummernden Kometenkernen umgibt das Sonnensystem schalenförmig in einer Entfernung zwischen etwa 10 000 und 100 000 AE. Weiter innen geht sie vermutlich nahtlos in die flachere, scheibenähnliche Ansammlung der „inneren" Oortschen Wolke über, die ihrerseits von außen an den Bereich der Trans-Neptun-Objekte grenzt. Man beachte den logarithmischen Maßstab, der jeden markierten Abschnitt gegenüber dem benachbarten inneren um den Faktor 10 verkleinert darstellt!

fernteren Begegnungen, die zu weniger ausladenden Ellipsenbahnen führten, waren entsprechend dagegen kürzere Umlaufzeiten und damit wiederholte Störeinflüsse die Folge, die entweder zu einer völligen Entfernung aus dem Sonnensystem oder zur Kollision mit einem der existierenden Planeten geführt haben dürften. Nach Ansicht der Theoretiker sind die meisten der solchermaßen „ausgewiesenen" Kometenkerne ohnehin nicht wieder an ihren Ursprungsort zurück gekehrt: Vielmehr müssen Störeinflüsse benachbarter Sterne die Bahnen so weit angehoben haben, dass sie aus dem direkten Einflussbereich der Planetenstörungen herausgeführt wurden – und da die Sonne vermutlich als Teil eines Sternhaufens entstanden ist, dürfte es anfangs eine Reihe enger Nachbarsterne gegeben haben.

Offene Fragen

Wenn die Oortsche Wolke also wirklich real existiert (und dafür gibt es bislang nur indirekte Hinweise), wäre ihre mutmaßliche Entstehung zugleich Hinweis darauf, wie die offenbar effiziente Säuberungsaktion im Bereich der interplanetaren Materie abgelaufen sein könnte. Als derzeit beste Erklärung gilt die Annahme, dass zumindest einer, wenn nicht mehrere der großen Planeten in der Frühphase des Sonnensystems langsam nach innen gedriftet sind und dabei weite Bereiche des interplanetaren Raumes buchstäblich leergefegt haben nach dem Motto „die guten ins Töpfchen, die schlechten ins Kröpfchen" – soll heißen: Was langsam genug war, wurde einverleibt, was zu schnell vorbeirauschte, immerhin noch zusätzlich beschleunigt und in die äußeren Bezirke ausquartiert. Und weil dafür ziemlich enge Begegnungen erforderlich waren, kann dabei durchaus eine weitgehend sphärische Verteilung der neuen Bahnen entstanden sein – schließlich ist auch die europäisch-amerikanische Sonnensonde *Ulysses* allein vom Schwerefeld des Jupiter nahezu senkrecht aus der Ekliptikebene herausgeschleudert worden. Darüber hinaus werden auch die in der Sonnenumgebung vorbei gezogenen Sterne die Lage der Bahnebenen weiter „durchmischt" haben.

Eine solche, annähernd kugelförmige Verteilung der Kometenbahnen ist nämlich eine unabdingbare Forderung der Astronomen an den Prozess der Auslagerung, da die Bahnneigungen der langperiodischen Kometen keine klare Vorzugsebene erkennen lassen und die Astronomen von einer Kugelschalenverteilung der dort draußen „geparkten", schlummernden Kometenkerne ausgehen müssen – sie nennen das ganze Gebilde inzwischen nach ihrem „Entdecker" die Oortsche Wolke.

Für die Sicherung von Kometennachschub aus diesem Bereich sind dann allerdings wieder neuerliche Störeinflüsse auf die Bahnen der dortigen Objekte erforderlich. Sie können durch nahe vorbei ziehende Sterne, aber auch durch die Bewegung der Sonne innerhalb der Milchstraße ausgelöst werden. Gelangen solchermaßen abgelenkte Kometen in den inneren Bereich des Planetensystems, können sie hier durch Störeinflüsse der großen Planeten weiter abgebremst und schließlich „eingefangen" werden.

Wäre die Zahl der Kometen bekannt, die alljährlich jenseits von zehn oder gar 15 AE Sonnenentfernung ihr Perihel durchlaufen, so ließe sich daraus – zusammen mit ergänzenden Modell-Annahmen – die Gesamtzahl der Kometenkerne innerhalb der Oortschen Wolke abschätzen. Leider ist diese Zahl aber kaum zu ermitteln, da sich Kometen in dieser Entfernung einer Beobachtung in aller Regel entziehen. Bislang wurde erst ein Komet bekannt, dessen sonnennächster Bahnpunkt bei knapp 10 AE lag: Das Objekt C/2000 A1 (Montani) wurde am 4. Januar 2000 von einem automatisch arbeitenden Suchprogramm der Lincoln Laboratories entdeckt und erreichte wenige Monate später den sonnennächsten Punkt seiner Bahn; im Februar 2002 wurde er in einer Distanz von knapp 11 AE zum vorerst letzten Mal beobachtet.

Geht man von einigen Dutzend „Gastbesuchern" pro Jahr aus, so kommt man – einen mehr oder weniger konstanten Strom von Nachschub-Kandidaten vorausgesetzt – auf einige hundert Millionen Objekte, die derzeit zwischen der Oortschen Wolke und dem inneren Sonnensystem unterwegs sind. Numerische Modellsimulationen zeigen, dass dies aber nur ein winziger Bruchteil der Gesamtzahl der Objekte innerhalb der Oortschen Wolke sein kann, und so reichen die Schätzwerte für diese Gesamtzahl bis zu einigen Billionen. Das hört sich zwar gewaltig an, aber eine Billion Eisklumpen von jeweils rund fünf Kilometer Durchmesser besitzen zusammen nicht mehr als rund 20 Erdmassen.

Allerdings scheint hier das letzte Wort noch nicht gesprochen. Zum einen legen neuere Modellrechnungen nahe, dass die Gesamtmasse der Oortschen Wolke eher nur ein Zehntel dieses Wertes (also rund 2 Erdmassen) umfasst – dann aber könnte (bei gleich bleibender Objektzahl) der Durchmesser der Eisbrocken nur etwa halb so groß sein; zum anderen wurde dem Kometen C/1995 O1 (Hale-Bopp), der als ziemlich „neuer" Komet eingestuft wurde, ein wesentlich größerer Durchmesser zugesprochen.

Die Bahnen von Sedna und 2000 CR105, die „nur" einige 100 bis 1000 AE nach draußen reichen, rücken allerdings noch ein weiteres denkbares Szenario ins Blickfeld. Da die Sonne vermutlich im Umfeld eines ganzen Sternhaufens entstanden ist, kann es in der Frühphase des Sonnensystems auch zu vergleichsweise engen Begegnungen mit anderen Sternen gekommen sein; dabei könnte ein Teil der nach draußen katapultierten Kometenkerne abgelenkt und auf vergleichsweise kleine Ellipsen mit großen Periheldistanzen gebracht worden sein, wo sie nun eine Art „innere Oortsche Wolke" bilden. Es wird wohl nur eine Frage der Zeit sein, bis weitere Entdeckungen in dieser Gegend des Sonnensystems zu mehr Klarheit führen.

Blick zurück auf die Sonne und ihre Planeten: künstlerische Darstellung von *Pioneer 10* beim Verlassen des Sonnensystems.

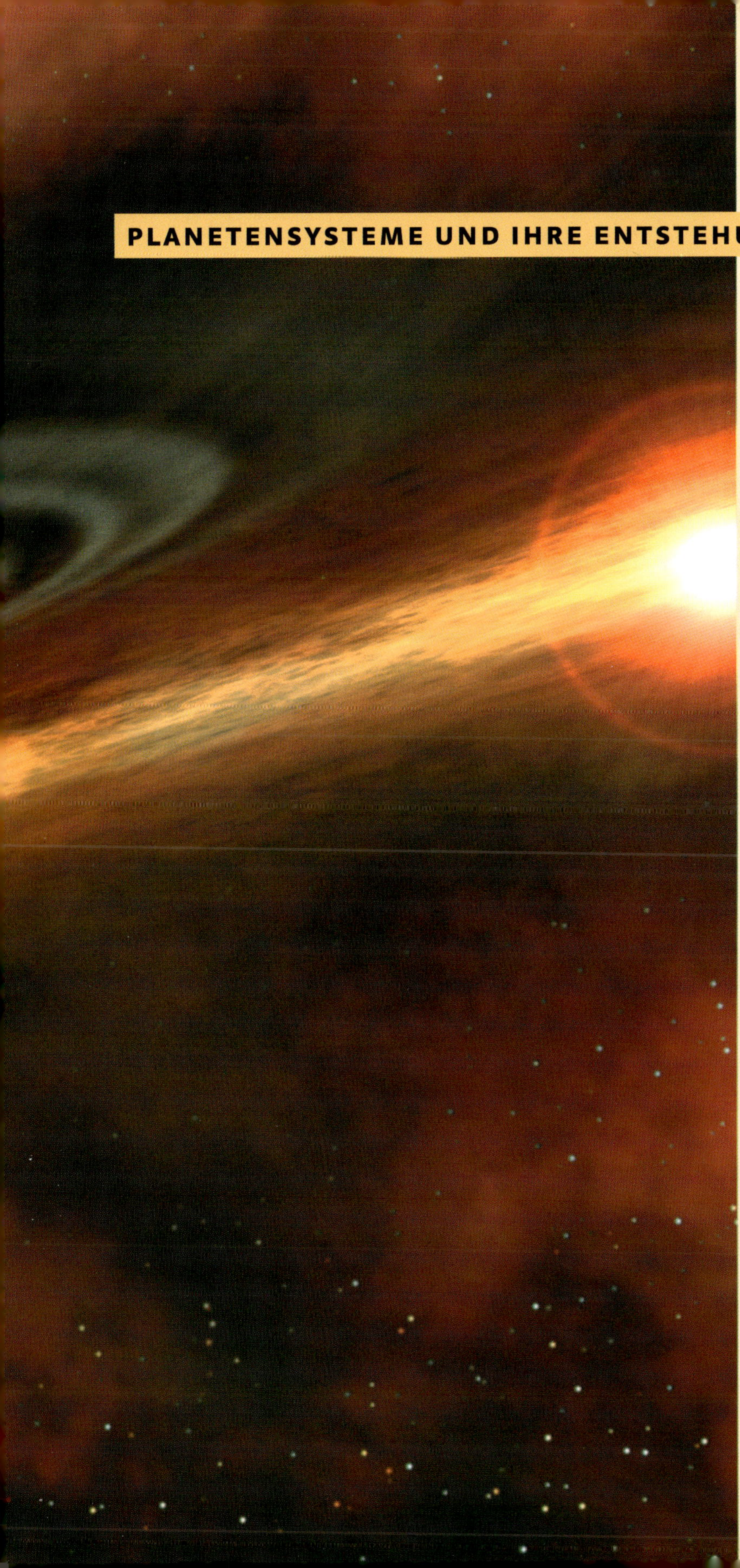

PLANETENSYSTEME UND IHRE ENTSTEHUNG

DIE SUCHE NACH FREMDEN PLANETENSYSTEMEN

Giordano Bruno (1548–1600)

Die Frage, ob es noch anderswo im Kosmos Lebensformen gibt, ist zwar vielleicht nicht ganz so alt wie die Menschheit, reicht aber mit Sicherheit weit in die Vergangenheit zurück. Fantasievolle Überlegungen dazu gibt es jedenfalls schon recht lange: Bereits um 165 v.Chr. verfasste der griechisch-syrische Dichter Lucian von Samosata seine „Wahre Geschichte“, in der er über eine Reise zum Mond berichtet. Er ging davon aus, dass der Mond und die übrigen Welten, die sein Held von dort aus sehen konnte, bewohnt waren. Allerdings „beschränkte“ er sich in seiner Fantasie notgedrungen auf die bekannten „Welten“, die als Planeten die Erde zu umrunden schienen.

Erst etwa 1750 Jahre später ging der italienische Philosoph Giordano Bruno (1546 – 1600) einen entscheidenden Schritt weiter: Er verstand die Sterne als leuchtende Sonnen, die – natürlich – von (bewohnten) Planeten umgeben waren; allerdings verurteilte ihn die römische Inquisition wegen dieser und anderer „Ketzereien“ zum Tode auf dem Scheiterhaufen.

Erste Messungen

Zum Glück haben sich die Zeiten gewandelt, so dass Wissenschaftler heute ungestraft nach Planeten bei anderen Sternen, so genannten Exoplaneten, suchen können – selbst die anfängliche Skepsis mancher Kollegen über ein derart „unwissenschaftliches Treiben“ ist mittlerweile verflogen. Und ursprünglich war solche Skepsis gar nicht einmal so unbegründet, denn mit den im vergangenen Jahrhundert verfügbaren Teleskopen hatten die Forscher keine Chance für einen direkten Nachweis lichtschwacher Planeten um grell leuchtende Sonnen: Selbst der Riesenplanet Jupiter ist „absolut gesehen“ rund 200 Millionen Mal lichtschwächer als die Sonne und würde aus einer Entfernung von 12 Lichtjahren lediglich als Objekt der 23. Größenklasse erscheinen – und das nicht einmal eine Drittel Bogensekunde neben einem Stern der zweiten Größenklasse.

Entsprechend versuchte versuchte der aus den Niederlanden stammende Pieter van de Kamp (1901 – 1995) bereits vor mehr als 50 Jahren, die Existenz von Planeten auf astrometrischem Wege nachzuweisen: Dazu bestimmte er die Positionen naher Sterne am Himmel möglichst genau, um Hinweise auf eine eventuelle geringfügige „Tänzelbewegung“ zu finden, die durch die Schwerkraftwirkung eines umkreisenden Planeten erzwungen würde. Wenn nämlich ein Stern von einem Planeten umrundet wird, bewegen sich – streng genommen – beide Himmelskörper auf eigenen Ellipsenbahnen um den gemeinsamen Schwerpunkt; dabei verhalten sich die jeweiligen

Abstände zu diesem Mittelpunkt der Bewegung umgekehrt zu den Massen der beteiligten Objekte. Die Massen von Erde und Mond zum Beispiel verhalten sich wie etwa 81 zu 1, also muss der Mond zum Erreichen des „Gleichgewichts“ 81-mal weiter vom gemeinsamen Schwerpunkt entfernt sein als die Erde. Da die mittlere Mondentfernung von etwa 384 000 km rund 60 Erdradien entspricht, befindet sich der gemeinsame Schwerpunkt von Erde und Mond noch innerhalb der Erde, etwa 1700 km unterhalb der Erdoberfläche.

Viel aussichtsreicher war die Methode van de Kamps allerdings auch nicht, wie sich aus der Anwendung dieses Verfahrens auf unser Sonnensystem ergibt: Jupiter – immerhin der massereichste Planet in unserem System – besitzt lediglich etwa 1 Promille der Sonnenmasse, und das bedeutet bei einem Sonnenabstand von rund 1130 Sonnenradien, dass der gemeinsame Schwerpunkt nur knapp über der Sonnenoberfläche liegt. Wiederum aus einer Entfernung von etwa 12 Lichtjahren betrachtet, zwingt Jupiter die Sonne zu einer seitlichen Bewegung von lediglich etwa 1/370 Bogensekunden, und auch das nur, wenn man genau von oben (oder unten) auf das Sonnensystem blickt! Natürlich verbessern sich die Aussichten, je masseärmer die Sterne und je massereicher die Planeten sind.

Trotzdem veröffentlichte van de Kamp in den 1960er Jahren die Auswertung von rund 3000 astrometrischen Messungen an einem nur knapp sechs Lichtjahre entfernten Stern im Sternbild Schlangenträger („Barnards Pfeilstern“), die Hinweise auf eine solche Schwankung mit einer Periode von rund 24 Jahren enthielten, wobei die Auslenkung immerhin 0,025 Bogensekunden erreichte. Er schloss aus diesen Daten auf ein Objekt, das sich in einer mittleren Entfernung von mindestens rund 4,4 AE befinden und lediglich etwa 0,015 Sonnenmassen enthalten sollte (etwa 500 Erdmassen oder knapp zwei Jupitermassen); vor allem aber ließen die Daten auf eine stark elliptische Umlaufbahn zwischen etwa einer und sieben AE schließen. 1976 legte van de Kamp noch einmal nach und las aus den revidierten Daten die Existenz von zwei Planeten; einer von ihnen mit 0,7 Jupitermassen sollte den Stern innerhalb von 12 Jahren umrunden und dabei etwa 3 AE von ihm entfernt sein, während der zweite mit 1,2 Jupitermassen in einer Entfernung von 5 AE etwa 26 Jahre benötigen sollte. Da die Messwerte größtenteils nur knapp über der erreichbaren Messgenauigkeit lagen, blieben viele Kollegen allerdings eher skeptisch.

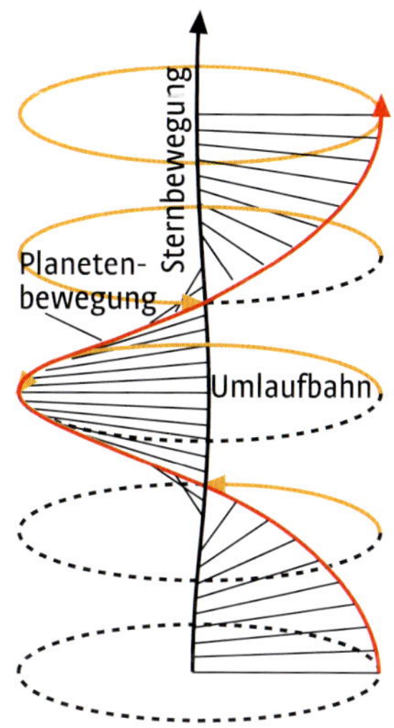

Eine astrometrische Suche nach Exoplaneten ist wegen der Kleinheit der Abweichung der Sternbewegung von einer geradlinigen Bahn nahezu zwangsweise zum Scheitern verurteilt; die Bewegung des Planeten bleibt wegen seiner im Vergleich zum Zentralstern extrem geringen Helligkeit dagegen nicht nachweisbar.

Der Durchbruch

1995 überraschten die beiden Schweizer Astronomen Michel Mayor und Didier Queloz von der Universität Genf die Fachwelt mit der Meldung, bei einem rund 50 Lichtjahre entfernten Stern im Sternbild

EINE EXOPLANETEN-STATISTIK

Die kürzeste bislang gemessene Umlaufzeit eines Exoplaneten beträgt 1,2 Tage, die längste 2906 Tage oder fast acht Jahre, die kleinste Bahnhalbachse wurde zu 0,0225 AE oder 3,37 Millionen km ermittelt, die größte zu 4,8 AE, und während einige Exoplaneten ihren Zentralstern auf Kreisbahnen umrunden, liegt die maximale Bahnexzentrizität bislang bei 0,927: Der Begleiter des Sterns HD 80606 im Sternbild Großer Wagen umrundet seinen Stern alle 16 Wochen in einem Abstand zwischen 4,8 Millionen und 126,5 Millionen km.

Pegasus (von den Astronomen kurz als 51 Peg bezeichnet) Hinweise auf die Existenz eines Planeten von mindestens etwa halber Jupitermasse gefunden zu haben; er umkreise seinen sonnenähnlichen Zentralstern alle 4,23 Tage in einer Entfernung von lediglich 7,6 Millionen km oder 1/20 AE.

Zwar hatten auch sie diesen Planeten nicht direkt gesehen, sondern nur seinen Einfluss auf den Zentralstern beobachtet, aber offenbar mit einer anderen Methode als Pieter van de Kamp. Ein astrometrischer Nachweis nämlich hätte bei diesem System keine Chance gehabt: Ein Planet, der nur knapp die Hälfte der Jupitermasse besitzt und noch dazu bloß 1/20 AE von diesem Stern mit einer Masse ähnlich wie unsere Sonne entfernt ist, zieht den gemeinsamen Schwerpunkt gerade einmal um 1/44000 AE oder 3375 km aus dem Zentrum des Sterns heraus, zwingt den Stern also zu einer Verschiebung um maximal 6750 km, was über eine Distanz von rund 50 Lichtjahren als Verschiebung von lediglich 1/336 000 Bogensekunden erscheint!

Trotzdem konnten Mayor und Queloz die erzwungene Bewegung des Sterns erkennen. Immerhin erreicht er auf seiner „Pendelbahn" mit einem Radius von 3375 km, die er alle 4,23 Tage durchläuft, eine Geschwindigkeit von knapp 60 Meter pro Sekunde. Das ist zwar nur 1/5000 der Lichtgeschwindigkeit, aber es genügt, um mit Hilfe eines hochempfindlichen Spektroskops nachgewiesen werden zu können. Wenn sich der Zentralstern mit dieser Geschwindigkeit auf den Beobachter zu bewegt, so erscheinen die Wellenlängen seines

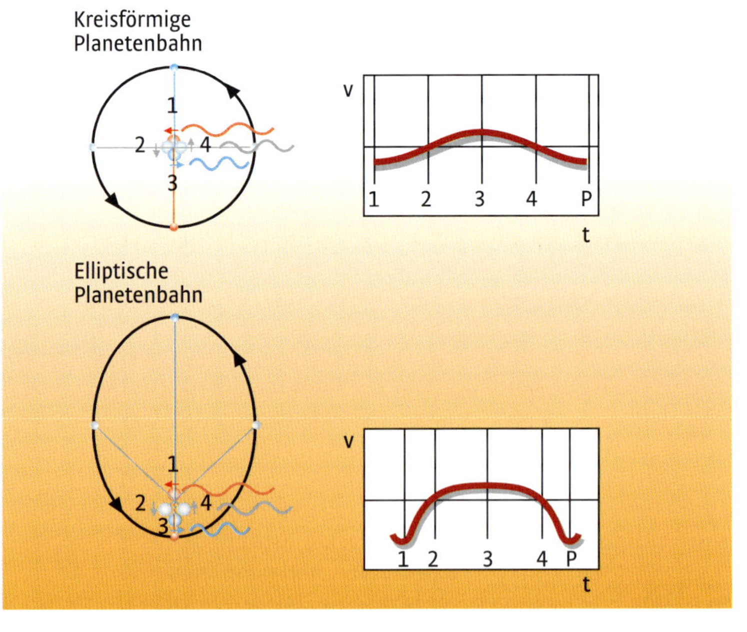

Die spektroskopische Suche nach Exoplaneten führte 1995 zum Erfolg: Die Umlaufbewegung eines Planeten zwingt „seinen" Stern zu einer mehr oder minder großen Ausgleichbewegung, die in Position 1 vom Betrachter wegführt und sich entsprechend durch eine Dehnung der Wellenlängen (Rotverschiebung der Spektrallinien) verrät, in Position 3 dagegen auf ihn zuführt und damit eine Stauchung der Wellenlängen (Blauverschiebung im Spektrum) auslöst; während der seitwärts gerichteten Bewegungen bei 2 und 4 wird keine Verschiebung gemessen. Die Form der Messkurve verrät schließlich etwas über die Exzentrizität der Bahn.

Lichtes relativ zu denen eines ruhenden, stationären Sterns um 1/5000 verkürzt. Dahinter steckt der so genannte Doppler-Effekt, dem man in der Welt des Schalls nahezu täglich begegnet. Wenn sich nämlich ein Feuerwehrauto oder ein Krankenwagen mit hoher Geschwindigkeit nähert, dann klingt sein Alarmsignal etwas höher als dann, wenn das Auto vorbeigefahren ist und sich wieder entfernt. Der österreichische Physiker Christian Doppler (1803 – 1853) erklärte diese Veränderung der Tonhöhe mit der Stauchung oder Dehnung der Schallwellen, und Entsprechendes gilt auch für die Wellen des Lichtes.

Der Vorteil dieser Methode liegt auf der Hand. Während bei der astrometrischen Messung der veränderlichen Sternpositionen die Entfernung des Sterns eine wichtige Rolle spielt (die Verschiebung erscheint umso geringer, je weiter der Stern von uns entfernt ist), ist sie für die spektroskopische Bestimmung der Sterngeschwindigkeit von untergeordneter Bedeutung: So lange der Stern hell genug ist, dass man sein Licht mit einer geeigneten Vorrichtung (einem Spektrografen) in seine Wellenlängen zerlegen und dann noch etwas erkennen kann, lässt sich eine genügend schnelle Bewegung des Sterns nachweisen. Dessen ungeachtet ist der messtechnische Aufwand für solche Beobachtungen gewaltig.

Eine wahre Planetenflut

Anfangs sorgten die Angaben der beiden Schweizer Astronomen zu dem von ihnen gefundenen Objekt für eine gewisse „Unruhe" unter den Planetenforschern: Ein Sternbegleiter mit etwa 0,5 Jupitermassen konnte kein erdähnlicher Planet, sondern musste eigentlich ein Gasriese ähnlich Jupiter sein. Der aber wiederum konnte kaum so nahe an seinem Zentralstern entstanden sein, weil es dort für ein solches Objekt eigentlich viel zu heiß ist: Die „Umgebungstemperatur" dort sollte bei etwa 1100 Grad Celsius liegen, und das hätte die Bildung und Zusammenlagerung von gas- und eishaltigen Vorstadien der Planetenentstehung kaum zugelassen. Aber schon bald zeigte sich, dass es noch mehr solcher „heißer Jupiter" um andere Sterne gab – der Planet von 51 Peg konnte also kein Exot sein.

Bis zum Frühjahr 2004 war die Zahl der bekannten Planeten auf fast 125 angewachsen. Allein 14 von ihnen umkreisen ihre Sterne in noch geringerem Abstand als der zuerst bemerkte Planet, darunter auch einer mit einer Mindestmasse von fast vier Jupitermassen; weitere 26 – insgesamt also fast ein Drittel der bislang gefundenen Objekte – bewegen sich noch innerhalb der Merkurbahn, einschließlich zweier Planeten mit mehr als zehnfacher Jupitermasse!

Mindestens ebenso überrascht waren die Forscher über die Bahnform nicht weniger dieser Objekte: Dagegen wirkt die schon

WIE GENAU KANN MAN DIE MASSE BESTIMMEN?

Der Zusatz „mindestens" bei der Massenangabe ergibt sich aus der Unsicherheit über die Orientierung der Bahn im Raum: Schauen wir genau seitlich auf die Kante der Bahn, dann können die Astronomen die volle Bahngeschwindigkeit des Sterns messen, und die Masse entspricht dem Mindestwert; blicken wir dagegen schräg von oben oder unten auf die Bahn, so sehen die Astronomen nur den direkt in Richtung Erde weisenden Teil der Bewegung, während der Anteil senkrecht zur Blickrichtung von der Messung nicht erfasst wird. Dann aber ist die Umlaufgeschwindigkeit (und mit ihr die notwendige Masse des Begleiters) größer, und zwar abhängig von der Bahnneigung. Wenn man genau von oben oder unten auf die Bahnebene blickt, bleibt die Bewegung des Sterns bei dieser Messmethode sogar völlig verborgen.

Künstlerische Darstellung eines extrasolaren Planeten mit Mond.

recht elliptische Bahn von Merkur fast noch kreisförmig. Den Rekord hält der Begleiter eines Sterns (HD 80606) im Großen Wagen, der seinen Zentralstern alle 111 Tage auf einer lang gestreckten Ellipse zwischen knapp 5 Millionen und fast 127 Millionen km umrundet.

Sind am Ende wir die Exoten?

Gegenüber all den massereichen Planeten in auffallend engen oder ungewöhnlich elliptischen Bahnen um ihren Zentralstern erschien unser Sonnensystem zunehmend als exotische Ausnahme. Doch bislang können sich die Astronomen immer noch auf messtechnisch bedingte Auswahleffekte „zurückziehen". Dass mit der beschriebenen Methode zuerst massereiche, sternnahe Planeten gefunden wurden, hängt einfach mit den himmelsmechanischen Gegebenheiten zusammen: Solche Planeten zwingen ihre Sterne nicht nur zu deutlicheren Ausgleichbewegungen, sondern bedingen auch kürzere Perioden, so dass die Verschiebungen schneller sichtbar werden. Würde der Begleiter von 51 Peg in Jupiterentfernung um seinen Stern kreisen, so fiele die Verschiebung der Spektrallinien nicht nur etwa 10-mal geringer aus, sondern wäre auch erst nach zwölf Jahren zweifelsfrei zu belegen. Und hätte er nur die Masse der Erde, so würde er seinen Stern selbst in der jetzigen Entfernung lediglich zu einer Geschwindigkeit von etwa 40 cm/s bringen (die Erde treibt die Sonne gerade einmal zu einer Geschwindigkeit von 10 cm/s) – das liegt weit unterhalb der Messbarkeit!

Von den über hundert Sternen, bei denen bis zum Frühjahr 2004 Exoplaneten gefunden wurden, besitzen 13 mindestens zwei, einige auch drei Begleiter. Barnards Pfeilstern, bei dem Peter van de Kamp zwei Planeten gefunden haben wollte, gehört bislang noch nicht dazu; dabei sollten Planeten der Art, wie van de Kamp sie beschrieben hat, wegen der deutlich kleineren Masse ihres Zentralsterns diesen zu einer Geschwindigkeit von bis zu 80 m/s bringen – allerdings über einen Zeitraum von zwölf beziehungsweise 24 Jahren. Denkbar wäre natürlich auch, dass wir bei diesem System ausgerechnet ziemlich von oben auf die Bahnebene der Planeten blicken und eine Dopplerverschiebung daher nicht auftritt oder nur sehr gering ausfällt.

Bei zwei dieser Mehrfachsysteme lassen die Daten eine Resonanz der Umlaufperioden erkennen, wie sie ähnlich zwischen Uranus und Neptun besteht: Im einen Fall (beim Stern HD 82943 im Sternbild Schiffskiel) umrundet der innere der beiden Planeten den Stern alle 221,6 Tage in einer mittleren Entfernung von 0,73 AE (etwa Venusentfernung), während der äußere in 1,16 AE Abstand 444,6 Tage braucht; die relative Differenz der Umlaufzeiten ist in diesem System sogar noch kleiner als bei Uranus und Neptun und die Reso-

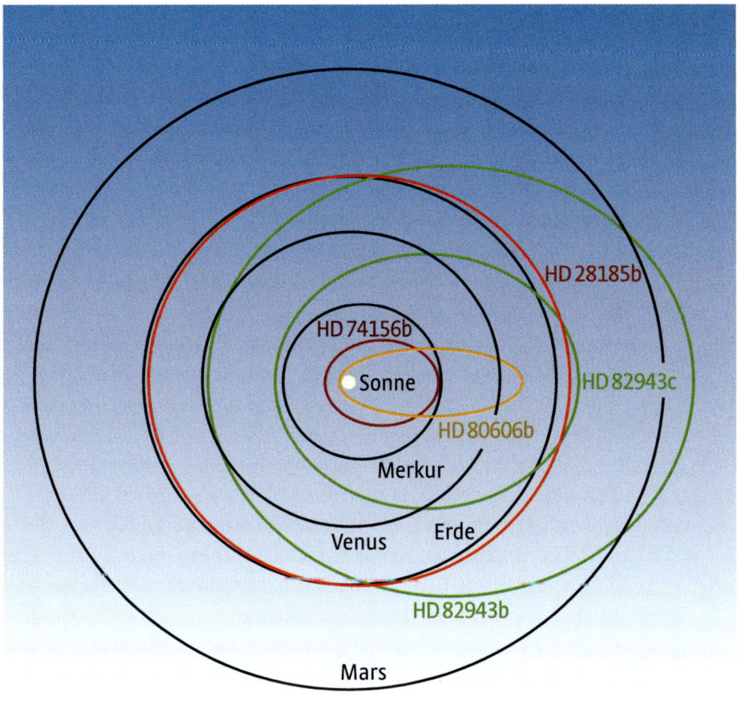

Die Bahnen einiger Exoplaneten im Vergleich mit den Bahnen der erdähnlichen Planeten.

nanz ähnlich gut wie die 3:2-Resonanz zwischen Neptun und Pluto. Im anderen Fall (beim Stern Gliese 876 im Sternbild Wassermann) braucht der innere Planet in 0,13 AE Abstand 30,1 Tage für einen Umlauf, der äußere in 0,21 AE (etwa halbe Entfernung Sonne–Merkur) 61,02 Tage – auch diese Resonanz ist noch etwas stärker als die von Uranus und Neptun.

Neue Messmethoden

Von mindestens einem der auf diese Weise gefundenen Planeten konnte mittlerweile auch der Schatten beobachtet werden, den er im Licht seines Zentralsterns wirft. Der Nachweis gelang im September 1999 bei dem rund 150 Lichtjahre entfernten Stern HD 209458 im Pegasus, bei dem eine vorübergehende Helligkeitsabnahme um 1,5 Prozent beobachtet wurde, die zeitlich genau zu den Umlaufdaten des bereits vorher nachgewiesenen Planeten passte; ein Jahr später meldete eine Gruppe finnischer Amateurastronomen, dass auch ihnen die Beobachtung eines solchen Transits geglückt sei.

Aus den Daten ließen sich nicht nur die Größe des Planeten, sondern auch die Neigung seiner Bahn und daraus – in Verbindung

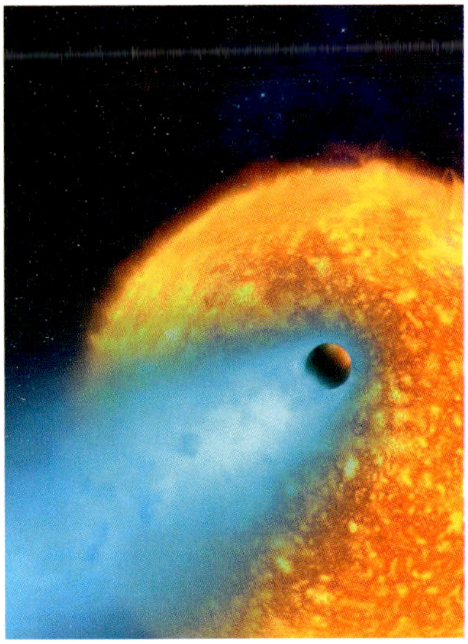

Bei einem der sternnahen, jupiterähnlichen Exoplaneten wird ein allmähliches Abströmen der Atmosphäre beobachtet.

mit den spektroskopischen Daten – seine Masse sehr genau bestimmen. Der Planet, der seinen Zentralstern alle 3 Tage, 12 Stunden und 35,6 Minuten in einem Abstand von 6,75 Millionen km umrundet, erscheint mit einem Durchmesser von rund 205 000 km etwa 40 Prozent größer als Jupiter, enthält aber nur etwa 70 Prozent der Jupitermasse. Daraus errechnet sich die mittlere Dichte zu nur 0,3 g/cm³, was nicht einmal der Hälfte der mittleren Saturndichte entspricht. Hier macht sich vermutlich die extreme Nähe des Sterns bemerkbar, der den Planeten stark aufheizt und entsprechend aufbläht.

Tatsächlich haben die Astronomen bei diesem Objekt mittlerweile eine „verdampfende“ Atmosphäre nachweisen können, die den Planeten um einiges größer erscheinen lassen dürfte und ihm insgesamt das Aussehen eines riesigen Kometen samt Schweif verleiht; selbst einzelne Bestandteile dieser abströmenden Atmosphäre konnten identifiziert werden, darunter Natrium, Sauerstoff, Kohlenstoff und Silizium. Es scheint also nur noch eine Frage der Zeit, bis dieser Planet durch die Gluthitze seines Zentralsterns „weggebrannt“ worden sein wird. Hochrechnungen deuten darauf hin, dass die „Lebenserwartung“ eines heißen Jupiter in dieser geringen Entfernung etwa in der Größenordnung der Lebenserwartung des Zentralsterns liegt.

Unterdessen gibt es Hinweise darauf, dass der bereits erwähnte, von (mindestens) zwei Planeten umrundete Stern HD 82943 im Sternbild Schiffskiel einen dritten, ursprünglich vorhandenen Planeten „verschlungen“ hat: Im Spektrum des Sterns fanden die Astronomen einen geringen Anteil an Lithium-6-Atomen, die normalerweise in ausgewachsenen Sternen nicht vorkommen, da sie in der Frühphase des Sternlebens zerstört und im weiteren Verlauf nicht nachproduziert werden. Wenn also der Stern HD 82943 einen auffallend großen Anteil an Lithium-6-Atomen enthält, müssen diese in einer späteren Entwicklungsphase von außen eingebracht worden sein. Der Absturz eines Gasriesen von etwa zweifacher Jupitermasse würde ausreichen, um den Lithium-Überschuss zu erklären.

Inzwischen „funktioniert“ die Entdeckung von Exoplaneten auch in umgekehrter Richtung: Man beobachtet zunächst regelmäßige Verfinsterungen eines Sterns und sucht dann gezielt nach einer spektroskopischen Bestätigung. Entsprechende Beobachtungen stammen von einer als **O**ptical **G**ravitational **L**ensing **E**xperiment (kurz *OGLE*) bezeichneten Langzeit-Beobachtung des Himmels, die eigentlich einem ganz anderen Ziel dient – sie sind also gleichsam nebenbei abgefallen; dazu werden die Helligkeiten einer großen Zahl von Sternen jeweils gleichzeitig überwacht und die Daten von einem Hochleistungsrechner ausgewertet. Registriert der Computer bei einem Stern im Gesichtsfeld entsprechende Helligkeitsschwankun-

OGLE

Mit *OGLE*, dem Optical Gravitational Lensing Experiment, suchten Astronomen ursprünglich nach Objekten, die als Kandidaten für die so genannte Dunkle Materie innerhalb der Milchstraße in Frage kommen könnten. Dabei ging man davon aus, dass diese Materieansammlungen, die sich nur durch ihre Schwerkraftwirkung verraten sollten, das Licht weiter entfernter Sterne, die in der gleichen Blickrichtung liegen, in charakteristischer Weise bündeln und so eine vorübergehende Aufhellung bewirken.

gen, kann dann bei diesem Stern gezielt nach spektroskopischen Hinweisen gesucht werden. Bis Ende April 2004 waren die Astronomen zweimal erfolgreich, und in beiden Fällen konnten sie die „Spuren" eines jeweils extrem nahe um seinen Stern kreisenden Planeten von etwa 1,4 Jupitermassen nachweisen; ein dritter Verdachtsfall erwies sich dagegen als enger Dreifachstern.

Die Suche geht weiter

Die europäische Satellitenmission *COROT* soll ab 2006 auch nach Exoplaneten suchen.

Natürlich zielen alle Bemühungen bei der Suche nach Planeten außerhalb des Sonnensystems unter anderem darauf, eines – hoffentlich nicht allzu fernen – Tages auch erdähnliche Objekte zu finden. Dazu reicht die Genauigkeit der erdgebundenen Messungen allerdings nicht aus, und so wird man schon bald die Vorteile einer Beobachtung oberhalb der störenden Erdatmosphäre auch für diese Zwecke zu nutzen versuchen; dabei soll die mittlerweile erfolgreich erprobte Transit-Methode zum Einsatz kommen.

Voraussichtlich Anfang 2006 wird die europäische Satellitenmission *COROT* ihre Arbeit aufnehmen; das Kürzel steht für **Co**nvection **Ro**tation and Planetary **T**ransits, also die Messung von Konvektionsströmungen an den Oberflächen, Rotationsgeschwindigkeiten und Planetentransits bei fernen Sternen. Der unter französischer Leitung gebaute Satellit soll etwa zweieinhalb Jahre hindurch die Erde auf einer polaren Bahn in knapp 900 Kilometern Höhe umrunden und dabei sein Teleskop von 30 cm Öffnung über einen Zeitraum von jeweils fünf Monaten auf verschiedene Himmelsregionen richten; dabei wird er jedes Mal rund 12000 Sterne ins Visier nehmen und nach verräterischen Helligkeitsschwankungen suchen. An diesem Projekt sind auch deutsche Forscher beteiligt.

Die amerikanische Weltraumbehörde NASA plant ebenfalls eine Planetensuchaktion aus der Umlaufbahn. Wenn alles im Zeitplan bleibt, soll der Satellit *Kepler* mit einem 1-Meter-Teleskop im Herbst 2007 starten und anschließend vier Jahre lang mehr als 100 000 Sterne in der Milchstraße überwachen. Seine Messgenauigkeit wird ausreichen, um Planeten von der Größe der Erde vor Sternen mit Helligkeiten zwischen der 9. und 14. Größenklasse nachzuweisen – die Erde wäre damit noch aus einer Entfernung von 2500 Lichtjahren aufzuspüren.

Im Zeitraum nach 2008 schließlich wollen die Europäer ein noch ehrgeizigeres Projekt starten: Die nach dem englischen Astronomen Sir Arthur Stanley Eddington (1882 – 1944) benannte Sonde, über deren endgültige Nutzlast noch nicht entschieden ist, soll vor allem eine möglichst genaue Analyse der chemischen Zusammensetzung vieler Sterne vornehmen und damit erstmals eine präzise Altersbestimmung ermöglichen; aber auch hier wird die Instrumentie-

So soll das *James Webb Space Telescope* aussehen, das ab etwa 2010 das *Hubble*-Weltraumteleskop ersetzen soll.

rung eine Suche nach Planeten erlauben. Für diese Sonde hat sich die ESA schon jetzt einen besonderen Standort ausgesucht, der noch jenseits der Mondbahn liegt und damit weit genug von der störenden Erde entfernt ist: den so genannten zweiten Lagrangepunkt, in dem die Schwerkrafteinflüsse von Erde, Mond und Sonne sich weitgehend ausgleichen, so dass der Satellit am Himmel nahezu ortsfest erscheint.

Dort soll auch das *James Webb Space Telescope* stationiert werden, der Nachfolger des *Hubble*-Weltraumteleskops, mit dem möglicherweise der erste direkte Nachweis eines Exoplaneten im Infraroten gelingen könnte: Während sternnahe Planeten im sichtbaren Licht milliardenfach dunkler erscheinen als ihr Zentralstern, wird der Unterschied im Bereich der Wärmestrahlung deutlich kleiner.

Daneben gibt es schließlich auch noch die Möglichkeit, durch eine geschickte Zusammenschaltung von Teleskopen nicht nur ein extremes Auflösungsvermögen zu erzielen, sondern auch noch das Licht des Sterns gleichsam auszulöschen, so dass nur der Planet in seiner Nähe abgebildet wird. Diese Methode der Nulling-Interferometrie wurde an gewöhnlichen Sternen bereits erfolgreich getestet und dürfte eines Tages so weit verbessert worden sein, dass sie zum optischen Nachweis von Exoplaneten genutzt werden kann.

DIE ENTSTEHUNG UNSERES SONNENSYSTEMS

Auf den ersten Blick mag es überraschen, dass dieses Kapitel erst am Schluss des Buches zu finden ist, denn schließlich stand die Entstehung des Sonnensystems am Anfang der Geschichte. Aber vieles von dem, was die Theoretiker in den letzten Jahren an neuen Ideen und Details in ihre kosmogonischen Modelle über den Ursprung von Erde, Sonne und Planeten eingearbeitet haben, ist nicht zuletzt erst durch die Entdeckung der Exoplaneten angeregt worden.

Immanuel Kant (1724–1804)

Frühe Ideen

Die Frage nach dem Woher unserer Welt hat die Menschen sicher schon seit langer Zeit beschäftigt. Lässt man die Schöpfungsmythen der großen Weltreligionen außer Acht (die ohnehin immer die Erschaffung der Welt als Ganzem zum Inhalt haben), so findet man erste sachliche Denkansätze zur Entstehung des Sonnensystems bei Immanuel Kant (1724 – 1804). Er äußerte 1755 die Idee, die Sonne und ihre Planeten seien durch gravitationsbedingte Kontraktion aus einem großen Gasnebel entstanden. Dieser Nebularhypothese setzte

Pierre Simon de Laplace (1749 – 1827) rund 40 Jahre später seine Rotationshypothese entgegen, nach der die Planeten sich aus Materieringen bildeten, die von der allmählich schrumpfenden und dadurch immer schneller rotierenden Sonne abgestoßen wurden.

Da beide Szenarien in der Detailbetrachtung jedoch an zunächst unüberwindbar erscheinenden physikalischen Hürden stockten, griffen einige Astronomen zu Beginn des 20. Jahrhunderts auf eine Art Katastrophentheorie zurück, die die Entstehung der Planeten auf die enge Begegnung der Sonne mit einem anderen Stern zurückführte; dabei wäre durch gegenseitige Gezeitenkräfte Materie aus dem jeweils anderen Stern herausgerissen worden, die sich anschließend zu den Planeten hätte verdichten können. Während die beiden ersten Überlegungen die Bildung von Planeten als eine ziemlich alltägliche Begleiterscheinung der Sternentstehung ansahen, schien die Katastrophentheorie von James Hopwood Jeans (1877 – 1946) die Existenz weiterer Planetensysteme nahezu auszuschließen; die dazu notwendigen, hinreichend engen Begegnung zwischen zwei Sternen der Milchstraße wären einfach viel zu selten.

Die Fakten

Mittlerweile ist das Pendel weit zurückgeschwungen, und Planeten gelten wieder als nahezu unausweichliches Nebenprodukt bei der Entstehung neuer Sterne. Dazu haben zahlreiche neue Beobachtungen ebenso wie verbesserte Modelle beigetragen. Diese Modelle sollten folgende Eigenschaften des Sonnensystems erklären können:

1. Die Planeten umrunden die Sonne auf nahezu kreisförmigen Bahnen, deren Ebenen nur wenig zueinander geneigt sind; auch die Rotationsachse der Sonne ist so orientiert, dass die Äquatorebene etwa mit der Ebene der Planetenbewegung zusammenfällt.
2. (Fast) alle Planeten und die Sonne drehen sich im gleichen Rotationssinn.
3. Die Planeten enthalten den Löwenanteil des Gesamtdrehimpulses, die Sonne dagegen den Löwenanteil der Gesamtmasse.
4. Die mittleren Abstände der Planeten zur Sonne lassen sich (bis auf eine Ausnahme) durch eine einfache mathematische Regel (die Titius-Bodesche Reihe, s. Kasten S. 210) beschreiben.
5. Die Zusammensetzung der Planeten variiert mit dem Sonnenabstand; ihre mittlere Dichte nimmt nach außen ab.

Hinzu kommt ein vergleichsweise enger zeitlicher Rahmen, der sich aus radiometrischen Altersbestimmungen an Meteoriten ergibt und ziemlich klare Vorgaben für die Dauer einzelner Entwicklungsschritte macht. Darüber hinaus muss das ganze Szenario zeitlich und inhaltlich zu dem Drehbuch passen, das die Astronomen über die Entstehung von sonnenähnlichen Sternen skizzieren.

DIE TITIUS-BODESCHE REIHE

Der in Wittenberg lehrende Mathematiker Johann Daniel Titius (1729–1796) veröffentlichte 1772 als Fußnote in seiner Übersetzung der 2. Auflage des Buches „Betrachtungen über die Natur“ von Charles Bonnet eine Zahlenreihe, die die scheinbare Harmonie der Planetenabstände von der Sonne deutlich machen sollte: *Teilt man die Strecke zwischen der Sonne und Saturn, dem fernsten [damals bekannten] Planeten, in 100 Teile* [nach moderner Schreibweise entsprechen 10 dieser „Teile“ etwa 1 AE], *so ist Merkur* $4+\underline{0}\cdot 3$ *dieser Teile von der Sonne entfernt, die Venus* $4+\underline{1}\cdot 3=7$ *Teile, die Erde* $4+\underline{2}\cdot 3=10$ *Teile, der Mars* $4+\underline{4}\cdot 3=16$ *Teile, Jupiter* $4+\underline{16}\cdot 3=52$ *Teile und Saturn* $4+\underline{32}\cdot 3=100$ *Teile; lediglich bei* $4+\underline{8}\cdot 3=28$ *Teilen fehlt ein Planet …*
Der spätere Direktor der Berliner Sternwarte, Johann Elert Bode (1747–1826) übernahm diese Reihe für die 2. Auflage seiner „Anleitung zur Kenntnis des gestirnten Himmels“, die ebenfalls 1772 in Hamburg erschien; seither ist sie als Titius-Bodesche Reihe bekannt.
Als neun Jahre später der Planet Uranus entdeckt wurde, passte sein Sonnenabstand hervorragend in diese Reihe, ist er doch im Mittel $4+\underline{64}\cdot 3=196$ Teile oder 19,6 AE von der Sonne entfernt, und der erste Kleinplanet füllte 20 Jahre später sogar die auffällige „Lücke“ zwischen Mars- und Jupiterbahn, denn Ceres ist im Mittel rund $4+\underline{8}\cdot 3=28$ Teile oder 2,8 AE von der Sonne entfernt. Ganz genau stimmen die TB-Werte zwar nicht mit den großen Bahnhalbachsen überein, aber doch so gut, dass es nicht bloß Zufall sein kann.

Die Geburt der Sonne

In diesem Drehbuch beginnt die Sternentstehung damit, dass eine kalte interstellare Gas- und Staubwolke – von den Astronomen als Molekülwolke bezeichnet – irgendwo in der Milchstraße damit beginnt, sich zusammenzuziehen. Diese Kontraktion wird allerdings nur einsetzen, wenn die Eigengravitation der Wolke stärker als der innere Gasdruck ist, wenn also bei einer vorgegebenen Temperatur des Gases die Masse der Wolke eine bestimmte Mindestgrenze übersteigt. Die typische mittlere Dichte einer solchen Wolke mit einer Temperatur von vielleicht 10 K (also 10 Grad über dem absoluten Nullpunkt bei –273,16° Celsius) beträgt etwa 10^{-21} g/cm^3, was rund 1000 Wasserstoffatomen pro cm^3 entspricht; dabei kann die Dichte im Zentralbereich durchaus noch 100fach höher liegen – auch in der Sonne steigen Druck und Dichte nach innen an. (Zum Vergleich: Die Erdatmosphäre hat eine mittlere Dichte von 0,001 g/cm^3, das entspricht rund 10^{21} Wasserstoffatomen pro cm^3.)

Eine solche Wolke vereint in einem Kugelbereich von einem Lichtjahr Durchmesser etwa ein Viertel der heutigen Sonnenmasse. Das reicht nicht, um die Kontraktion in Gang zu setzen, denn dazu müsste die Dichte etwa zehnmal höher sein. In der Regel ist also ein Anschub von außen erforderlich, der die Dichte einer existierenden Gaswolke erhöht. Das kann der Druck sein, den eine sich ausdehnende Region heißen Gases um einen neu entstandenen Stern auf die Wolke ausübt oder eine Dichtewelle, die durch die Milchstraße wandert und die Spiralstruktur immer wieder neu entstehen lässt, das kann aber auch die Stoßwelle einer nahen Supernova sein oder die Wirkung von interstellaren Magnetfeldern sein.

Wenn – durch welchen Prozess auch immer – der Gravitationskollaps erst einmal in Gang gekommen ist, läuft die restliche Entwicklung vergleichsweise rasch ab, das heißt, innerhalb von einigen Hunderttausend bis Millionen Jahren. Solange die Dichte der kollabierenden Wolke klein genug bleibt, kann die durch den Kollaps freigesetzte Energie ungehindert abstrahlen; irgendwann aber werden Gas und Staub im Zentralbereich so stark verdichtet sein, dass diese Region „undurchsichtig" wird, und dann muss sich dieser Bereich aufheizen – ein Protostern ist entstanden. Wird dabei eine Temperatur von etwa 1800 Kelvin (rund 1530 °C) erreicht, beginnen die Wasserstoffmoleküle auseinander zu brechen, und der weitere Temperaturanstieg verzögert sich noch einmal, bis der Wasserstoff nur noch in atomarer Form vorkommt. Danach stabilisiert sich der Kernbereich, und der weitere Kollaps erstreckt sich im Wesentlichen auf die äußeren Teile der ursprünglichen Gas- und Staubwolke; der Protostern hat jetzt nur noch ein Mehrfaches seines endgültigen Durchmessers und eine Oberflächentemperatur von etwa 4000 Kelvin, so dass er bereits eine große Menge an Strahlung freisetzt. Da er aber als Protostern noch keine innere Energiequelle anzapfen kann (dazu reichen Druck und Temperatur im Zentrum noch nicht aus), muss er seine Strahlungsverluste anders decken: Er beginnt zu schrumpfen.

Die Entstehung eines Sterns aus einer interstellaren Gas- und Staubwolke.

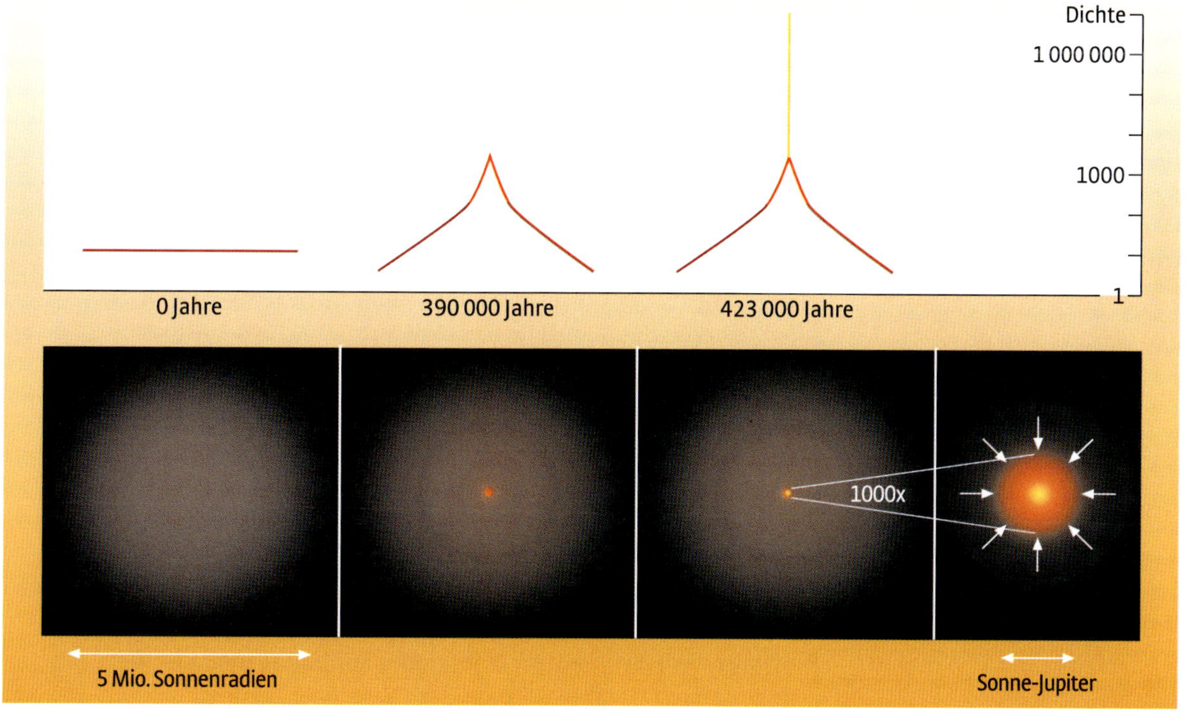

Spätestens an dieser Stelle sind anscheinend die interstellaren Magnetfelder noch einmal gefordert. Zufällige Bewegungen innerhalb des interstellaren Gases haben der kollabierenden Wolke eine Rotationsbewegung aufgeprägt, die im Zuge der Schrumpfung immer schneller geworden ist.

Wenn jetzt nichts passiert, läuft die zentrale Verdichtung Gefahr, von ihren eigenen Fliehkräften auseinander gerissen zu werden, was dann unweigerlich zur Entstehung eines Doppel- oder Mehrfachsterns führt. Um das zu verhindern, muss ein nicht unerheblicher Teil des Drehimpulses auf die äußeren Bereiche übertragen werden, und dazu wären vor allem Magnetfelder in der Lage: Eingelagert in zunehmend heißer werdenden Gasen könnten sie wie eine magnetische Bremse wirken, die die Rotation des Zentralgebietes verlangsamt und den dann überschüssigen Drehimpuls auf die äußeren Gebiete überträgt. Da diese Phase der Sternentstehung tief im Innern einer undurchsichtigen Gas- und Staubwolke abläuft, haben die Astronomen allerdings kaum eine Chance der direkten Beobachtung, und so tappen sie hier im wahren Wortsinn „im Dunkeln".

Parallel dazu hat sich die umgebende Materiewolke zunehmend abgeflacht und zu einer mehr oder minder flachen Scheibe entwickelt. Dadurch erhöht sich die Konzentration der Staubteilchen und damit die Wahrscheinlichkeit der Zusammenlagerung – eine wichtige Voraussetzung für die Entstehung von Planeten. Nahe zum Protostern hin ist die Temperatur mittlerweile so hoch, dass dort nur Metall- und Gesteinspartikel „überleben" können, weiter draußen dagegen – jenseits der „Frostgrenze" – enthalten die Teilchen auch Eis, also gefrorene Gase. Auf diese Weise erklärt sich der spätere Unterschied zwischen den sonnennahen (erdähnlichen) Gesteinsplaneten mit ihren metallhaltigen Kernen und den weiter entfernten (jupiterähnlichen) Gasriesen zwanglos als Folge der Temperaturunterschiede innerhalb der protoplanetaren Scheibe.

Bei zahlreichen Objekten dieser Art beobachten die Astronomen immer wieder ungeregelmäßige Helligkeitsausbrüche, die mit Materie-Auswürfen entlang der Rotationsachse des Sterns, also nach „oben" und „unten", einher gehen; senkrecht dazu, in der Äquatorebene, stoßen sie in vielen Fällen auf eine solche ausgedehnte Gas- und Staubscheibe, aus der – womöglich als Auslöser der Helligkeitsschwankungen – immer wieder Material in den Stern hineinstürzt. Vermutlich gerät dabei jedes Mal das Gleichgewicht des langsam weiter schrumpfenden Protosterns durcheinander, so dass er die Kontrolle über sich selbst verliert, gleichsam „überkocht" und dabei überschüssiges Material wieder ausspuckt; die Astronomen nennen diese „Sturm- und Drangzeit" die T-Tauri-Phase, die bei einem sonnenähnlichen Stern einige Millionen Jahre dauern kann.

Anschließend dauert es noch einmal einige Millionen Jahre, bis der immer noch schrumpfende Protostern im Innern heiß und dicht genug ist, um die Kernreaktionen, das „Wasserstoffbrennen", zu zün-

Der rund 2450 Lichtjahre entfernte Elefantenrüssel-Nebel ist eine aktive Sternentstehungsregion im Sternbild Kepheus. Das *Spitzer*-Weltraumteleskop der NASA zeigt im Bereich der Infrarotstrahlung wesentlich mehr Details als ein optisches Teleskop (kleines Bild links unten), darunter auch mehrere noch sehr junge Sterne, die von Staubwolken umgeben sind.

den; damit ist dann die Entstehungsphase des neuen Sterns beendet. Spätestens jetzt setzt auch ein zunächst recht starker „Sternwind" ein, der eventuelle Reste der umgebenden Gas- und Staubwolke nach außen davon treibt: Der Stern zerreißt gleichsam eigenhändig den Vorhang, hinter dem sich seine Geburt vollzogen hat.

Das Alter des Planetensystems

Parallel zu diesem allgemeinen Zeitplan für die Geburt eines sonnenähnlichen Sterns können die Kosmochemiker anhand ihrer Analysen meteoritischer Gesteinsproben den konkreten Zeitplan zur Entstehung der Planeten rekonstruieren. Dazu dienen ihnen bestimmte radioaktive Elemente und deren Zerfallsprodukte, die eine klare und in sich stimmige Altersbestimmung einzelner Objekte beziehungsweise Objektklassen ermöglichen. Da der Zerfall radioaktiver Elemente gleichmäßig wie ein Uhrwerk abläuft, ist in diesem Zusammenhang gerne die Rede von „radiometrischen Uhren". Sie beginnen immer dann zu ticken, wenn die Temperatur des betreffenden Materials einen bestimmten (und bestimmbaren) Wert unterschreitet und das Material erstarrt, denn ab dann werden die Zerfallsprodukte mit eingeschlossen, und die heute zu erstellende Schlussbilanz der jeweiligen Zerfallsreaktion kann nicht mehr „manipuliert" werden. Streng genommen erhält man auf diese Weise zwar nur eine Geschichte der thermischen Entwicklung, doch lässt sich diese „Sprache" durchaus in geologische Prozesse übersetzen beziehungsweise zu deren Rekonstruktion verwenden.

Danach sind die ältesten Bestandteile der Meteoriten, die so genannten CAIs (Calcium-Aluminium-Inclusionen, bis zu einige Zentimeter große Einschlüsse vornehmlich aus Kalzium und Aluminium) durchweg etwa 4566 Millionen Jahre alt; die Messungen machen darüber hinaus deutlich, dass die Altersunterschiede einzelner CAIs weniger als 1 Million Jahre betragen – diese Einschlüsse müssen also innerhalb einer vergleichsweise kurzen Zeit entstanden sein. Man vermutet, dass ihre Entstehung während der ähnlich langen ersten Kontraktionsphase des praesolaren Urnebels stattfand und gegen Ende die Bildung der Chondren, also der glasähnlichen Kügelchen in den Chondriten, einsetzte. Es gibt allerdings auch Hinweise darauf, dass CAIs und Chondren gleichzeitig entstanden sein könnten – zum Beispiel während der T-Tauri-Phase – und ihre unterschiedliche Zusammensetzung lediglich die voneinander abweichenden „Materialvorräte" an den jeweiligen Entstehungsorten widerspiegelt.

Aus diesem chondritischen Material müssen sich dann ebenfalls ziemlich rasch (innerhalb weniger Millionen Jahre) größere Brocken von bis zu 200 Kilometer Durchmesser gebildet haben, so genannte Planetesimale. Das jedenfalls schließen die Kosmochemiker aus der Tatsache, dass Chondren und CAIs in diesem Stadium erneut aufgeheizt und verändert wurden und für diese Aufheizung damals nur die vergleichsweise kurzlebigen radioaktiven Isotope Aluminium-26 und Eisen-60 zur Verfügung gestanden haben können. Da die „Heizwirkung" dieser Isotope mit fortschreitender Zeit rasch nachließ, kann der Anteil von Aluminium-26 und Eisen-60 nur bei den ersten, bereits früh „fertigen" Planetesimalen ausgereicht haben, um das Gestein teilweise wieder aufzuschmelzen und als Basaltlava an die Oberfläche aufsteigen zu lassen; so könnte auch der Asteroid Vesta seine Lavakruste bekommen haben.

In der Folge hatten zumindest die erdähnlichen Planeten (und vermutlich auch die Gesteinskerne der Gasriesen) noch einmal mehrere 10 Millionen Jahre Zeit, um aus diesen Planetesimalen und den Restbeständen kleinerer Brocken zusammenzuwachsen. Das lässt jedenfalls die heutige Häufigkeit von Wolfram-182, dem Zerfallsprodukt von Hafnium-182, in der Erdkruste vermuten: Wolfram ist ein so genanntes siderophiles (Eisen liebendes) Element, das – soweit bereits vorhanden – mit der Bildung des Eisenkerns nach innen abgetaucht ist. Wenn später noch größere Mengen an Hafnium-182 durch Anlagerung weiterer Planetesimale in die Erdkruste gelangten und zu Wolfram-182 zerfielen, muss dieses Material dort verblieben sein. Die entsprechenden Wolfram-Häufigkeiten innerhalb der Erdkruste deuten auf eine Bildung des irdischen Eisenkerns im Zeitraum zwischen 30 und 50 Millionen Jahren nach der Entstehung der CAIs hin.

Das Modell ...

Seit etlichen Jahren versuchen mehrere Forschergruppen, diese zeitlichen Vorgaben in numerische Modelle zur Entstehung der Planeten umzuwandeln, doch sind derzeit noch längst nicht alle Hürden überwunden, und die Aufgabe erweist sich als überaus schwierig. Eine der Hauptschwierigkeiten, mit denen die „Modellrechner“ zu kämpfen haben, ist der Schritt von den kleinsten Staubteilchen der ursprünglichen Materiewolke hin zu größeren Brocken, die dann zu Planeten heranwachsen können. Mit den bislang bekannten Möglichkeiten der Zusammenlagerung solcher Partikel gelingt es nicht, die Entstehung größerer Gesteinsansammlungen im vorgegebenen engen Zeitrahmen nachzuvollziehen. Wesentlich länger als einige Hunderttausend bis eine Million Jahre darf die Entstehung von Planetesimalen und – in ihrer Folge – erdähnlichen Planeten aber kaum gedauert haben, sonst hätte die Zeit danach nicht mehr ausgereicht, um anschließend auch noch die jupiterähnlichen Gasriesen heranwachsen zu lassen; bislang geht man nämlich davon aus, dass diese wesentlich massereicheren Gasplaneten erst entstehen konnten, nachdem sich ein entsprechend großer Gesteinskern gebildet hatte – spätestens nach rund 10 Millionen Jahren dürfte sich die ursprüngliche Gas- und Staubscheibe aber weitgehend aufgelöst haben.

Denkbar wäre jedoch, dass die Staubteilchen am Anfang der Entwicklung gar nicht mehr so klein waren, wie sich aus der Beobachtung interstellarer Staubwolken ableiten lässt. Zu einer solchen „Notlösung“ wären die Wissenschaftler aber erst bereit, wenn sie durch entsprechende Messungen von ihrer bisherigen Annahme abgebracht würden, etwa durch direkte Analysen ursprünglicher Staubteilchen. Hier könnte die Untersuchung von Staubteilchen aus der Umgebung des Kometen 81P/Wild 2, die im Januar 2006 an Bord der Raumsonde *Stardust* zur Erde gebracht werden sollen, vielleicht neue Erkenntnisse liefern.

In einer Simulation zur Entstehung der Planeten reißt ein Objekt mit Jupitermasse eine breite Lücke in die zirkumstellare Gas- und Staubwolke (oben), während ein Planet mit nur 3,3-facher Erdmasse die Wolke lediglich ausdünnt (unten).

Es gibt aber noch eine zweite „Modellbau-Schule“, die von einer anderen, wesentlich rascheren Entstehung der Gasriesen ausgeht. Hier sind es Instabilitäten in der Akkretionsscheibe, die innerhalb weniger Jahrhunderte bis Jahrtausende zum lokalen Kollaps und damit zur Entstehung von Planeten führen können. Allerdings scheinen solche Instabilitäten vorwiegend in größerer Entfernung zum Zentralstern aufzutreten, wo das Material weniger stark aufgeheizt wird – die sonnennahen, erdähnlichen Planeten müssten dann immer noch nach dem zuvor beschriebenen Modell entstanden sein.

Eine derart rasche Entstehung der Gasriesen scheint auch für die Erklärung der extrem sternnahen Bahnen jupiterähnlicher Exoplaneten unverzichtbar. Die einhellige Meinung der Planetenforscher besagt nämlich, dass diese Objekte zunächst weiter draußen, jenseits der „Frostgrenze", aus der Akkretionsscheibe entstanden und dann durch Abbremsung innerhalb der verbliebenen Materiescheibe nach innen gedriftet sein müssen. Wie entsprechende Modellrechnungen zeigen, scheint dabei das Verhältnis von Materie innerhalb und außerhalb der immer weiter schrumpfenden Planetenbahn für das Schicksal des jeweiligen Sternbegleiters verantwortlich gewesen zu sein: Da die Abbremsung des Planeten vor allem durch den außerhalb seiner Bahn befindlichen Anteil der protoplanetaren Scheibe bestimmt wird, kann die Todesspirale des Planeten nur gestoppt werden, wenn dieser äußere Teil der Gas- und Staubwolke rechtzeitig „verschwindet". Daraus ergäbe sich dann ein „Wettlauf auf Leben und Tod" zwischen den extrasolaren Jupiter-Doubles und ihren Zentralsternen. Entscheidend für den Ausgang ist die Frage, wer schneller Materie aufsammeln kann: der Zentralstern, der die Reste der protoplanetaren Scheibe einschließlich der eingelagerten Planeten aufliest, oder der Gasriese, der diesem Schicksal nur entgehen kann, wenn er den außerhalb seiner schrumpfenden Bahn befindlichen Teil der Gaswolke verschluckt, bevor er selbst „gefressen" wird.

Für unser Sonnensystem, das jenseits von Jupiter noch weitere Gasriesen enthält, ergäben sich daraus mehrere Schlussfolgerungen. Nach diesem Modell hätten die weiter außen befindlichen Planeten Saturn, Uranus und Neptun einen Teil zur „Rettung" von Jupiter beigetragen, indem sie ihrerseits die jeweils weiter außen gelegenen Bereiche der protoplanetaren Scheibe aufsammelten.

Auch die Modellansätze zur Erklärung der Trans-Neptun-Objekte und der Oortschen Wolke „profitieren" von einer solchen Drift der äußeren Planeten, ja – setzen sie eigentlich sogar voraus, denn weder die Kometen der Oortschen Wolke noch die meisten Trans-Neptun-Objekte können in ihren heutigen „Lebensräumen" entstanden sein: Allein die beachtliche Größe mancher TNOs erfordert zum Zeitpunkt der Entstehung einen umgebenden Materievorrat von immerhin rund zehn Erdmassen. Selbst wenn diese Menge jenseits der Neptunbahn damals vorhanden gewesen sein sollte (was wenig wahrscheinlich ist), müsste der größte Teil davon seither verdrängt worden, denn die heute noch dort umher ziehenden Objekte bringen es – hochgerechnet – zusammen nicht einmal auf ein Prozent der erforderlichen Anfangsmasse. Alle Versuche, einen solchen Materieverlust schlüssig zu erklären, blieben aber wenig erfolgreich.

Mit anderen Worten müssen die TNOs (und das gilt auch für die Kometen) also durch einen irgendwie gearteten Energietransfer (und damit verbunden einen Wanderungsprozess der Materieschleudern) in ihre heutigen Lebensräume gelangt sein.

Für TNOs, die sich heute noch auf vergleichsweise elliptischen Bahnen bewegen und dabei der Neptunbahn ziemlich nahe kommen (oder sie sogar kreuzen), lässt sich eine entsprechende Vergangenheit aus eben diesen elliptischen Bahnen leicht rekonstruieren: Diese von den Forschern als „heiße Komponente“ bezeichnete Gruppe der TNOs hat ihre Spuren noch nicht verwischen können. Anders sieht es bei der so genannten „kalten Komponente“ aus, bei jenen TNOs also, die sich auf nahezu kreisförmigen Bahnen weit außerhalb der Neptunbahn bewegen.

Anfang 2004 wurde ein neuer Lösungsansatz für dieses Problem vorgeschlagen. Er stützt sich auf die Beobachtung, dass es jenseits einer Entfernung von rund 46 AE offenbar keine TNOs gibt, die die Sonne auf nahezu kreisförmigen Bahnen umrunden. Einigen Forschern war aufgefallen, dass dieser Außenrand sich knapp innerhalb der 2:1-Bahnresonanz des Planeten Neptun bei etwa 48 AE befindet (in dieser Entfernung würde ein Objekt für einen Sonnenumlauf doppelt so lange brauchen wie Neptun), und vermuteten eine generelle „Auswanderung“ der TNOs in der Anfangsphase des Sonnensystems. Bei der Überprüfung dieser Hypothese durch Simulationsrechnungen fanden sie, dass Veränderungen der Neptunbahn, die ihrerseits durch Störungen seitens der ebenfalls driftenden Bahnen von Jupiter, Saturn und Uranus ausgelöst wurden, zur vorübergehenden Ausbildung so genannter säkularer Resonanzen führten. Geraten kleinere Himmelskörper auf entsprechend resonante Bahnen, so erfahren sie immer an der gleichen Stelle ihres Weges eine immer gleiche Störung und werden so entweder „gefangen“ oder aber nachhaltig auf stark veränderte Bahnen gedrängt.

Diese säkularen Resonanzen traten immer dann auf, wenn sich mehr als insgesamt etwa drei Erdmassen in der Neptun-2:1-Bahnresonanz angesammelt hatten. Dank ihres Einflusses wurde ein großer Teil dieser „gefangenen“ Körper auf stark elliptische und/oder stark geneigte Bahnen gelenkt und damit in die heiße Kompenente der TNOs überführt, doch konnten stets auch etliche Brocken auf nahezu kreisförmigen Bahnen geringer Neigung gehalten und so der „kalten“ Komponente innerhalb der TNOs zugeführt werden. Während der Radius der Jupiterbahn in ihrem Modell nur geringfügig von 5,4 auf 5,2 AE schrumpfte und die Saturnbahn von anfangs 8,7 auf heute 9,6 AE anwuchs, wurden Uranus von 13,8 auf 19,3 AE und Neptun von 18,1 auf 30,1 AE geschoben.

Da die anfängliche Drift der Planetenbahnen in erster Linie durch die Wechselwirkungen der entstehenden Planeten mit den Resten der sie umgebenden protoplanetaren Scheibe ausgelöst wurde, kam sie nach Ansicht der an dieser Untersuchung beteiligten Wissenschaftler automatisch dort zum Stillstand, wo Neptun die äußere Grenze der ursprünglichen Scheibe erreichte. Allerdings lassen sie offen, woher diese anfängliche Begrenzung auf etwa 30 AE stammt und ob eine solche Grenze überhaupt mit der Entstehung des Sonnensystems vereinbar ist – immerhin zeigen Beobachtungen an protoplanetaren Scheiben um andere Sterne keine derart klaren Ränder.

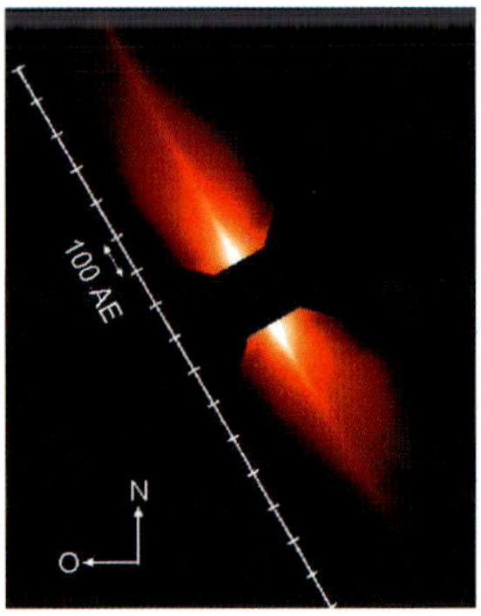

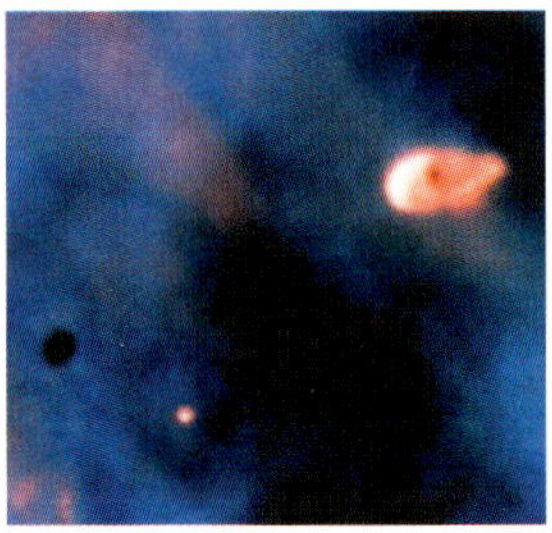

Ganz oben: Die Staubscheibe um den Stern beta Pictoris reicht noch viele hundert Astronomische Einheiten weit hinaus.

Oben: Das *Hubble*-Weltraumteleskop konnte im Bereich des Orion-Nebels zahlreiche Beispiele für protoplanetare Scheiben um noch heranwachsende Sterne beobachten.

... und die Wirklichkeit

Eine Entscheidung über die Realitätsnähe von Modellen lässt sich nur aus der Beobachtung der Wirklichkeit treffen, und so sammeln die Forscher seit langem Daten über protoplanetare Staubscheiben und deren Entwicklung.

Den Anfang machten Entdeckungen des in Europa gebauten Infrarot-Satelliten *IRAS*, die als Hinweise auf die Existenz von ausgedehnten Materiescheiben um andere Sterne gedeutet wurden. Solche warmen Gas- und Staubscheiben um junge Sterne entsprachen sehr genau dem Bild, das sich die Theoretiker von der Umgebung heranwachsender oder bereits fertiger, aber noch junger Sterne machten. In den 1990er Jahren kamen dann Aufnahmen des *Hubble*-Weltraumteleskops dazu, die zahlreiche dieser Materiescheiben um heranwachsende Protosterne im Orion-Nebel zeigten. Darüber hinaus lieferten radioastronomische Beobachtungen bei besonders kurzen Wellenlängen (im Millimeter- und Submillimeterbereich) erste detailliertere „Bilder“ solcher dem direkten Blick entzogenen Staubscheiben um einzelne Sterne in der Sonnenumgebung: Da waren deutliche Intensitätsunterschiede zu erkennen, die eine Deutung als Dichteunterschiede und damit mögliche Materiekonzentrationen um entstehende Planeten herum nahelegen.

Leider reicht das Auflösungsvermögen bestehender Teleskope im Millimeter- und Submillimeterbereich zur Zeit noch nicht aus, um wirklich quantitative Aussagen über die Größe solcher Wirbel oder kollabierender Teilwolken zu machen. Entsprechend konzentriert sich die Hoffnung der Astronomen auf eine Antennenanlage, die zur Zeit als Gemeinschaftsprojekt der Europäischen Südsternwarte ESO sowie amerikanischer und japanischer Radioobservatorien in Chile entsteht. Dort werden auf der Chajnantor-Ebene in rund 5000 Meter Höhe insgesamt 64 Antennen von jeweils 12 Meter Durchmesser installiert, die am Ende ein kreisförmiges Feld von 14 Kilometer Durchmesser bilden. Durch elektronische Zusammenschaltung dieser simultan beobachtenden Einzelantennen lässt sich dann ein Riesenteleskop der gleichen Größe simulieren, das bei einer Wellenlänge von einem Millimeter eine ähnlich detailreiche Ansicht der Objekte liefern wird wie das *Hubble*-Weltraumteleskop im Bereich des sichtbaren Lichtes. Der Grundstein für dieses *ALMA* genannte Observatorium (für Atacama Large Millimeter/Submillimeter Array, Antennenanlage für Millimeter- und Submillimeterbeobachtungen in der Atacama-Wüste) wurde am 6. November 2003 gelegt, die ersten Messungen könnten bereits 2007 vorgenommen werden. Spätestens dann werden die Forscher auch Einblicke in die Entwicklung protoplanetarer Scheiben gewinnen und mit Hilfe dieser Daten die Entstehung unseres Sonnensystems zuverlässig rekonstruieren können.

Die Antennenanlage *ALMA*

ZUM WEITERLESEN

Lesetipps aus dem Kosmos-Verlag:
Brunier, Serge: Aufbruch ins All
Celnik, Werner/Hahn, Hermann-Michael: Astronomie für Einsteiger
Dunlop, Storm/Tirion, Wil: Der Kosmos Sternführer
Ferris, Timothy: Fasziniert von den Sternen
Hahn, Hermann-Michael: Die Kosmos Sternführung
Hahn, Hermann-Michael: Welches Sternbild ist das?
Hamel, Jürgen: Geschichte der Astronomie
Herrmann, Dieter B.: Die Milchstraße
Keller, Hans-Ulrich: Astrowissen
Keller, Hans-Ulrich: Von Ringplaneten und Schwarzen Löchern
Lorenzen, Dirk H.: Geheimnisvolles Universum
Lorenzen, Dirk H.: Mission: Mars
Lorenzen, Dirk. H.: Deep Space
Mackowiak, Bernhard: Warum leuchten Sterne?
Mellinger, A./Hoffmann, S.: Der große Kosmos Himmelsatlas
Ridpath, Ian/Tirion, Wil: Der Kosmos Himmelsführer
Schilling, Govert: Das Kosmos-Buch der Astronomie
Schilling, Govert: Unser Universum

BILDNACHWEIS

Fotos: Klaus Bauer: 48, Stefan Binnewies: 29, Till Credner/Sven Kohle, AlltheSky.com: 76, 128, Martin Gertz, Sternwarte Welzheim/Planetarium Stuttgart: 48, 67, 69, 77, Michael Gutzeit/Rudolf Idler: 37, Gerald Rhemann: 96/97, Christoph Weishaar: 107 Archenhold-Sternwarte: 123 (o), DLR: 123 (u), ESA: 110, ESA/DLR/FU/: 34/34 (Mangala Valles), 83, 84, 85 (Mitte), ESA/ESO: 114 (u), ESO: 156 (o), Eumetsat: 61, Institute for Solar Physics, Sweden: 14, 16, 49, FTT: 85 (u), NASA/ASI: 64, NASA/ESA: 10/11 (Temperaturverteilung in der Sonnenkorona), 21, 24, 27, 30, 206, NASA/HST: 33, 183, 185, 189 (beide oben), 126/127 (Saturn im Ultravioletten), 163, 218 (beide), NASA/JPL: 38, 39, 52, 53, 55, 56, 70, 72 (o), 73, 79 (o), 81 (beide), 86, 88, 90 (u), 91, 93 (u), 94 (beide), 100 (u), 102, 106, 112 (o), 113 (o), 117, 118 (alle), 119 (alle), 120 (alle), 129, 131, 132, 135 (beide); 137 (u), 138, 139, 140, 141, 142 (alle), 143 (alle), 144, 145, 147 (beide), 148, 150, 151, 153 (beide), 154 (o), 155 (beide), 156 (u), 157, 158 (beide), 159 (beide), 160 (alle), 161 (o), 163, 167, 168, 169 (beide), 170 (beide), 173 (alle drei), 177 (beide), 178, 179. NASA/Caltech: 109, 213, NOAO: 19 (u), Archiv Kosmos-Verlag: 13, 98, 130, 146, 1161 (u), 71, 182, 187 (beide), 194, 200, 208 (u), *Venera 13*: 51, *Vega 2*: 111
Illustrationen: Pawel Artymowicz (Stockholm Obs.): 215 (beide), Gerhard Weiland: 7, 19 (o), 23, 26, 32, 41, 43, 50, 52, 54, 57, 62, 65, 71, 74, 79 (u), 85 (o), 93, 100 (o), 101, 102, 104, 108, 124, 134; 137 (o), 149 (beide), 154 (u), 165, 166, 174, 175, 186, 188, 195, 201, 202, 205, 211, ESA: 59, 72, 89 (beide), 111, 114 (r), 115, 207, ESO: 218, Institut für Prähist. Archäologie, Univ. Halle-Wittenberg: 12, JAXA: 121, NASA/G. Bacon: 189, NASA/Caltech/R. Hurt: 180/181 (Sedna), 198/199 (Planetenentstehung), 191, 192, 204, NASA/John Hopkins University: 44, NASA/JPL: 4 f (o), 74 (u), 87, 90 (o), 95, 112 (u), 113 (u), 122, 133 (beide), 184, 197; NASA/Northrop Grumman Space Technology: 208 (o)

REGISTER

IMPRESSUM

Umschlaggestaltung von eStudio Calamar unter Verwendung einer Sonnenaufnahme der ESA/NASA (Weltraumobservatorium *SOHO*) sowie zweier Fotos und einer Illustration der NASA: Mars/*Hubble*-Weltraumteleskop, Jupiter/Raumsonde *Cassini*, Saturn mit *Cassini*/Illustration.

Mit 98 Farbfotos, 42 Schwarzweißfotos und 70 Illustrationen.

Bildnachweis S. 219

Bibliografische Information der Deutschen Bibliothek
Die Deutsche Bibliothek verzeichnet diese Publikation in der Deutschen Nationalbibliografie. Detaillierte bibliografische Daten sind im Internet über http://dnb.ddb.de abrufbar.

Gedruckt auf chlorfrei gebleichtem Papier

© 2004 Franckh-Kosmos Verlags-GmbH & Co. KG, Stuttgart
Alle Rechte vorbehalten
ISBN 3-440-09796-X
Redaktion: Justina Engelmann
Produktion: Siegfried Fischer
Printed in Czech Republic/Imprimé en République Tchèque

Informationen senden wir Ihnen gerne zu

Bücher · Kalender · Spiele
Experimentierkästen · CDs · Videos

Natur · Garten & Zimmerpflanzen · Heimtiere · Pferde & Reiten · Astronomie · Angeln & Jagd · Eisenbahn & Nutzfahrzeuge · Kinder & Jugend

KOSMOS

Postfach 106011
D-70049 Stuttgart
TELEFON +49 (0)711-2191-0
FAX +49 (0)711-2191-422
WEB www.kosmos.de
E-MAIL info@kosmos.de

KOSMOS

Faszination Astronomie

Ein Streifzug durch unsere kosmische Heimat

Vom Sonnensystem in die nächste Dimension:
Prof. Dr. Dieter B. Herrmann präsentiert in diesem Buch das aktuelle Wissen über unsere Heimatgalaxie und berichtet von dem großen wissenschaftlichen Abenteuer ihrer Erforschung. Aus dem Inhalt:

- Sterne, ihre Entstehung und Entwicklung
- Offene Sternhaufen, Gasnebel und Staubregionen
- Kugelsternhaufen und die Struktur der Milchstraße
- Die Spiralarme der Milchstraße und das Schwarze Loch im Zentrum
- Das Rätsel der dunklen Materie und Energie
- Der Andromeda-Nebel und die Magellanschen Wolken

Prof. Dr. Dieter B. Herrmann ist Direktor der Archenhold-Sternwarte und des Zeiss-Großplanetariums in Berlin. *Die Milchstraße* ist reichhaltig illustriert und damit Lesevergnügen und Nachschlagewerk zugleich.

Dieter B. Herrmann
Die Milchstraße

208 Seiten, 119 Abbildungen, gebunden
ISBN 3-440-09409-X

€ 26,90
€/A 27,70; sFr 45,30
Preisänderung vorbehalten

www.kosmos.de